Freedom of Kidult

조립방법·선택요령·조종기법까지!
날아라 드론 조립편

TAKAHASHI TAKAO 저자　류영기·박장환 감수

JN348588

✕ 감수자의 말

"날아라, 드론 조립편
꼭 읽고 가세요!!"

◆ 취미에서 취업의 영역으로

 1930년대 영국 해군이 사격할 때 연습용 무인항공기에 드론(drone)이라는 명칭을 사용한 것이 시발점이다. 사전적 의미는 '웅웅거리다'는 단조로운 저음이나 '꿀벌의 수벌'을 일컫는다. 이것은, 군사용 무인기로 출발해서 레저, 유통, 방제, 레이싱, 사람을 탑승시킬 수 있는 이동 수단으로까지 발전하는 모습은 가히 상상을 초월한다. 국토교통부는 2016년을 맞으면서 유망산업 영역으로 물품 수송, 해안감시, 시설물 안전진단, 국토조사, 통신망 활용, 촬영·레저, 농업지원 등에 활용되도록 확대 발표했다. 작년에 드론 기체 무게 12kg 이상으로서 신고한 대수는 968대, 드론을 사용한 등록된 사업체 수가 710곳이고 보면 폭발적인 증가 추세를 보인다.

12kg 이상 드론 신고 대수

12kg 이상 드론 사용 등록한 사업체 수

자료: 국토교통부

1 흥미로운 레저로서

모든 레저에는 연령, 성별 등이 대별되지만 드론만큰은 남녀노소 불문이다. 장소 역시 좁은 방에서부터 비행금지구역 외에 어디에서도 날릴 수 있다. 본인이 가설한 트랙을 따라서 수십초 내에…

2 농업 지원용으로서

농부가 농약 살포시에는 인체에 악영향을 준다. 물론 넓은 지역에는 이미 소형 헬리콥터를 사용하고 있지만 비용 대비 드론을 이용하는 농가가 늘어나고 있다. 따라서 드론 조종자의 수입도 만만찮다.

3 물류 택배용으로서

구글은 드론을 이용하여 2017년까지 상용화하겠다는 의지다. 심지어 택배시 안전하게 안착할 수 있는 용기까지 특허등록을 했다는 것이다. 국내에는 CJ대한통운에서 60km/h 속도로 운송할 수 있는 6kg 드론을 개발하여 시범사업자로 선정되었다. 우정사업본부 역시 도서산간 지역 오지에 드론을 이용한 배송 서비스를 시작할 계획에 있다.

4 시설물 안전진단 역할로서

한국전력은 40~50m 높이에 있는 철탑의 절연체나 전봇대 위 전선이 손상된 것을 작업하도록 장시간 사용할 수 있는 대용량 배터리가 장착된 드론을 띄우기 위해 자격증 취득을 독려하고 있다.

5 드론 경기대회로서

드론 레이싱대회는 한 경기에 4~5대 출전한 드론 중 깃대나 아치형 구조물(air gate)등의 장애물을 규정대로 통과해서 결승점에 가장 빨리 도착하는 기체가 승리하는 게임이다. 레이싱용 드론의 무게는 400~800g 쿼드 로터형이 일반적이고 그 보다 무거운 경우 70~80km/h 이상 평균속도가 나오지 않기 때문이다. 드론 조종시에 특수 고글을 쓰면 드론 전면에 장착된 소형 캠에서 고글로 영상이 전송되어 마치 본인이 드론을 타고 있는 느낌이 든다. 기체, 조종기, 고글까지 약 100만원이면 된다. 하지만 마니아들은 모터, 변속기, 전원분배 모드들을 손수 튜닝해서 사용한다.

*국내 레이싱 회원수는 2016년 현재 약 2,000여명이고 총상금 2,000만원 규모 전국대회가 개최된 바 있다. 올해 두바이에서 국제대회가 총상금 100만달러(약 12억)규모의 대회가 개최된다.

◆ 최소 이것만은 알자!!

1 자격증이 있어야 한다

드론의 무게가 12kg 이상 영업용으로 쓰려면 반드시 국토교통부 주관, 교통안전공단이 시행하는 무인비행장치운용자격시험(골든벨 발행)에 합격해야 한다. 운행중 추락하는 원인도 있지만 안전이라는 문제가 대두되기 때문에 미국에서는 5kg 이상으로 적용하고 있다.
자격증없이 농약살포용 드론으로 영업할 경우 300만원 이하 과태료가 발생한다.

드론 조종 국가자격증 취득자 수

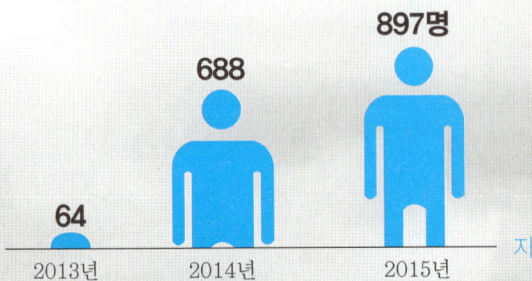

자료: 국토교통부

감수자의 말

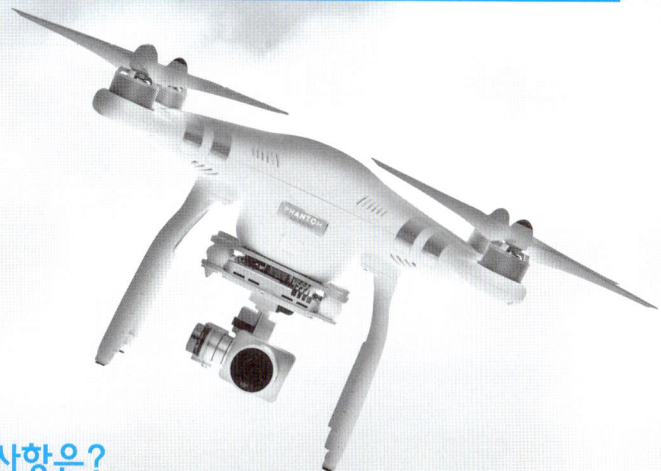

2 날리기 전 지켜야 할 사항은?

항공법상 드론 비행금지구역은 비행장 반경 9.3km이내, 서울강북지역, 휴전선과 원전주변, 고도 150m 이상 등에서 드론을 날릴 경우 200만원 이하의 벌금 또는 과태료 처분을 받는다. 특히 12kg 미만 드론은 비행금지구역 외에서도 비행할 수 있지만 12kg 이상일 경우 사전에 비행허가기간에서 허가를 받아야 가능하다. 단, 농경지 방제용 드론은 예외이다.

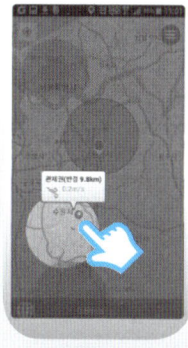

◆ 비행허가 주요기관

서울지방항공청(항공운항과)	032-740-2153	관제권 (경기, 강원, 충청, 전북)
부산지방항공청(항공운항과)	051-974-2154	관제권 (경상, 전남)
제주지방항공청(안전운항과)	064-797-1745	관제권 (제주도)
합동참모본부(항공작전과)	02-748-3294	비행금지구역 (휴전선)
합동참모본부(공중종심작전과)	02-748-3435	비행금지구역 (원전 중심)
수도방위사령부(화력과)	02-524-3413	비행금지구역 (서울 강북)
국방부(보안암호정책과)	02-748-2344	항공촬영 허가 문의

*그밖에 군 비행장, 군 부대 개별 연락처는 **국토교통부 홈페이지** 또는 **Ready to fly 어플**을 참조하시기 바랍니다.

3 조종자가 준수할 사항은?

- 비행중 드론을 육안으로 확인할 수 있는 곳
- 스포츠 경기장, 페스티벌 등 군중이 운집한 상공은 비행금지
- 사고나 분실을 막기 위해 기체에 소유자 이름과 연락처 기재
- 야간(일몰부터 일출까지) 비행은 불법으로 간주
- 음주 상태에서 조종금지
- 비행중 낙하물 투하금지

주의!!

이 책에서 설명하는 드론 제작이나 드론을 조작할 때 만에 하나 사고가 발생하더라도 저자 및 출판사는 일체의 책임을 지지 않으므로 양해 및 조심을 거듭 강조한다.

드론을 제작하는 데 있어서 제작방법에 따라서는 위험이 동반되는 경우가 있다. 실제로 제작을 할 때는 특별히 조심하기 바란다.
또한, 제작한 드론을 날리는데 있어서도 취급이나 조작에 주의해야 한다.

- 프로펠러는 고속으로 회전한다. 프로펠러는 끝이 날카로운 것이 많으므로 회전하는 프로펠러에 손가락이나 손, 몸이 닿지 않도록 조심해야 한다. 또한, 제작할 때나 조작할 때 모두 주의를 기울이기 바란다.
- 리튬폴리머 충전지(LiPo)를 다룰 때는 구입한 리튬폴리머 충전지의 설명서를 잘 읽고 내용을 이해한 다음에 취급하기 바란다.
- 리튬폴리머 충전지를 충전할 때는 구입한 리튬폴리머 충전지에 맞는 전용 리튬폴리머 충전기를 사용하기 바란다.
- 드론을 제작하기 전에 드론의 상태(armed, disarmed)를 충분히 이해하고 조작해 주기 바란다.
- 제작할 때는 자신이 무엇을 하고 있는지 충분히 숙지하고 작업해 주기 바란다.

 머리말

「드론을 직접 만든다고?!」라고 하면 어쩐지 어려울 것처럼 들리지만, 드론도 역시 전자공학적으로 만들 수 있는 RC의 한 종류이다.

이것은 바꿔 말하면 메커니즘 관련 부분의 공작이 적다는 뜻으로서, 보통의 비행기나 헬리콥터 같은 경우는 복잡한 기구류를 조립해야 한다는 것을, 드론의 경우에는 단순한 기구, 즉 복수의 모터를 배치하기만 하면 되는 간단한 공작이라는 의미이다.

원래 필자의 목표는 「실내 호버링」이었다.
전동 헬리콥터가 그다지 크지 않았던 무렵부터 헬리콥터를 어떻게든 실내에서 호버링시킬 수 없을까 하고 생각했었는데, 당시의 안정화된 구조에서는 상당한 조작 솜씨가 없으면 곤란했다. 유감스럽게 필자는 그 정도까지의 솜씨는 없다.

그래서 다음으로 생각해 낸 것이 쿼드로터 기종이다.
초창기 쿼드로터 기종은 지금보다 간소하고 안정된 제품밖에 없었기 때문에 헬리콥터보다 안정적이긴 하지만 현재의 드론보다는 불안정했다.
하지만 「실내 호버링」은 이 쿼드로터 기종으로 실현할 수 있었다.
현재의 센서/안정화 기술은 상당한 발전을 이루어 왔다.
현재의 드론이라면 실내에서 호버링이 가능할 뿐만 아니라 상당히 자유롭게 띄울 수도 있다.
더구나 초보자라 하더라도 비교적 쉽게 날릴 수 있게 발전해가고 있다.

이 책에서는 어느 쪽이냐 하면, 실내용 기체를 소개한다.
그 때문에 사이즈가 조금 작은 것만 소개하고 있는데, 날릴만한 장소가 없는 곳에서는 적합할 것이다.
전자공작을 하다 보면 뭔가 움직이는 것을 만들어보고 싶어진다.
더 하다 보면 나는 것을 만들어보고 싶어진다.
그럴 때 드론은 최적이라 할 수 있다.

아직 부품 조달 면에서 약간 번거로운 점은 있지만, 인터넷 등을 이용하면 필요한 부품을 모을 수 있으므로 여러분도 도전해보기 바란다.

TAKAHASHI TAKAO

 이 책에서 당부하는 주의사항

현재 드론은 다양한 논란을 일으키고 있다.
그러나 이런 논란들은 「RC로서 당연한 사항」을 지키지 않는 데서 발생하는 문제도 적지 않다.
예를 들면, 공원에서 드론 비행을 금지한다는 이야기는 원래 드론이 등장하기 이전부터 공원에서는 RC 비행기나 헬리콥터 등의 비행이 금지되어 있었기 때문이다.
반대로 얘기하면 RC를 날려도 상관없는 공원 쪽이 적지 않을까 싶다.

드론을 야외에서 날릴 때는 그곳이 비행금지구역이 아니라는 것을 확인해야 한다. 또한, 드론이라고 해서 떨어지지 않는 것이 아니다.
나는 것은 떨어지게 되어 있다.
그러므로 사람의 머리 위로 날려서도 안 되고, 부서지면 안 되는 물건 위를 날리지 않는 등의 「당연」한 상식은 반드시 지켜주기 바란다.

실내에서 날릴 경우에도 부딪쳐서 실내 집기를 파손하거나 혹은 자신이 부상을 입을 위험성이 있으므로 주의해서 조작하기 바란다.
무엇보다 자기 방에서 띄울 때는 자업자득이라면 자업자득이라고 할 수도 있지만, 안전에 대한 배려는 과도하다 할 만큼 준비하는 것이 좋다. 예를 들면 긴소매와 긴바지 착용, 보호용 고글 착용 등이 그것이다.

CONTENTS

STEP 1 드론 제작 첫 걸음 ~실제 기체를 살펴보자~

STEP1-1 드론에 대해 설명하기 전에 / 14

1. 대체 비행기는 어떻게 날까?
2. 헬리콥터는 왜 뜨나?
3. 비행기는 어떻게 방향을 바꾸나?
4. 메인 로터와 테일 로터

STEP1-2 드론이란 무엇인가? / 23

1. 쿼드콥터의 전후좌우 이동은 어떻게 이루어지나?
2. 쿼드+와 쿼드X의 전후좌우 차이

STEP 2 드론 첫 걸음 실제 기체를 살펴보자

STEP2-1 드론이 무엇이지?에 / 30

1. 주의 깊게 살펴보도록 하자.
2. "기체 형상"은 역시 중요!

STEP2-2 기체 각 부분을 살펴보자 / 32

1. 각 부분을 살펴보자.
2. 왜 프로펠러는 2가지 색일까?
3. 기체가 중앙에 있는 것은 왜일까?
4. 모터는 4개가 필요!
5. 모터를 제어하는 것은 무엇인가?
6. RC를 제어하는 수신기
7. 연료 대용으로 배터리가 필요하다

STEP2-3 멀티콥터는 어떻게 제어되나? / 39

1. 멀티콥터의 동력과 제어는?
2. 멀티콥터의 제어기술
3. 그러면 어떻게 조작하면 될까?!
4. 가속도센서로 쉽게 날릴 수 있게 되었다!
5. 드론은 떨어지지 않나?
6. 드론에 장착된 각종 센서의 역할
7. 전파가 끊기는 등의 트러블 대책은? ~ 페일 세이프

CONTENTS

 STEP 3 드론에 사용하는 부품!

STEP3-1 기본적으로 필요한 장치 / 56

1. 반드시 필요한 두 가지
2. 송수신기(비례제어방식)를 구입할 때 주의할 점
3. 정리
4. 배터리 충전기
5. 로터·밸런서
6. 그밖에 필요한 것
7. 컴퓨터, USB 케이블

STEP3-2 기체 쪽에 사용하는 부품 / 83

1. 프레임
2. 모터
3. ESC(Electronic Speed Controller)
4. 프로펠러
5. 프로펠러 어댑터
6. 배터리
7. PDB
8. 플라이트 컨트롤러
9. 드론 부품은 어디서 구입할까?

STEP3-3 드론을 위한 RC기초지식 / 111

1. 수신기와 서보모터
2. ESC의 캘리브레이션
3. 서보 리버스
4. 엔드 포인트
5. 듀얼 레이트(D/R, DR)
6. 믹싱

STEP3-4 플라이트 컨트롤과 기초 / 128

1. 플라이트 컨트롤러란

 STEP 4 작고 쉽게 날릴 수 있는 드론을 만들어보자!

STEP4-1 사용할 재료 / 138

1. 프레임
2. 플라이트 컨트롤러
3. 모터
4. ESC(Electronic Speed Controller)
5. 프로펠러
6. 나사
7. 배터리
8. 수신기

STEP4-2 기체 조립하기 / 146

1. ESC를 납땜한다
2. 모터 장착
3. 프레임을 조립한다
4. 플라이트 컨트롤러를 장착한다
5. 배선작업
6. OpenPilot으로 기체를 조정한다
7. 플라이트 모드를 확인한다
8. 프로펠러를 장착한다
9. 배터리를 고정한다

사이즈가 더 큰 드론을 만들어보자!

STEP5-1 사용할 재료 / 184

1. 프레임
2. 플라이트 컨트롤러
3. 모터
4 .ESC(Electronic Speed Controller)
5. 프로펠러
6. 배터리
7. 배터리 커넥터 8. 수신기

STEP5-2 기체 조립하기 / 189

1. 프레임을 조립한다
2. 모터를 장착한다
3. ESC를 장착한다.
4. 플라이트 컨트롤러를 장착한다
5. 배선작업
6. 기체를 조정한다
7. 프로펠러를 장착한다
8. 배터리를 고정한다1

멋진 드론을 만들어보자

STEP6-1 사용할 재료 / 196

1. 프레임
2. 플라이트 컨트롤러
3. 모터
4 ESC(Electronic Speed Controller)
5. 프로펠러
6. 배터리 커넥터
7. 배터리
8. 수신기

STEP6-2 기체 조립하기 / 201

1. ESC 장착
2. 모터를 장착한다
3. 플라이트 컨트롤러, 수신기를 장착한다
4. 배선작업
5. 펌웨어 설정과 적용
6. MultiWiiConf를 통한 설정

CONTENTS

STEP 7 첫 비행

STEP7-1 스틱 모드를 이해해 두자 / 224
1. 조종기의 스틱 모드 확인
2. 아밍
3. 플라이트 컨트롤러
4. 먼저 암/디스암을 연습한다

STEP7-2 드론 띄우기 / 229
1. ESC 장착
2. 모터를 장착한다
3. 플라이트 컨트롤러, 수신기를 장착한다
4. 배선작업
5. 펌웨어 설정과 적용
6. MultiWiiConf를 통한 설정

STEP7-3 자유롭게 움직여 보자! / 235
1. 호버링 이후의 연습
2. 기체를 더 좋은 상태로 만들자 ~ 트림을 조정한다
3. 떨어지거나 부딪쳤을 경우

STEP 8 자료

STEP7-1 다양하게 비행을 해보고 싶을 때는 스텝업! / 238
1. 카메라를 탑재하고 싶을 때
2. 플라이트 컨트롤러를 교환해 보고 싶을 때
3. GPS를 추가하고 싶을 때

STEP7-2 곤란해졌을 때는? / 247
1. 설정에 관한 사항
2. 기체에 관한 사항
3. 이륙에 관한 사항
4. 이륙 후의 조작에 관한 사항

드론 제작 첫 걸음
~실제 기체를 살펴보자~

먼저 드론이 날수있는 비행원리와 기체의 구조와 구성을 알아두자.

1

STEP 1-1 드론에 대해 설명하기 전에…

그럼 어떻게 드론이 날고, 다른 비행기 등과는 어떻게 다른지 설명해 보겠다.
또한 어떻게 드론이 안정적으로 날 수 있는지에 대해서도 설명하겠다.
드론에 대해서 설명하기에 앞서 다른 하늘을 나는 것 중에, 익숙한 비행기나 헬리콥터가 어떤 원리로 하늘을 나는지 알아보고 드론과의 차이를 살펴봄으로서 비행에 대한 이해가 깊어지리라 생각한다. 때문에 먼저 이런 비행기나 헬리콥터에 대해 설명하기로 하겠다.

1 대체 비행기는 어떻게 날까?

드론 등이 나는 이유를 설명하는데 있어서 피해갈 수 없는 것이 비행기가 나는 원리이다. 비행기가 나는 원리에 대해서는 오늘날까지 다 파악하고 있지 못하다는 말이 있는 것 같은데 이것은 당치도 않은 이야기로, 비행기가 나는 원리는 이미 확립된 이론이다.

더 자세한 내용에 대해서는 전문서적 등을 읽어보길 권하고, 이 책에서는 양력이 발생하는 원리에 대해 설명하겠다.

비행기 날개의 단면은 그림1과 같은 형태를 하고 있어서, 공기가 흐름에 따라 날개 윗면보다 아랫면의 압력이 높아지기 때문에 날개를 밀어 올리는 방향으로 힘이 발생한다.

 "날개의 원리"

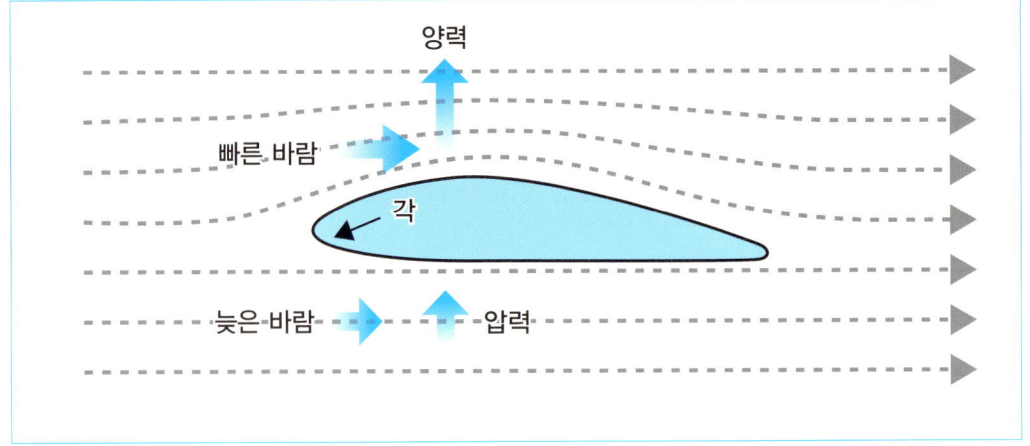

이것을 양력(揚力)이라고 한다. 비행기가 나는, 바꿔 말하면 공중에 뜨는 힘은 이처럼 양력에 의해 얻어진다. 이때의 조건으로 날개에는 앞에서 뒤로 흐르는 공기의 흐름을 발생시키지 않으면 안 된다. 이 역할을 하는 것이 소위 말하는 엔진으로서, 제트엔진으로 비행기를 밀거나 엔진으로 전방의 프로펠러를 돌려 비행기를 당김으로서, 계속해서 날개에 공기가 부딪치도록 나아가게 해 양력을 얻으므로 비행기가 뜨는 것이다.

이 때문에 비행기가 어느 일정속도 이하로 떨어지면 기체 자체를 들어 올리는데 그래도 필요한 양력을 얻지 못하면 추락하게 된다. 이 속도를 실속속도라고 하는데, 실속속도 이하에서는 비행기는 날지 못한다. 예를 들면 여객기는 아주 긴 활주로를 달리고 나서 이륙하게 되는데, 이것은 날 수 있는 속도를 얻을 때까지 가속을 활주로 위에서 하기 때문이다. 착륙할 때도 마찬가지로 거의 실속하지 않을 정도의 비슷한 속도로 지면 근처까지 내려오는 것이다.

양력은 부딪치는 공기의 속도가 빠를수록 강해지고, 또한 날개의 각도(仰角이라 한다)가 클수록 강해진다. 이것을 기억해 두기 바란다.

여기까지의 설명으로 알게 된 것이 있다. 비행기는 날개에 공기를 계속해서 부딪치게 하지 않으면 날 수가 없기 때문에 공중에「머무르는」것이 불가능하다는 것이다. 떨어지지 않기 위해서는 계속해서 이동하지 않으면 안 되는 것이다.

2 | 헬리콥터는 왜 뜨나?

그런데 헬리콥터는 공중에 머무를 수가 있다. 이것은 왜일까?

자주 듣는 오해 가운데 하나는, 위에서 밑으로 프로펠러로 공기를 밀어내 공기쿠션 같은 것 위에 타고 있기 때문이라는 것이다. 자신이 보낸 공기 압력을 타고서 "뜨는" 장치로는 호버크래프트가 있다.

헬리콥터의 날개(로터라고 한다)를 잘 관찰해 보면(그럴 기회가 별로 없지만), 단면이 사실은 비행기 날개와 똑같은 형상을 하고 있다는 것을 알 수 있다. 언뜻 보면 전혀 다른 원리로 나는 것처럼 생각되는 비행기와 헬리콥터가 사실은 같은 것이다.

날개에 공기를 계속해서 부딪치게(=비행기가 계속해서 앞으로 나아가게) 하지 않으면 날지 못한다면, 날개에 항상 공기를 계속적으로 부딪치게 하면 되는 것이기 때문에 비행기 날개를「회전」시킴으로서 항상 공기가 부딪치게 해준다. 그러면 날개는 항상 이동하는 것과 똑같아지므로 양력을 얻을 수 있다. 이것이 헬리콥터로서, 말하자면 비행기의 날개를 항상 빙글빙글 돌림으로서 **양력**을 얻고 있는 것이다(그림2).

이런 날개 차이 때문에 일반적인 비행기를 **고정익기**(固定翼機), 헬리콥터 등과 같은 항공기를 **회전익기**(回轉翼機)라고 부른다.

STEP 1-1 드론에 대해 설명하기 전에…

 그림2 헬리콥터는 날개를 회전시켜 양력을 얻는다.

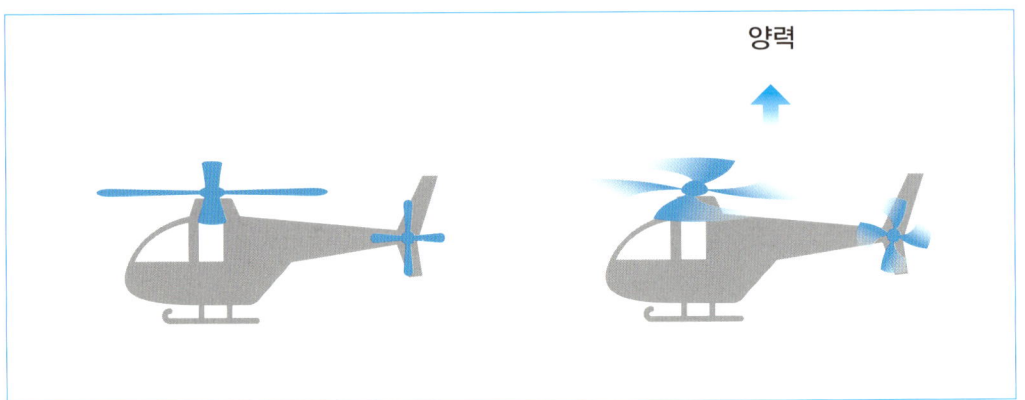

3 | 비행기는 어떻게 방향을 바꾸나?

 그림3 비행기의 축과 조향

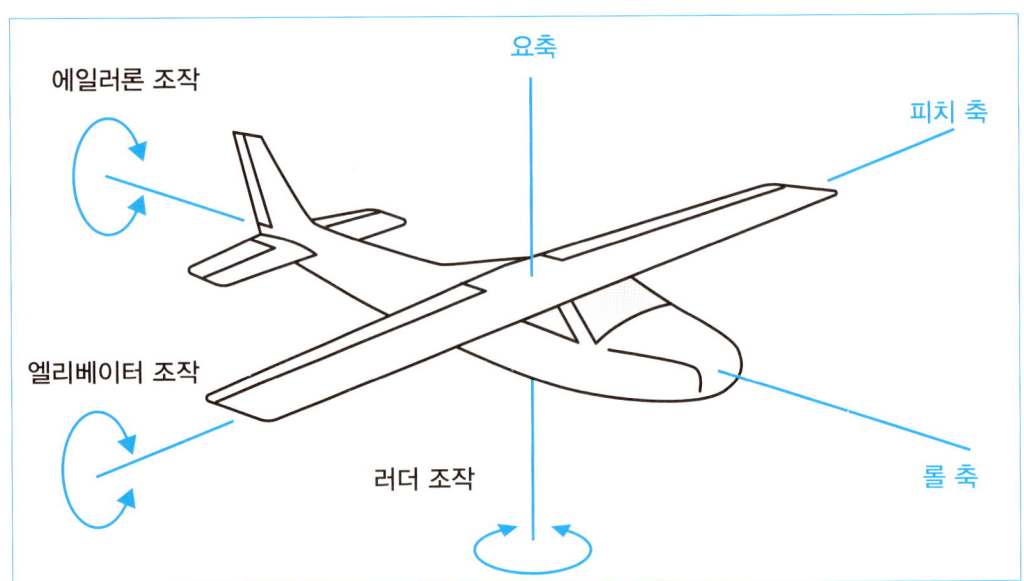

    바로 **피치**(Pitch), **요**(Yaw), **롤**(Roll) 3가지 축을 말한다. 자동차 같은 경우는 2차원 평면밖에 달리지 못하기 때문에 「핸들」조작으로 가려고 하는 방향을 정한다. 이것은 비행기에서 말하면 요 축의 조작에 해당한다.

    각각의 축을 조작하는 것이 "조향(舵)"으로서, 표1과 같은 대응을 하게 된다.

 축과 조향

축	조향	
피치(Pitch)	엘리베이터(Elevetor)	승강 조향
요(Yaw)	러더(Rudder)	방향 조향
롤(Roll)	에일러론(Aileron)	보조익

비행기의 경우, 3차원 공간에서 이동하기 때문에 높이와 방향을 정해서 조종해야 한다. 엘리베이터를 조작하면 비행기는 상승, 하강을 한다. 이것은 비행기의 머리(機首)가 위를 향하거나 아래를 향하는 동작으로 이어진다.

러더를 조작하면 비행기는 오른쪽을 향하거나 왼쪽을 향하거나 한다. 이것으로 비행기가 나아가는 방향이 결정되는 것이다.

에일러론은 기체를 좌우로 기울게 하는 조작을 한다. 이 조작은 이해하기가 조금 쉽지 않은데, 비행기는 선회할 때 기체를 기울이는 편이 좋은 경우가 많기 때문에 이런 횡방향 제어도 갖고 있다.

4 | 메인 로터와 테일 로터

헬리콥터는 날개가 돌고 있는 것은 알겠는데, 어떻게 이동하는지는 알기가 쉽지 않다.

여러분이 잘 알고 있는 헬리콥터는 크게 회전하는 날개와 뒤쪽에 있는 조그만 날개 2종류가 있다 (그림4).

큰 날개를 메인 로터, 뒤쪽 작은 날개를 테일 로터라고 부른다.

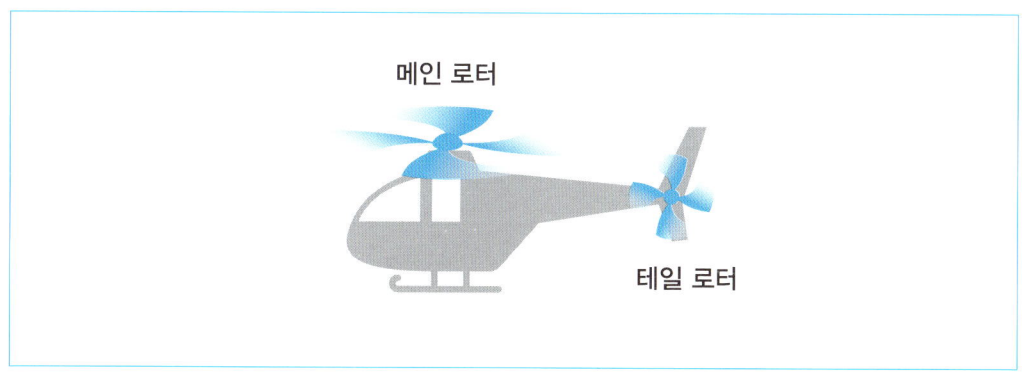

그림4 헬리콥터는 날개를 회전시켜 양력을 얻는다.

STEP 1-1 드론에 대해 설명하기 전에…

먼저 메인 로터의 역할은 양력을 얻어 헬리콥터를 들어 올림으로서 헬리콥터 자체를 나아가게 할 수 있는 힘을 얻는 것이다. 이 때문에 프로펠러 비행기(고정익)의 프로펠러와 주익(主翼)이 합체되어 있는 것으로 생각하면 된다.

테일 로터의 역할은 조금 이해하기가 까다롭다. 여러분도 다양한 장면에서 경험상 알고 있으리라 생각되는데, 「회전하는 물체는 그 회전의 역방향으로 힘이 움직인다」는 사실.

이것을 해소하기 위해 테일 로터가 있는 것이다. 이 정도 설명으로는 어떤 상황인지 알기 쉽지 않을 것이다.

예를 들면 전기 드릴 등을 사용하는 장면을 생각해 보자. 드릴로 무엇인가에 구멍을 뚫으려 하면 드릴 날이 회전하는 방향의 반대로 드릴 자체가 돌려고 하기 때문에, 이것을 손으로 꽉 잡아주지 않으면 구멍을 뚫을 수 없다(그림5). 이와 같은 힘을 반토크(反Torque)라고 한다.

 드릴로 구멍을 뚫으려고 하면…

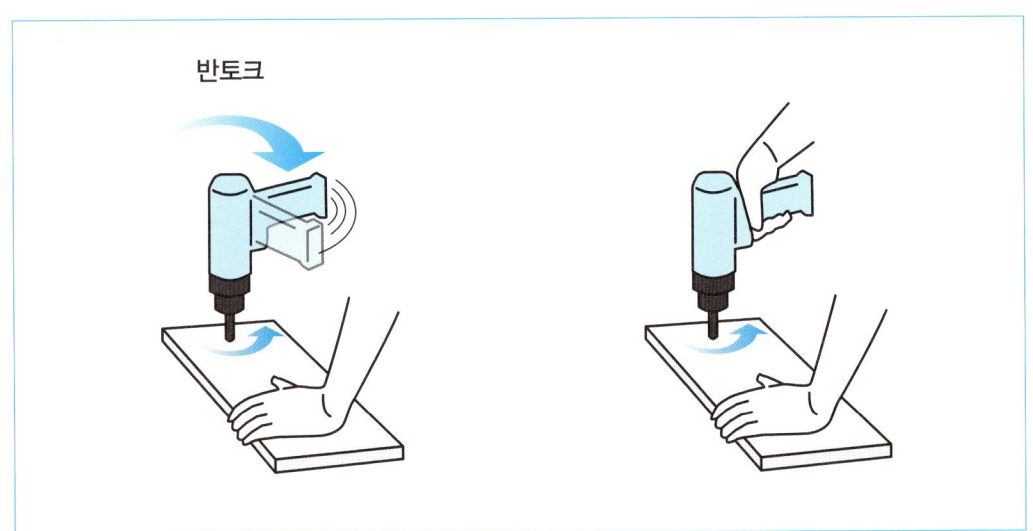

헬리콥터는 회전하는 메인 로터를 사용해 양력을 얻는다. 이때 메인 로터는 공기 속에서 움직이는 드릴의 날 같은 것이라고 생각하기 바란다. 그러면 헬리콥터의 기체, 즉 드릴 본체 쪽은 반토크로 인해 로터와 반대 방향으로 회전하려고 할 것이다. 그렇기 때문에 만약 그 상태에서 메인 로터만 회전시켜 날려고 하면 기체 쪽도 빙빙 회전해 버리기 때문에 날 수가 없게 된다.

여기서 이 반토크에 의해 발생한 힘을 상쇄하기 위해 설치한 것이 테일 로터이다. 테일 로터도 메인 로터와 마찬가지로 양력을 통해 힘을 얻지만, 장착위치에서 알 수 있듯이 회전방향이 세로로 되어 있어서 횡방향으로 힘을 얻는다.

테일 로터가 회전함으로서 기체 자체의 회전이 억제되는 것이다.

흔히 액션영화에서 헬리콥터를 떨어뜨리려고 할 때 뒷부분을 노리는 것은 이런 이유 때문이다. 테일 로터를 파괴하면 기체 자체가 회전하기 때문에 헬리콥터는 제어불능에 빠지는 것이다.

한편 테일 로터의 각도나 회전속도를 제어하면 헬리콥터의 기수방향을 바꿀 수 있는데, 헬리콥터에서 요 축 제어는 테일 로터에 의해 이루어진다.

헬리콥터가 전후좌우로 자유롭게 움직이는 이유에 대한 설명은 조금 더 어려운 이야기이다. 프로펠러(메인 로터)를 기울이면 되는 것 아닌가? 하고 생각할지도 모르지만 발판이 없는 공중에서 어떻게 기울일 수가 있을까?

헬리콥터의 메인 로터는 상당히 복잡한 움직임을 하고 있다. 예를 들면 전진할 경우에 메인 로터의 양력은 그림6과 같다.

공중에 머물고 있을 때 발생하는 양력을 "보통"이라고 해 두자. 앞으로 나아갈 경우에는 메인 로터의 양력을 앞이 낮고 뒤가 높아지도록 변화시킨다. 그렇게 하면 뒤쪽 양력이 높기 때문에 메인 로터의 중심(축)에 대해 뒤에서 앞에서 미는 형태가 되어 헬리콥터는 전진하게 된다.

그림6 헬리콥터의 메인 로터를 위에서 본 모습

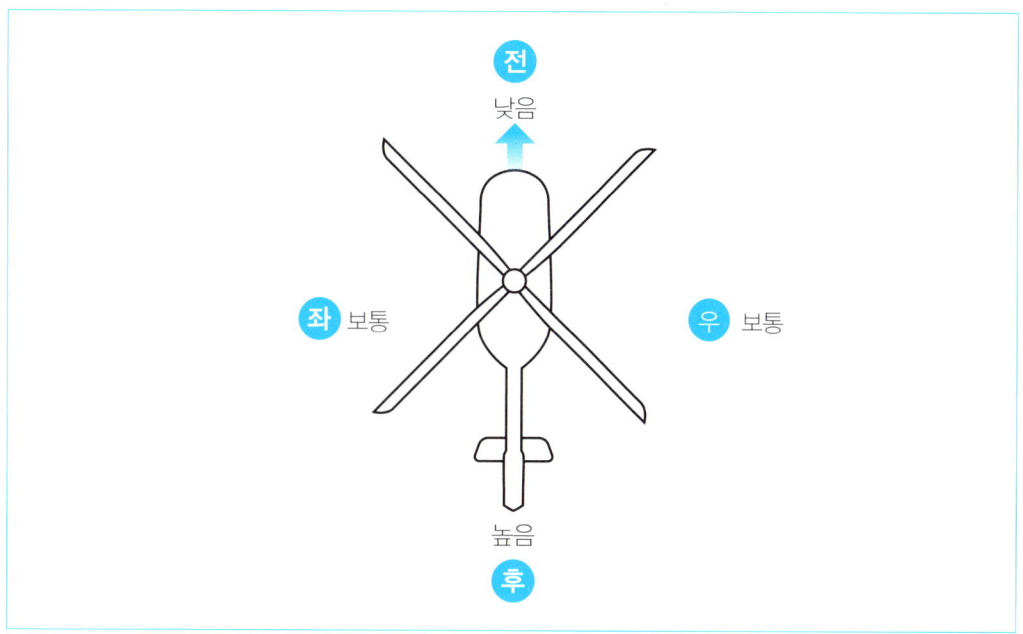

드론에 대해 설명하기 전에…

좌우로 이동하는 경우도 마찬가지이다. 기체의 좌우 양력을 변화시킨다(그림7).

그림7 헬리콥터의 메인 로터를 위에서 본 모습

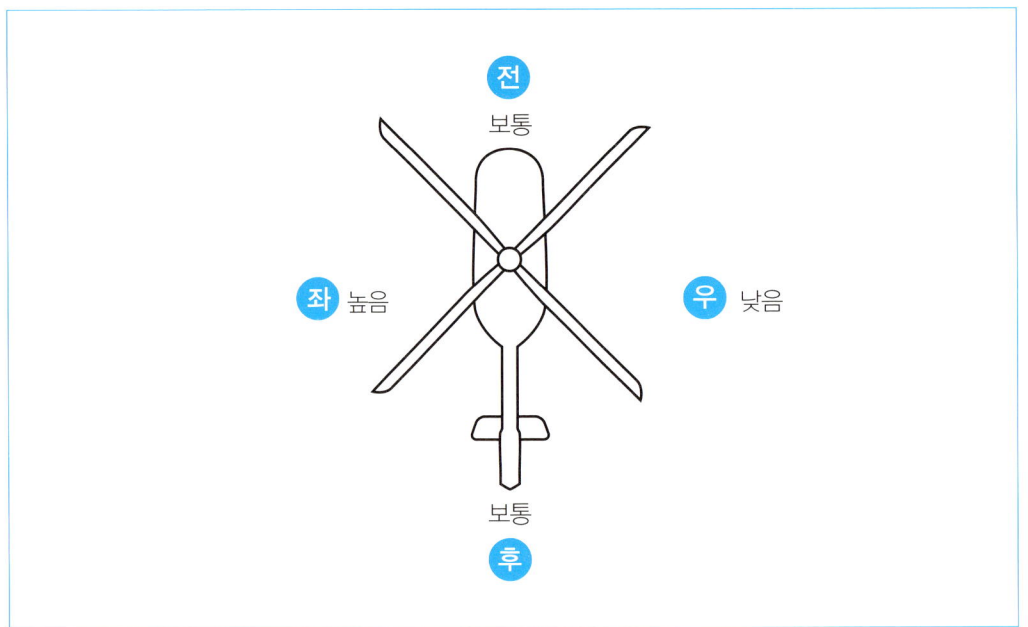

그런 것을 도대체 어떻게 하는지 의문을 갖지 않을 수 없다. 이것이 헬리콥터의 어려운 점이다.

헬리콥터의 메인 로터는 항상 회전하고 있는데, 이 회전하는 메인 로터의 각도(피치)를 회전하는 장소에 따라 변화시키는 것이다. 그러면 각도가 심하면 양력이 높아지고 각도나 약하면 양력이 떨어진다(그림8).

그림8의 경우는 우측으로 이동하는 것이 아닐까? 하고 생각했다면 답은 '아니다'이다.

그림8 회전하는 "위치"에 따라 피치가 변화한다.

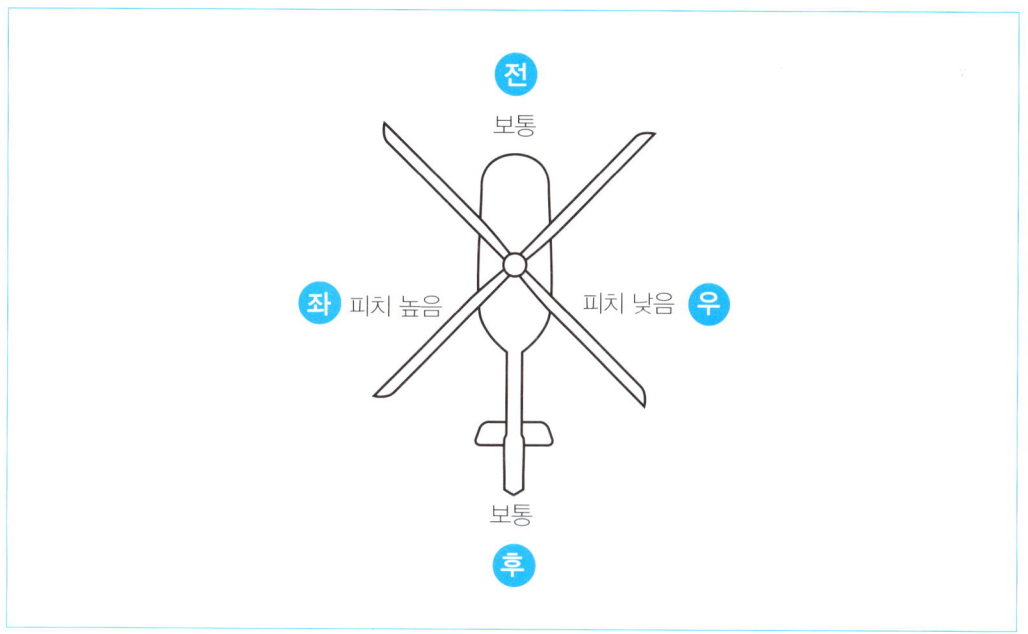

　헬리콥터의 메인 로터는 그냥 단순하게 회전만 하고 있는 것처럼 보이지만 실은 회전 중에 이런 움직임을 하고 있어서, 기체(본체)에서 본 위치의 어디에 있느냐에 따라 각도가 미묘하게 변하면서 회전한다. 이것을 사이클릭 피치 컨트롤이라고 부른다.

　요컨대 위치에 따라 피치를 바꾸면 그 방향으로 이동하는 것으로 생각할 수 있는데, 이것이 또 간단한 얘기가 아니다. 회전하는 물체에 대한 힘이라는 것이 재미있는 움직임을 하게 되는데, 가해진 힘은 90도 어긋난 위치에 나오는 것이 그것이다(자이로 효과) 또는 회전운동의 세차. 이 때문에 그림8과 같이 좌측 피치를 높게, 우측 피치를 낮게 하면 메인 로터의 회전방향이 위에서 봤을 때, 시계방향으로 돌 경우에는 「뒤」를 향해 힘이 발생해 헬리콥터는 뒤로 움직인다(그림9). 앞으로 나아가고 싶으면 우측 피치를 높이고 좌측 피치를 낮게 하면 된다.

　이러한 특성이 있기 때문에 메인 로터의 피치 조작은 앞뒤로 이동하려고 할 때는 메인 로터의 좌우 위치에서 변화시키고, 좌우로 이동하려고 할 때는 앞뒤 위치에서 변화시켜야 한다.

　RC를 포함한 헬리콥터는 이런 복잡한 원리를 기계적으로 제어한다. 만약 흥미가 있으면 더 자세히 살펴보기 바란다. 헬리콥터는 그 메커니즘만으로도 상당히 재미있는 기계이다.

STEP 1-1 드론에 대해 설명하기 전에…

 그림9 뒤로 움직인다.

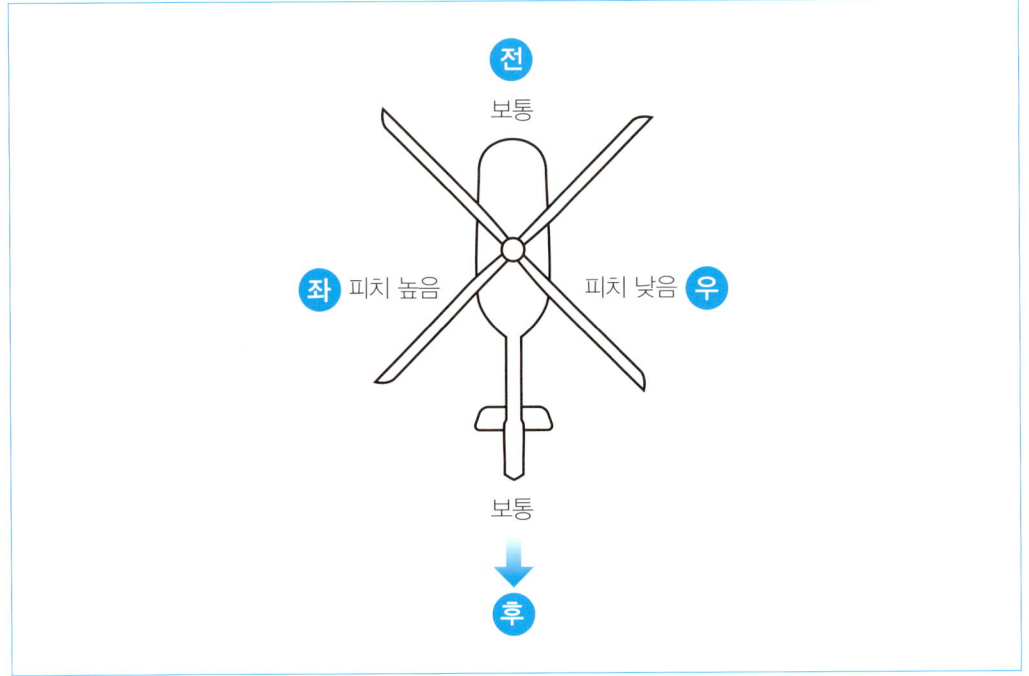

STEP 1-2 드론이란 무엇인가?

여러분이 "드론"이라고 불리는 것을 보면 '프로펠러가 많이 달려 있는 무엇'이라는 것은 알 수 있을 것이다.
원래 드론(Drone)이라는 것은 무인기나 무인자동차였던 것으로, 무인(Unmanned)으로 자동제어되는 것을 가리키는데, 최근 문제가 되는 "드론"이라는 것은 호칭에 있어서는 올바르지 않다고 할 수 있다.
왜냐하면 최근의 드론은 UAV(Unmanned Air Vehicle)로 불러야 하기 때문인데, 현재 문제가 되고 있는 사이즈의 드론은 사람이 탈 수 없는 사이즈의 RC이기 때문에 RC기계라고 부르는 것이 맞다는 생각도 든다.
하지만 일반적인 RC기계에 비하면 자율주행 기능이 강화되었기 때문에 드론이라고 불리는지도 모른다.

프로펠러가 많이 달려 있는 기체는 회전익기(回轉翼機)의 일종으로서, 멀티콥터 내지는 멀티로터로 불린다. 또한 로터 개수에 따라서도 호칭이 달라지는데, 로터가 4개인 것은 쿼드콥터, 6개인 것은 헥사콥터라고 부른다. 이 책에서 취급하는 것은 기본적으로 쿼드콥터이다.

멀티콥터의 비행원리는 기본적으로 헬리콥터와 똑같다. 다만 그 제어방법이 많이 다르다.

헬리콥터는 앞에서 살펴보았듯이 메인 로터의 각도를 바꿔서 제어했다. 멀티콥터의 경우는 먼저 쿼드+로 불리는 타입의 기체를 생각하면 쉽게 이해할 것이다(그림1).

 그림1 쿼드+

STEP 1-2 드론이란 무엇인가?

그림과 같이 R1~R4 4가지 로터가 있다고 하자. R1이 앞쪽이고 R3가 뒤쪽이다. 이 기체를 공중에 띄우려면 R1~R4의 로터를 회전시켜야 한다. 이 로터들은 프로펠러로서, 프로펠러는 회전을 통해 양력을 일으키기 때문에 4개 로터가 균등한 힘으로 기체를 들어 올리면 똑바로 뜰 것이다.

만약 앞으로 가도록 하고 싶으면 R3의 회전수를 올리고 R1 회전수를 낮추면 뒤쪽 양력이 올라가고 앞쪽 양력이 낮아지기 때문에 전진할 것이다. 좌우에 대해서도 마찬가지이다.

헬리콥터의 경우에는 1개의 커다란 로터에 힘을 가했기 때문에 자이로 효과로 인해 그 힘이 90도 어긋나게 발생하지만, 멀티로터기 같은 경우는 회전하는 로터에 대해 아무런 힘도 주지 않는다. 그 로터가 만들어내는 양력만 변화시킬 뿐이기 때문에 90도 어긋나는 경우는 없다.

이런 경우,

반토크는 관계없을까?

하는 의문이 생기지 않나? 물론 반토크는 영향을 끼친다. 예를 들면 그림2와 같이 모든 로터가 시계방향(CW)으로 회전했다고 하자.

 그림2 모든 로터가 시계방향으로 회전

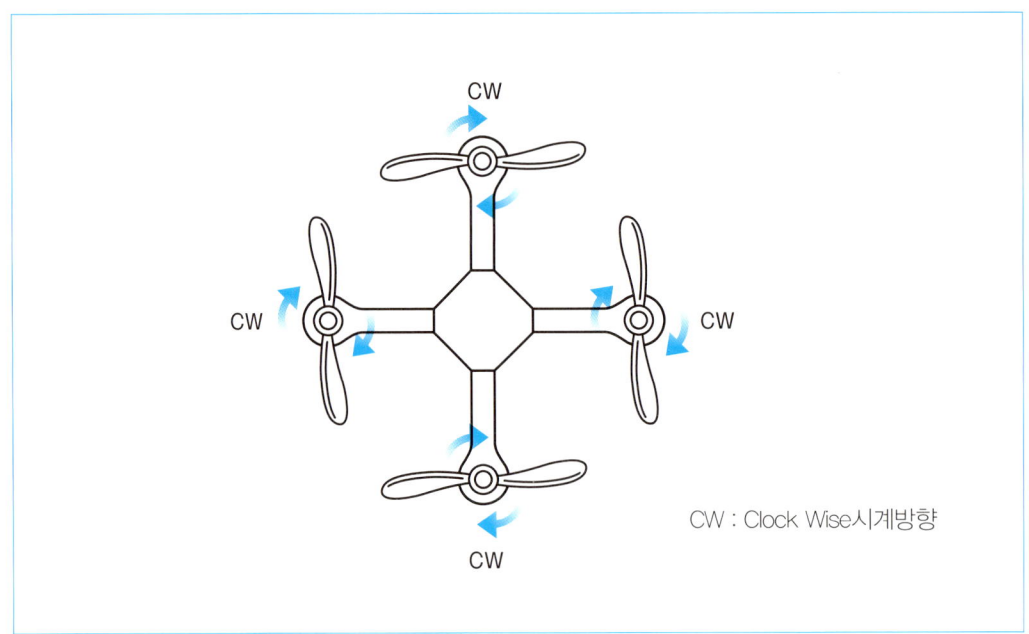

CW : Clock Wise 시계방향

이 경우 반토크는 모든 로터에서 시계반대 방향으로 발생한다. 따라서 힘은 그림3과 같이 발생하게 된다.

그 결과 쿼드+ 기체는 위에서 보았을 때 왼쪽방향으로 빙글빙글 회전하게 된다. 이것이 헬리콥터라면 기체 뒤에 테일 로터를 달아 반토크를 상쇄시키면 되겠지만 멀티콥터는 그렇게 할 필요가 없다.

그림4와 같이 로터의 회전방향을 반대로 한 것을 조합하기만 하면 되기 때문이다.
CCW는 시계반대 방향을 의미한다.

 반토크는 시계반대 방향으로 발생

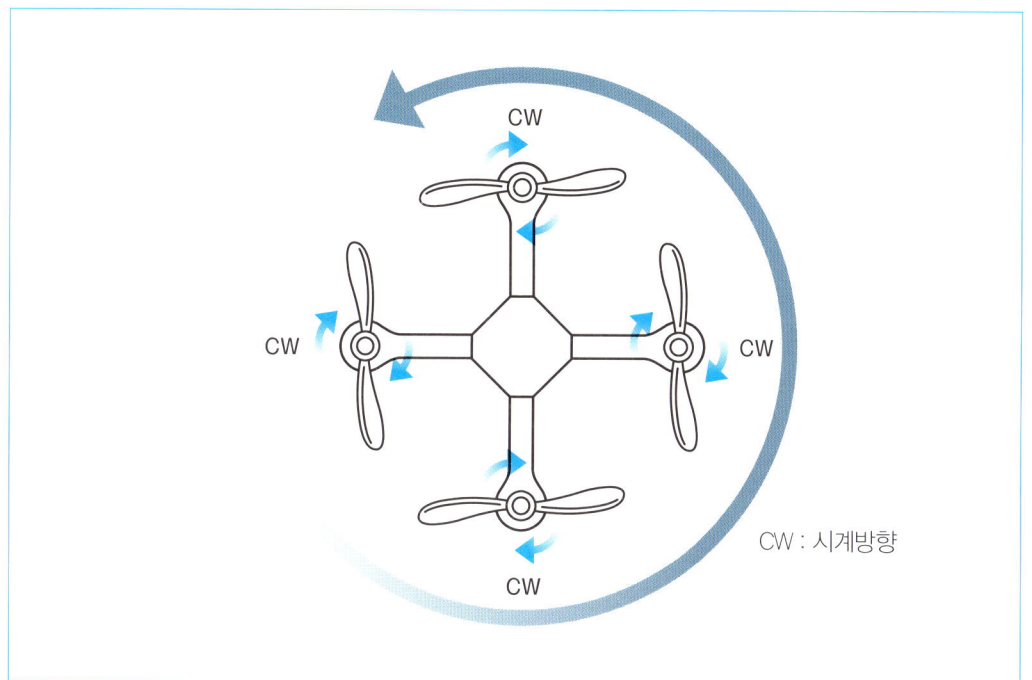

 로터의 회전방향을 반대로 한 것을 조합한다.

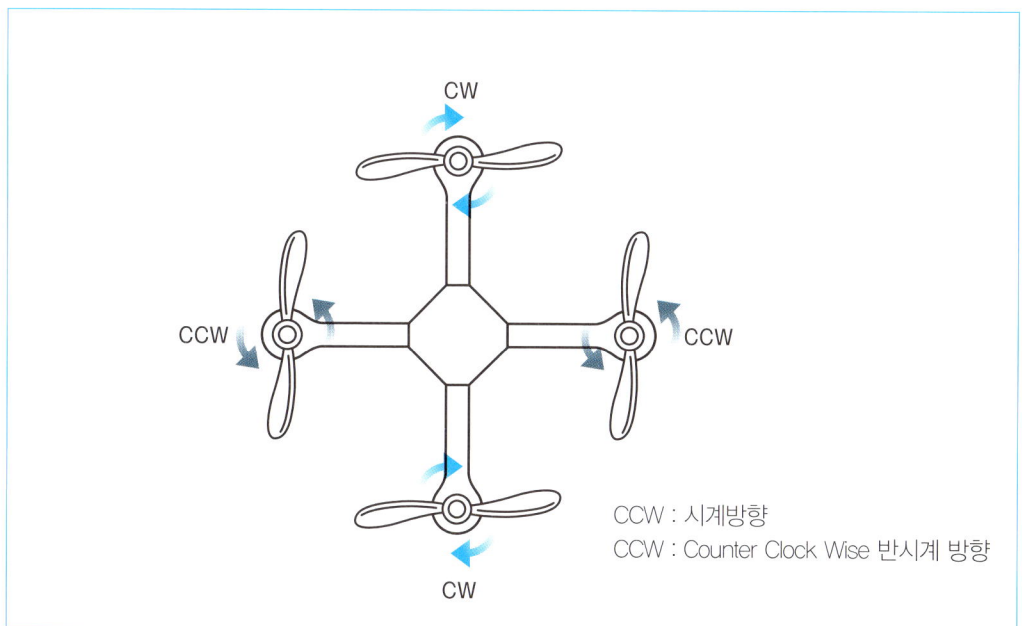

STEP 1-2 드론이란 무엇인가?

이렇게 하면 각각의 반토크는 그림5와 같이 발생하기 때문에 기체 자체에 발생하는 힘은 그림과 같이 된다.

그로 인해 각각의 반토크는 상쇄되기 때문에 기체가 빙빙 돌지 않게 되는 것이다.

 반토크는 상쇄된다.

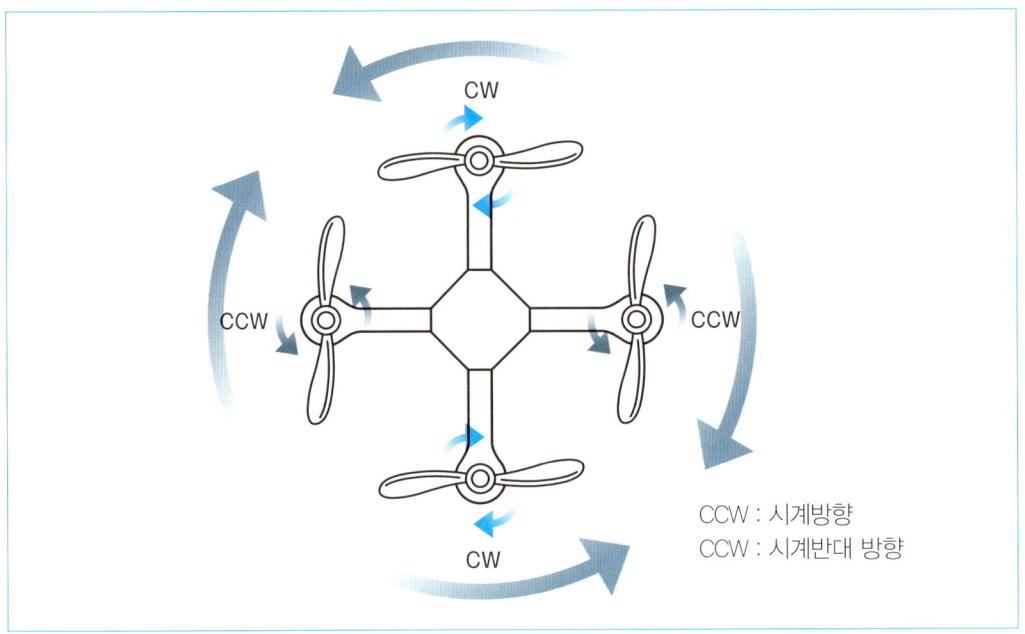

CCW : 시계방향
CCW : 시계반대 방향

1 쿼드콥터의 전후좌우 이동은 어떻게 이루어지나?

그럼 지금까지의 설명으로 이제 파악할 수 있는 것이 있다.

비행기나 헬리콥터는 어디가 앞이고 뒤인지 형태를 통해 바로 알 수 있지만, 쿼드콥터 같은 경우는 어느 쪽이 앞이고 어느 쪽이 뒤인지 금방 알기가 어렵다.

하지만 이 「제어」를 하는데 있어서 전후좌우를 알아두지 않으면 헷갈리게 된다.

그림6 상태로만 그려져 있으면 어느 쪽이 앞인지 모른다.

그림6 언뜻 봐서는 전후좌우를 모른다.

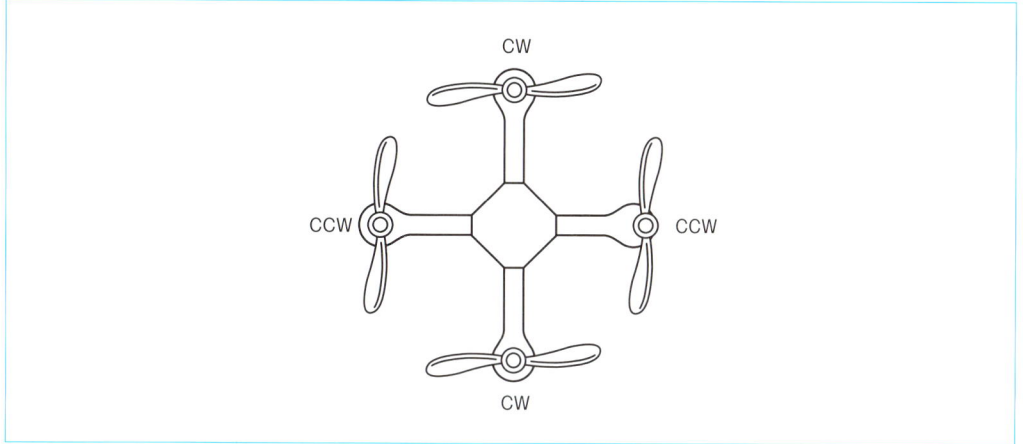

조종할 때 자신이 그림7의 위치에 있다고 하자.

 조종자 위치에서 보면…

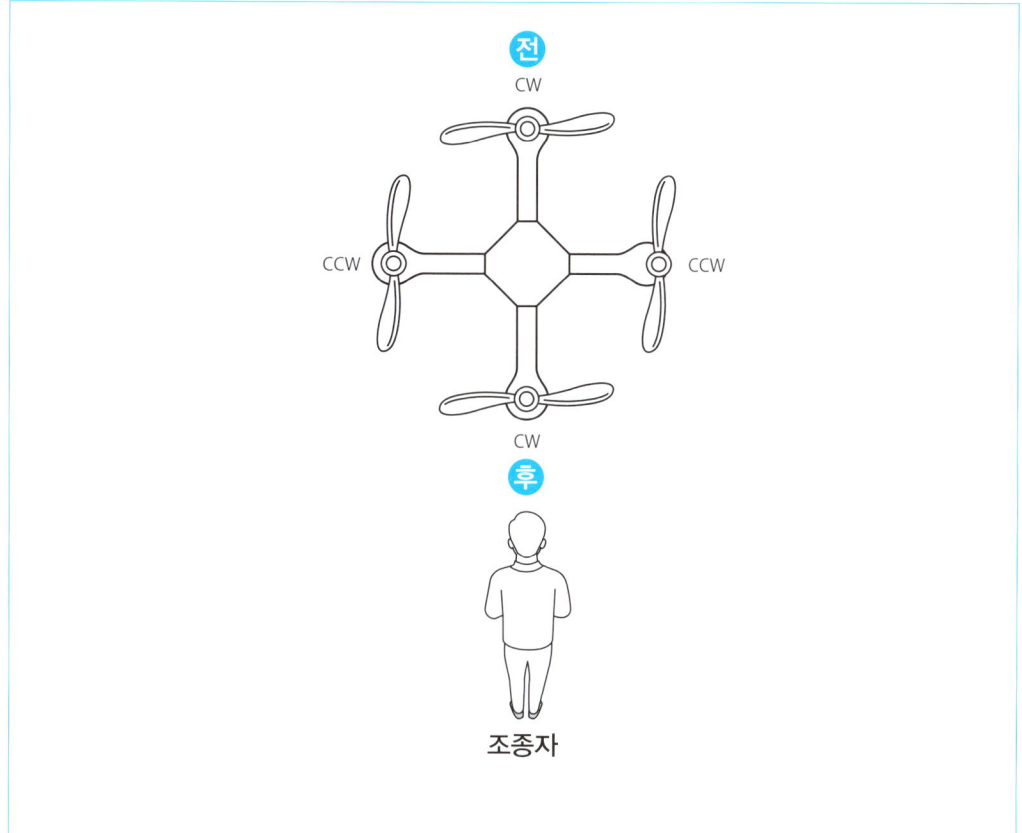

STEP 1-2 드론이란 무엇인가?

기체 앞쪽이 만약 조종자와 가까운 쪽이라고 하면, 「앞으로 움직이려고」하는데 기체가 어쩐 일인지 내 쪽을 향해 움직이지 않는다. 또 「우측으로 움직이려고」하는데 조종자 위치에서 볼 때 왼쪽으로 움직임으로서, 전체적으로 반대방향으로 움직여 혼란스럽지 않을 수 없다.

이 때문에 멀티콥터에서도 기체의 전후좌우를 「정해」두는 것이다. 흔히 하는 방법은 일부러 「꼬리표」를 달아 뒤쪽 방향을 표시하거나, 기체 구조물의 색을 바꾸거나, 최근에는 암에 장착되어 있는 LED 색을 바꾸는 식으로 대응한다.

2 쿼드+와 쿼드X의 전후좌우 차이

기체 종류에 따라 앞쪽 방향이 엄격하게 다른 것은 쿼드+와 쿼드X이다. 쿼드X에서는 기체의 전후좌우가 그림8과 같다.

그림8 쿼드X의 구성

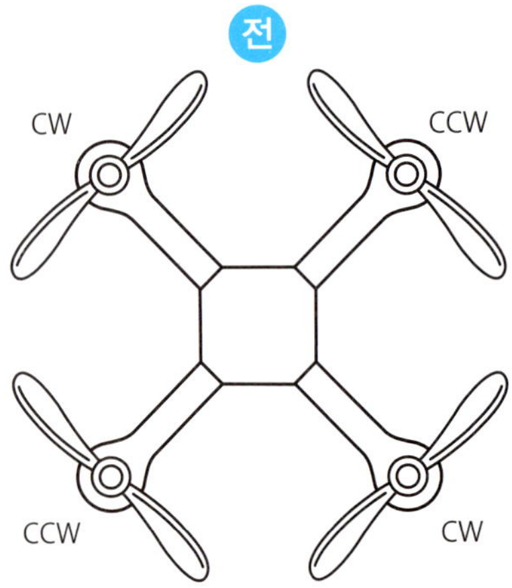

쿼드X의 경우 +와 비교하면 전후 방향이 45도 어긋나 있을 뿐이지만, 이 방향이 앞이라고 해서 +와 똑같이 나는 것은 아니다. 최근 유행하는 H형 기체는 이 쿼드X의 프레임 형태만 바꾼 것이다.

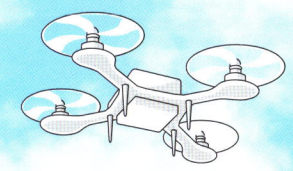

드론 첫 걸음
실제 기체를 살펴보자

먼저 실제 기체를 보고 드론이 어떤 부품으로 구성되어 있는지 알아두자.

2

STEP 2-1 드론이 무엇이지?

1 주의 깊게 살펴보도록 하자.

여하튼 실제 기체를 보고 어떤 부품이 어떻게 장착되어 있는지 살펴보도록 하자. 각 부품에 대해 간단한 해설은 다음 절에서 한다.

사진1은 필자가 최근에 조립한 기체이다.

프레임(기체 자체)에는 Armattan Canada(http://www.armattanminis.com/)의 모르피드(Morphite)라 불리는 카본 제품을 사용했지만 프레임 이외의 부품은 직접 구해서 조립한 것이다.

 필자가 최근에 조립한 기체

이 기체는 상당히 소형으로 모르피드 180mm이라 불리는데, 기체 길이가 약 180mm, 모터와 모터 축의 대각선 길이도 180mm 정도이다. 이것이 얼마 정도나 소형 사이즈인지는 사진2에서 보듯이 휴대전화 폴더폰과 비교하면 금방 알 수 있다. 이 정도 크기라면 실내에서도 비교적 여유 있게 띄울 수 있고, 한편으로 작긴 하지만 야외에서도 띄울 만큼의 성능을 갖고 있다.

사진2 기체는 아주 소형 사이즈이다.

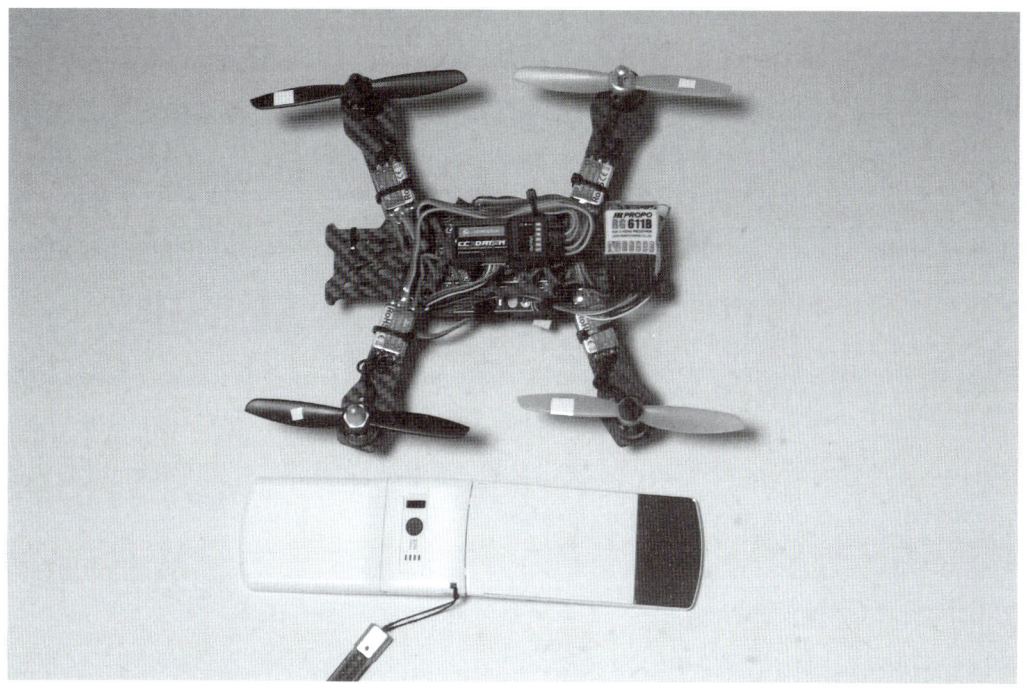

2 "기체 형상"은 역시 중요!

기체의 「형상」도 아주 중요한 포인트이다.

최근에는 단순한 X형 기체가 아니라 사진 속 길이 정도의 방향이 있는 기체가 유행하고 있는데, 이런 타입의 기체는 FPV(칼럼 참조)를 이용한 비디오로 에어 레이스를 펼칠 목적으로 개발된 것이 많다. 유행에 따라 이런 디자인의 기체는 더 늘어날 것이다.

카본 기체는 튼튼하고 가벼운 것이 특징이지만, 반면에 약간 비싸다는 단점이 있다. 이 모르피드 같은 경우는 프레임만 해서 45달러 정도이다(송료별도).

만약 스스로 모든 부품을 갖추는 것이 번거로운 경우에는 Armattan Canada에서 키트를 구입하면 되는데, 그럴 경우의 가격은 189달러지만 수신기와 배터리 등은 별도로 필요하다.

 **FPV : First Person View**

1인칭 시점을 가리키는 말로서, 게임에서의 FPS(First Person Shooter)와 마찬가지로 기체에 장착된 카메라를 무선으로 전송해 그 영상을 보면서 비행시키는 방식을 말한다. 전파 관계 상 FPV를 사용하기 어려운 상황도 있다.

STEP 2-2 기체 각 부분을 살펴보자

1. 각 부분을 살펴보자.

여러분은 앞서의 기체를 보면 어디가 신경이 쓰이는가?

요컨대 2-1절의 사진1 기체는 GPS 등을 사용한 자동항속 기능이 없기 때문에 드론이라기보다도 일반적인 쿼드콥터로 분류된다.

2. 왜 프로펠러는 2가지 색일까?

눈에 띄는 부분을 갖고 말하자면 역시 프로펠러일 것으로 생각되는데, 2가지 색의 프로펠러를 사용하는 이유는 기체의 앞뒤를 쉽게 알 수 있기 때문이다.

흑백사진으로는 좀 보기 어렵겠지만, 앞뒤로 다른 색의 프로펠러를 사용함으로서 어느 쪽이 앞이고 어느 쪽이 뒤인지 쉽게 구별할 수 있다.

쿼드콥터의 경우 일반적인 비행기나 헬리콥터와 달리 전후좌우를 모르기 때문에 이런 식으로 많이 대응한다.

이 기체와 같이 길이 방향이 다른 것은, 가로세로 방향은 알지만 언뜻 봐서는 앞뒤를 구분하기가 쉽지 않다.

3. 기체가 중앙에 있는 것은 왜일까?

기체 중앙부에 있는(사진1) 것이 플라이트 컨트롤러(FCS)라 불리는 것이다.

이 기체에서는 OpenPilot CC3D atom이라 불리는 소형 제품을 사용했지만, 케이스가 딸린 소형 타입도 사용한다.

사진1 플라이트 컨트롤러

플라이트 컨트롤러는 쿼드콥터를 포함한 멀티콥터의 기체를 제어하는 핵심적인 부품으로서, 이 컨트롤러가 기체의 자세나 움직임을 검출해 안정적으로 비행시키는 제어를 담당한다. 이 CC3D atom은 소형 사이즈이기 때문에 소형 기체에 적합하다.

4 모터는 4개가 필요!

"쿼드"콥터라는 명칭에서 알 수 있듯이 프로펠러 4개가 사용되는데, 프로펠러가 4개 있다는 것은 그것을 움직이는 모터도 4개를 사용한다는 뜻이다.

각 모터는 회전방향이 정해져 있는데, 여기서 사용하는 모터는 시계방향과 시계반대 방향으로 회전하는 2종류를 사용한다. 각각의 모터에는 사진2, 3과 같이 CW(시계방향), CCW(시계반대 방향) 표시가 되어 있다.

원래 모터에는 정해진 회전방향이 없는데(어느 쪽이든 돌아간다), 이런 타입의 모터는 모터 축에 직접 프로펠러가 연결되는 타입으로, 사진4와 같이 모터 축에 나사선이 만들어져 있어서 그 나사 방향이 왼쪽이냐 오른쪽이냐에 따라 회전방향이 정해지기 때문에 표시가 되어 있는 것이다. 멀티콥터가 증가하는 최근에는 이런 타입의 모터를 많이 사용하고 있다.

 CW=시계방향으로 회전하는 모터

STEP 2-2 기체 각 부분을 살펴보자

  사진3 CCW=시계반대 방향으로 회전하는 모터

  사진4 프로펠러가 직접 고정되는 타입

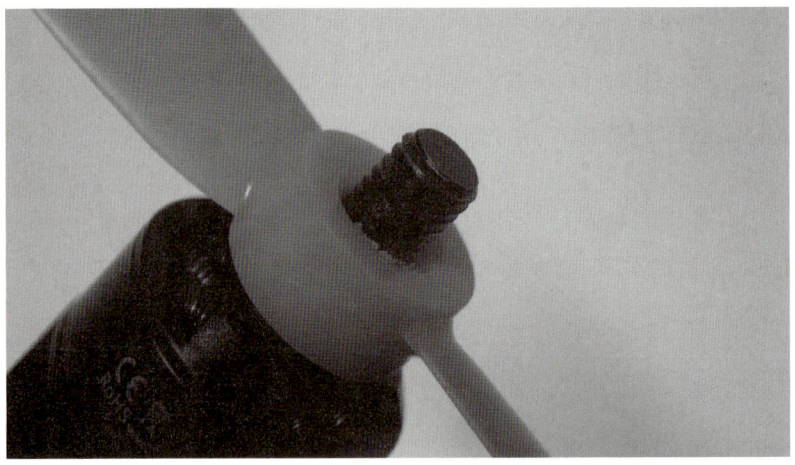

5 | 모터를 제어하는 것은 무엇인가?

각각의 모터를 제어하는 것은 ESC(Electronic Speed Controller)라 불리는 것으로, 기체의 각 『팔』부분에 장착되어 있다(사진5).

ESC는 플라이트 컨트롤러에서 나온 신호를 받아 모터를 구동하는 역할을 갖고 있다. 이 기체는 소형 사이즈여서 모터와 ESC 사이의 배선이 길면 방해가 되기 때문에 필자는 모터에서 나오는 배선을 직접 ESC에 납땜으로 고정해 조립했다.

이와 같은 ESC 4개가 있다.

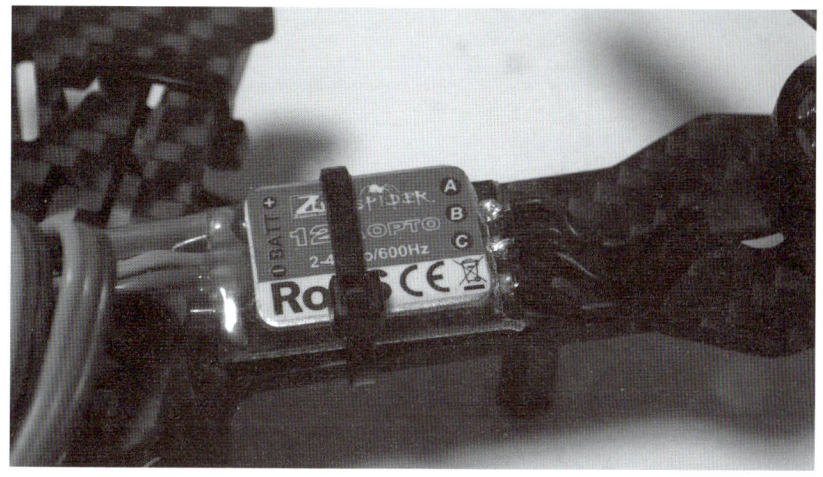

ESC에는 모터를 돌리는 역할뿐만 아니라 또 다른 역할을 갖고 있는 것도 많이 있다.

다른 역할이란 배터리 전압에서 수신기나 플라이트 컨트롤러에 필요한 전압을 만들어 내는 것으로, 이 기능은 BEC(Battery Eliminatior Circuit)로 불리는데, 일반적으로 기체를 띄우기 위한 배터리 전압(7.4~11.1V)을 수신기나 플라이트 컨트롤러의 전압(5~6V)으로 변환한다.

그런데 이번에 사용한 ESC에는 이 BEC 기능이 없었기 때문에 별도로 수신기나 플라이트 컨트롤러용 전압을 만들지 않으면 안 될 상황이라, 사진6과 같이 기체 중앙부분에 변환을 해주는 기판을 탑재했다. 이 기판은 BEC와 더불어 각 ESC에 배터리를 배분하기 위한 회로도 탑재하고 있는데, 이런 기판을 PDB(Power Distribution Board)라고도 부른다.

단순한 PDB는 마치 멀티 콘센트 같은 것으로서, 배터리로부터의 전원을 복수의 ESC에 배분하는 기능을 갖는데, 여기서 사용하는 PDB는 BEC도 탑재한 것이다. 제작하는 과정에서 약간 실패한 점이라면 PDB 자체가 너무 커서 기체 중앙부분이 이 PDB로 가득 차버려 그다지 유효하게 활용하지 못했다는 것이다. 어떤 식으로든 소형 PDB로 바꾸려고 한다.

 이 부분에서 전원을 배분한다.

2-2 STEP 기체 각 부분을 살펴보자

6 | RC를 제어하는 수신기

RC로 제어를 하는 부품으로는 수신기가 있다. 수신기는 사진7에서 볼 수 있듯이 기체 후방에 장착되어 있다. 필자는 JR(일본원격제어 주식회사) 시스템을 사용하고 있어서 JR 수신기를 사용하고 있다. 이 수신기는 "파크 플라이트용"이라 불리는 단거리용으로서, 6채널짜리 소형 타입이다.

 RC의 수신기

7 | 연료 대용으로 배터리가 필요하다.

지금까지는 부품에 관한 설명이었지만 이번에는 이 기체의 「연료」에 해당하는 배터리이다.
배터리는 사진8과 같이 기체 안쪽에 장착되어 있는데, 간단히 탈부착이 가능하도록 매직테이프로 고정되어 있다.

사진8 배터리는 안쪽에 있다.

이상과 같이 쿼드콥터의 경우에는 아래 부품이 필요하다.

필요한 부품

- 프레임(기체 자체)
- 플라이트 컨트롤러
- 모터×4
- 프로펠러×4
- ESC×4
- 수신기
- 배터리
- 필요에 따라 PDB+BEC

이번에 이 기체를 만들게 되면서 대략적인 가격이 다음과 같이 발생했다. 필자는 이 부품들을 해외통신판매를 이용해 구입하고 있다.

- 프레임(기체 자체) ··············· 49달러
- 플라이트 컨트롤러 ··············· 25달러
- 모터×4 ························ CW, CCW 1세트(2개)에 20달러×2
- 프로펠러×4 ···················· CW, CCW 1세트(2개)에 1.5달러×2
- ESC×4 ························ 8달러×4
- 수신기 ························ 8만 원 정도

STEP 2-2 기체 각 부분을 살펴보자

송료 등을 감안하면 30만원을 쉽게 넘는다고 봐야 한다.

이렇게 전부 모아보면 의외로 모터와 ESC 가격이 높다는 것을 알 수 있다.

『팔』1개당 약 2만 원 정도 발생하는데, 쿼드기 같은 경우는 4개를 사용하게 된다. 이것은 자동차 타이어와 비슷해서 1개 가격은 그다지 크지 않지만, 4개를 세트로 사용해야 하기 때문에 전체 금액으로는 4배가 되는 셈이다.

기체 자체도 고가의 부품인데, 이 기체 같은 경우는 비싼 카본 제품을 일부러 사용했기 때문에 당연하다고 할 수 있다.

그 이외에 개별 부품으로는 수신기가 비싼 축에 속하는데, 이것은 2.4GHz RC의 단점이라고도 할 있어서, 2.4GHz RC 시스템 같은 경우에는 대체로 수신기가 고가이다. 수신기에 대해서는 나중에 다시 상세히 설명할 것이다.

배터리는 갖고 있거나 혹은 다른 기체와 돌려가면서 사용하는 경우가 많으므로 위 가격 리스트에 넣지 않았다. 배터리, 충전기, 송신기 같은 기본적인 장비에 대해서도 뒤에 자세히 설명하겠다. 여기서는 기체 자체에 관한 부분만 소개했다.

STEP 2-3 멀티콥터는 어떻게 제어되나?

1 멀티콥터의 동력과 제어는?

멀티콥터의 동력은 모터이다. 엔진을 동력으로 하는 멀티콥터를 개발하는 사람도 있지만, 현재 시판되고 있는 기체들 가운데 눈으로 하는 드론 종류는 아직 모터를 사용하고 있다.

모터 하나, 즉 프로펠러 한 개의 제어방법은 아주 간단한 구조를 하고 있다(그림1).

 프로펠러 하나의 제어방법

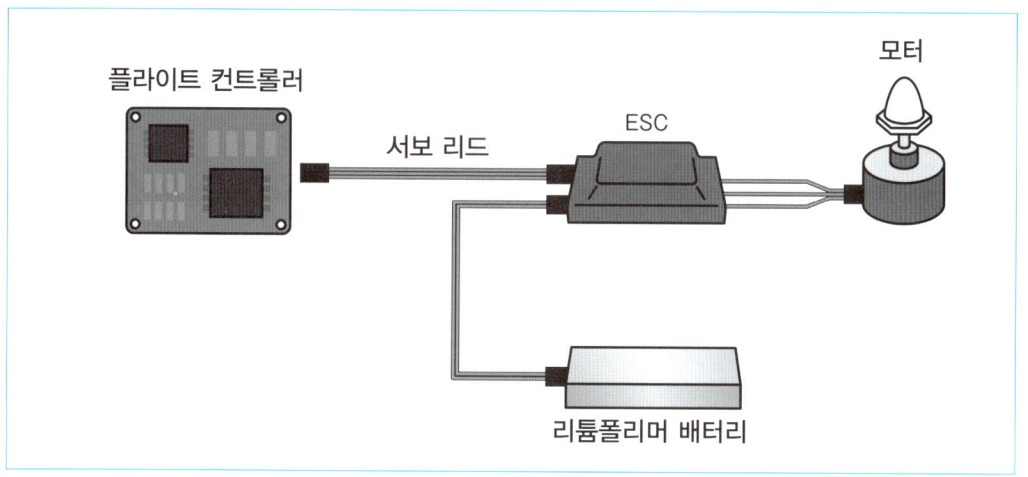

모터는 ESC라 불리는 장치에 연결되어 있다. 이것은 Electronics Speed Controller의 약어로, 전자적으로 모터의 속도를 제어하는 것이다.

기본적으로는 이것뿐이다.

ESC에 전기적인 신호가 가면 모터 회전수가 변화한다. 모터 회전수가 변화하면 프로펠러에서 발생하는 양력이 변화하기 때문에 멀티콥터가 날거나 이동하거나 하는 것이다.

정말 간단하다고 생각할지 모르지만, 또 그렇게 간단하지만도 않은 것이 멀티콥터이다.

4개의 모터가 같은 속도로 회전할 뿐만 아니라 같은 양력을 발생한다면 쿼드콥터는 정확하게 떠 있을 수 있을 것이다. 그런데 모터 성능의 편차, 프로펠러의 근소한 오차 등 세세한 요인으로 인해 각각의 로터가 발생하는 양력에 차이가 생기면 정확하게 떠 있지 못하는 것은 물론이고 어느 쪽으로든 이동하든가 떨어지기도 한다. 그렇다고 이것을 수동으로 제어하는 것은 이야기가 상당히 어려운 방향으로 흘러가는 것이다.

STEP 2-3 멀티콥터는 어떻게 제어되나?

2 | 멀티콥터의 제어기술

멀티콥터는 헬리콥터와 달리 기계적으로 아주 심플한 구조를 하고 있다. 심플하다고 하기보다 일체의 기계적 구조를 갖고 있지 않다고 하는 편이 맞을 것이다.

왜냐하면 모터와 프로펠러는 대부분 직결되어 있기 때문에 기계제어할 만한 부분이 전혀 없기 때문이다. 일부 기종에서는 프로펠러를 구동하는데 기어를 사용하는 것도 있지만 그다지 많지는 않다.

기본적으로 멀티콥터의 제어는 모터 회전수를 제어한다. 회전수 제어를 통해 양력을 제어하는 것이다. 한 번 더 쿼드+ 그림을 살펴보겠다.

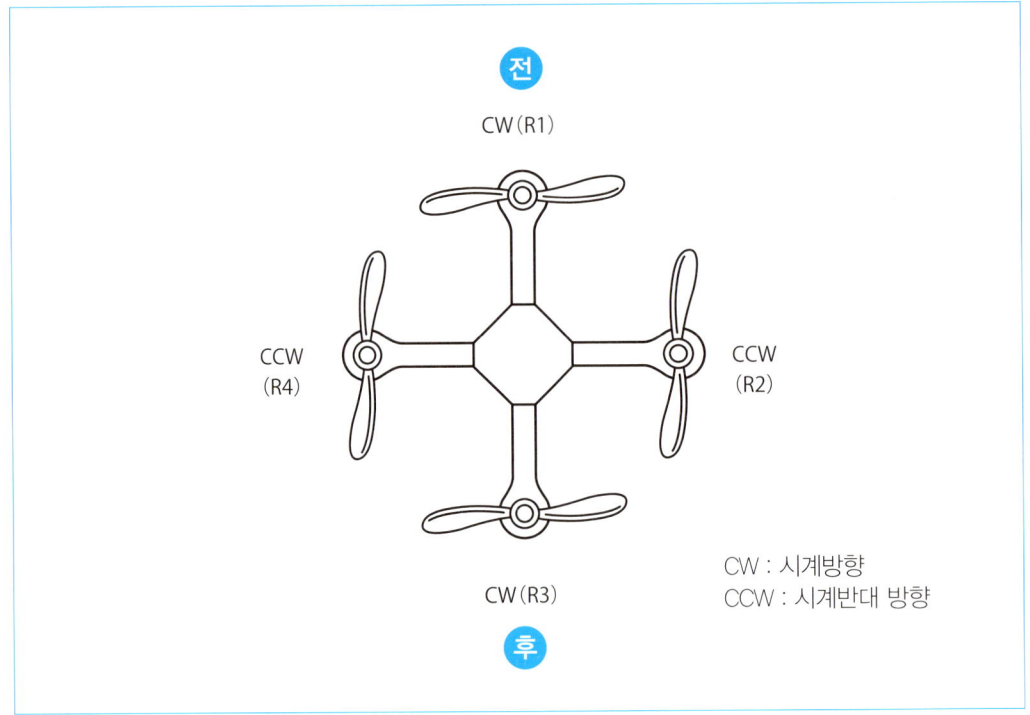

그림2 쿼드+

R1이 앞, R3가 뒤라고 치자. 기체를 띄우려면 R1~R4 모든 모터를 회전시켜 균등한 양력을 일으키면 된다.

기체를 띄우고 위치를 유지하는 것을 상상해 보자. 소위 말하는 호버링(Hovering)이다.

만약 떠 있는 기체가 너무 높을 경우에는 R1~R4의 모터 회전수를 조금 낮추면 된다. 양력이 줄어들

면 기체는 내려가려고 할 것이다. 너무 낮을 때는 다시 R1~R4의 모든 회전수를 조금 올리면 양력이 강해지기 때문에 상승하게 된다.

호버링 위치를 유지하려면 이 정도만 해도 될 것 같지만, 기체라는 것이 계속 그 자리에 있으려고 하지 않는다. 각 로터의 모터나 프로펠러의 사소한 차이, 기체 중심의 편차 등으로 인해 전후좌우 어느 쪽 방향으로든 조금 기울어질지도 모른다. 그럼 기울어지면 어떻게 하면 될까?

가령 기체가 앞으로 기울어졌을 경우에는 R1의 모터 회전수를 조금 올려 앞쪽 양력을 강하게 하면 기체가 수평으로 돌아올 것이다. 좌우에 대해서도 마찬가지여서, 우측이나 좌측으로 기울어졌을 때는 기울어진 쪽 모터 회전수를 조정해 수평을 이루게 만듦으로서, 위치를 유지시키는 조작이 필요하다.

이것을 수동으로 할 수 있느냐 하면, 필자의 경우는 유감스럽게 못한다. 어쩌면 할 수 있는 사람이 있을지도 모르지만 이것은 상당히 미묘한 조작이다.

더불어 RC 조작방법도 살펴보겠다. 필자가 사용하는 모드2의 비례제어방식(Proportional Control System)에서는 그림3과 같은 방법으로 조작하도록 되어 있다.

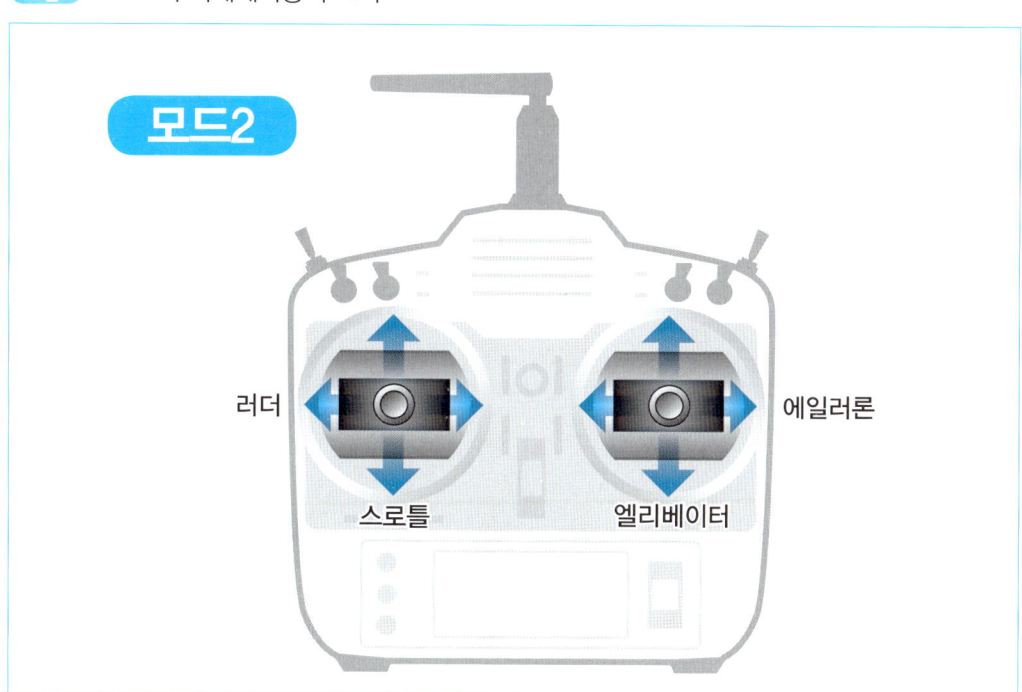

그림3 모드2의 비례제어방식 조작

기본적으로 RC 조작은 비행기를 베이스로 하고 있다. 이것은 헬리콥터 경우도 마찬가지여서, 그림과 같이 방향을 조작하게 된다.

STEP 2-3 멀티콥터는 어떻게 제어되나?

그런데 이것을 쿼드콥터에 적용하려고 하면 조금 까다롭다. 스로틀을 조작하면 R1~R4까지의 모터 속도를 균등하게 제어하지만, 에일러론이나 엘리베이터를 제어하면 어느 쪽 모터를 조금 빨리 회전시키는 조작이 필요하다.

여기에 조금 의문스러운 조작이 있다. 러더는 대체 어떻게 제어하면 될까?

19페이지에서 반토크 이야기를 했었다. 반토크를 상쇄하기 위해 모터의 회전방향에 반대 되는 것을 조합해 사용한다는 것이었다.

그래서 이 반토크를 이용해 러더를 제어하면 되는것이다. 예를 들면, 기종을 왼쪽으로 향하게 하고 싶을 때는 좌측방향의 힘을 강하게 하면 회전한다.

그림4와 같이 시계방향으로 회전하는 R1과 R3의 회전을 빠르게 한다. 그러면 역방향의 반토크가 강해지기 때문에 기체는 좌측으로 돌려고 한다. 하지만 여기서 문제가 생긴다. R1과 R3의 회전수를 높이면 양력도 올라가기 때문에 기체는 상승하면서 좌측으로 돌려고 하는 것이다.

그림4 쿼드콥터의 요 축 제어

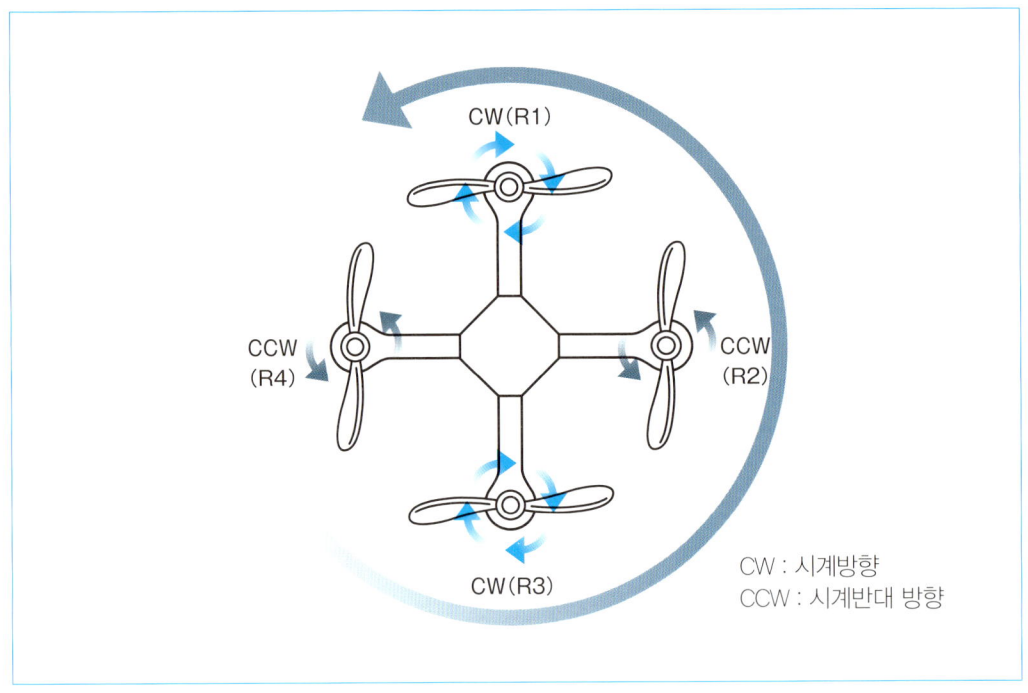

CW : 시계방향
CCW : 시계반대 방향

그래서 상승하지 않고 그 자리에서 왼쪽을 향하게 하려면 R1과 R3는 빨리, R2와 R4는 느리게 해 기체 전체가 얻는 양력이 똑같아지도록 조정함으로서 좌측을 향하게 하면서 높이를 유지시키는 것이다.

3. 그러면 어떻게 조작하면 될까?!

여기까지 살펴본 바로는 어떻게 조작하면 되는 것인지 아직 이해가 안 간다. 그래서 이런 제어를 하도록 해주는 장치를 사용한다. 이것을 플라이트 컨트롤러(FC)라고 부른다. RC를 사용한 멀티콥터 시스템에서는 다음 그림5와 같은 접속으로 제어된다.

 멀티콥터 시스템

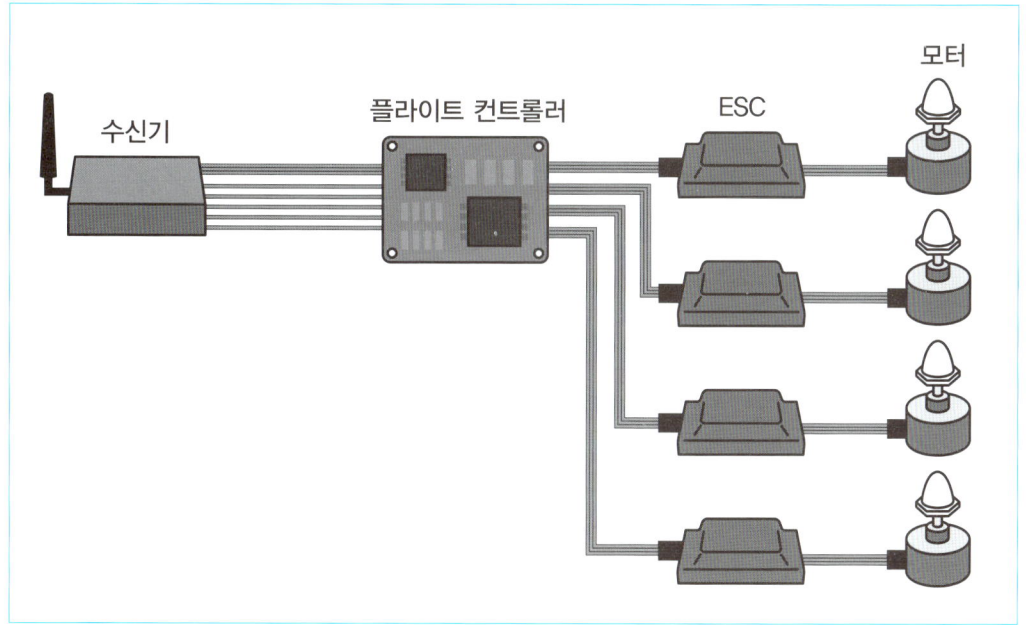

송신기에서 보낸 RC의 제어신호는 수신기로 입력되고, 수신기로부터는 보통 비행기처럼 스로틀, 엘리베이터, 러더, 에일러론 등의 제어신호로 출력된다. 플라이트 컨트롤러는 이것을 받아 각 모터에 필요한 속도 제어신호를 ESC에 보낸다. 이렇게 제어되면서 멀티콥터가 비행기처럼 날 수 있는 것이다.

이제 어떻게든 조작할 수는 있을 것 같지만, 아직 해소되지 않은 문제가 있다. 이미 언급한 불안정에 관한 문제이다.

지금까지 설명한 방법으로 제어 자체는 가능하지만 이 상태는 매우 불안정한 편인데, 그렇다고 이것을 수동으로 날리는 것은 상당히 어려운 기술이 아니 수 없다.

RC 헬리콥터는 조종이 어려운 RC 가운데 하나로서, 예전의 RC 헬리콥터는 조정하기 까지 상당한 기량을 필요로 했다.

예를 들자면,

2-3 STEP 멀티콥터는 어떻게 제어되나?

자전거를 타지 못하는 사람이 어른이 되고나서 자전거를 연습하는 정도의 어려움에 비유되고는 했다. RC 헬리콥터 시대부터 안정화에 사용된 것이 자이로이다. 자이로라는 것을 카 내비게이션 등에서 들어보았을지도 모르겠다.

자이로를 간단하게 설명하면, '각도 변화량을 검출하는 센서'라고 할 수 있다. 예를 들면, 기체가 기운 상태 등을 검출하면 기울어진 방향과 반대 방향으로 제어해 기체가 기울어진 경사각을 해소하는 것이다.

16페이지에서 비행기에는 3가지 축 즉, 롤과 피치 요가 있다고 설명했다. 이것과 마찬가지로 멀티콥터에서도 이런 축들을 제어한다. 각 축의 방향에 대해 그 변화량을 "자이로"에서 검출한다. 예를 들어 기체를 뒤에서 보았을 때의 롤 축에 대해 생각해 보자.

기체가 우측으로 기울었다는 것은 롤 축에 대해 우측으로 돌려고 하는 동작이라고 할 수 있다(그림6).

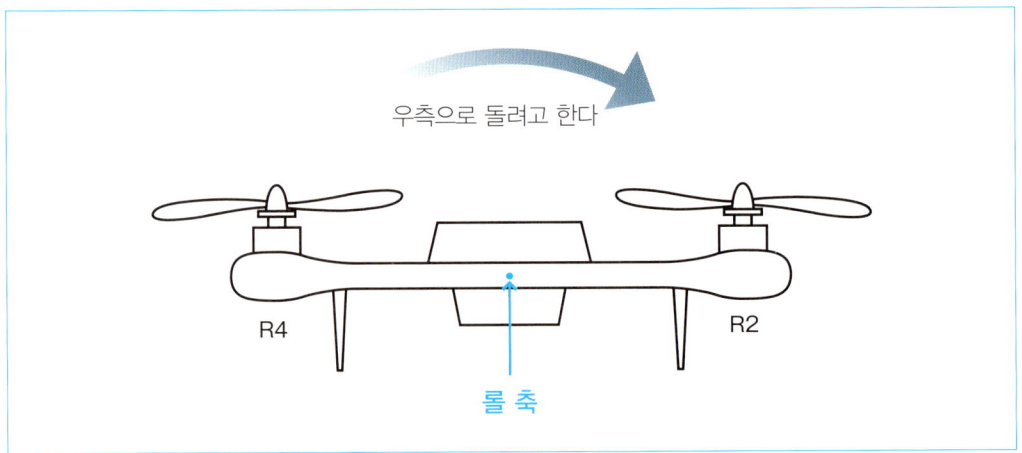

그림6 기체를 뒤에서 (수평으로) 보았을 때

이것을 해소하기 위해 R2의 모터를 빨리 돌려 우측의 양력을 높이고, R4 모터를 조금 늦추어 기체의 우측 양력을 높이면 롤 축을 중심으로 왼쪽으로 돌려고 하기 때문에 원래 위치로 돌아갈 수 있는 것이다(그림7).

원래 위치로 돌아간다.

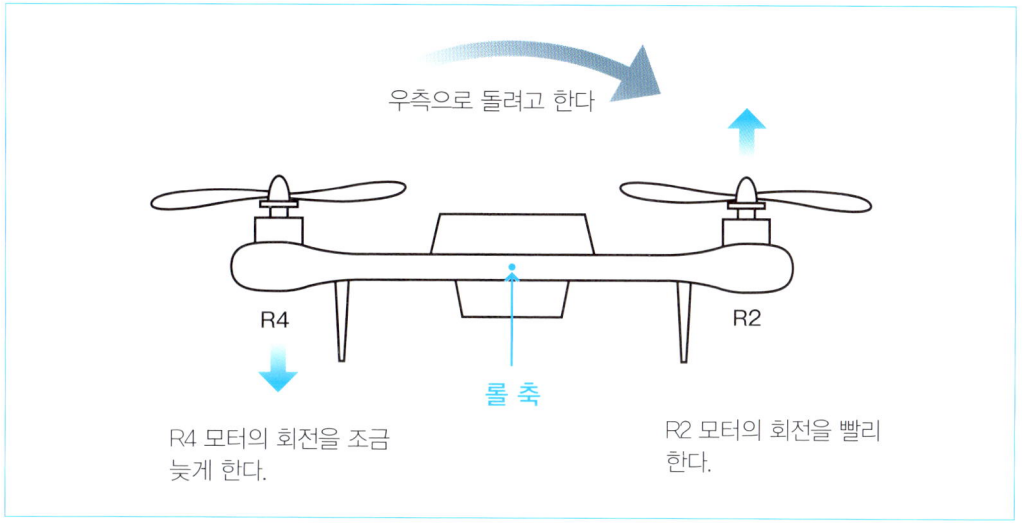

그런데 자이로에는 문제가 있다. 그것은 자이로가 검출할 수 있는 것은 **각도 변화량** 뿐이라는 것이다.

기체가 기울어지려고 롤 축을 중심으로 회전하기 시작하면, 그것은 변화『량』이기 때문에 자이로는 검출을 할 수 있다.

그런데 「기울어진」상태라면 변화량이 없는 것이기 때문에 기울어진 상태가 통상적인 위치가 되어 버린다.

그렇기 때문에 기울어진 위치에서 멈추게 되면 기체는 그대로 기울어진 방향으로 곧장 날아가 버린다. 이것을 되돌리려면 수동으로 되돌려야 한다. 그래도 세밀한 변화량은 자동으로 흡수해 주기 때문에 훨씬 조종이 편하다.

사진1은 오래 된 쿼드기용 컨트롤러이다. 사진 속 은색 사각형 부품 3개가 바로 자이로이다. 이 타입은 압전진동(壓電振動) 자이로라 불리는데, 예전 타입의 플라이트 컨트롤러에서 많이 사용되었다.

STEP 2-3 멀티콥터는 어떻게 제어되나?

 자이로(압전진동 자이로)

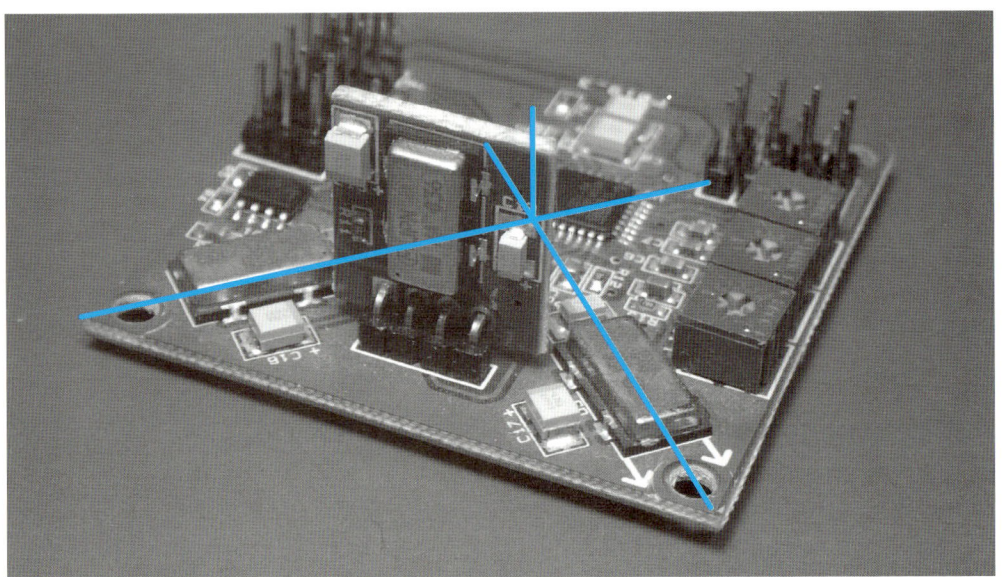

사진에서 보듯이 3개가 장착되어 있는데, 이것들은 기체의 3가지 축 방향으로 장착되어 있고, 3개이기 때문에 3축 자이로가 되는 것이다. 검출방향은 그림8과 같이 자이로의 짧은 변(短邊) 방향이기 때문에 사진의 좌측부터 피치, 요, 롤 축 검출용 자이로가 된다.

 자이로와 검출방향

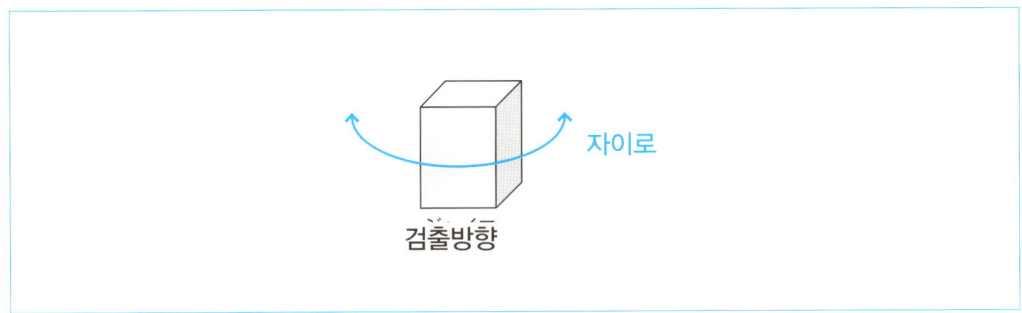

3축 자이로스코프를 탑재한 플라이트 컨트롤러로 인해 쿼드콥터와 같은 멀티로터 기체를 쉽게 날릴 수 있게 된 것은 분명하지만, 그렇다 하더라도 RC 헬리콥터보다 조금 간단한 정도였기 때문에 크게 유행하지는 않은 것도 사실이다.

4. 가속도센서로 쉽게 날릴 수 있게 되었다!

흔히 말하는 드론으로 유행하기 시작한 것은, 이 자이로와 더불어 가속도센서가 탑재된 것이 컸다고 필자는 생각한다. 가속도센서에 의한 기체 안정화로 인해 날리기가 아주 쉬워졌기 때문이다.

가속도센서의 역할은 자이로와 비슷하지만, 검출하는 것은 각도 변화가 아니라 변화하는 속도이다. 이로 인해 기울려고 하는 힘을 검출할 수 있어서 더 뛰어난 안정성을 제공한다. 현재의 많은 플라이트 컨트롤러는 3축 자이로와 더불어 3축 가속도센서를 탑재하고 있다.

어느 정도 차이가 있느냐면, 자이로만 탑재된 기체 같은 경우에는 송신기에서 손을 떼면 (부딪칠 때까지) 어디로든 이동하게 되지만, 가속도센서를 탑재하면 잠시 동안은 그 자리에 머물려고 하고, 아주 넓은 장소에서는 손을 떼도 떠 있을 정도로 안정감이 있다. 이런 사실들 때문에 비교적 누구라도 쉽게 날릴 수 있는 기체로 변신한 것이다.

칼럼 멀티콥터는 비행기나 헬리콥터와 무엇이 다른가?

비행기나 헬리콥터와 크게 다른 것은 기계적인 제어기구가 전혀 없다는 것이다. 모든 것이 전자제어로 이루어지기 때문에 기체에 가동하는 제어부분이 없다.

비행기나 헬리콥터 같은 경우에는 키를 조작하거나 혹은 로터의 기울기를 조작하는 각종 기구가 있는데, RC에서는 이것들을 서보모터라는 부품을 사용해 조작한다. 멀티콥터의 경우는 일부 예외를 제외하고는(*) 서보모터를 사용하지 않는다.

*) 바이콥터 : 쓰리콥터로 불리는, 프로펠러가 2개, 3개인 것은 서보모터를 사용한다.

다만 "드론"이라는 카테고리를 크게 보면 고정익기, 결국은 비행기도 UAV의 일종이고 자율적으로 제어되는 헬리콥터도 UAV의 일종이기 때문에, 이것들도 드론으로 본다고 치면 드론에 가동부분이 없다고 하는 것은 틀린 것이 된다.

실제로 나라에 따라서는 무인 헬리콥터 기술이 발전해, 농약살포나 측량 등에 사용하는 대형 무인 엔진 헬리콥터로 자율제어가 가능한 것이 판매되고 있는 등, 넓은 범위에서 실용화되고 있다. 이것도 드론이 일종이다.

멀티콥터가 드론과 동일하다고 말할 수 있는 이유 가운데 하나는, 기계적인 제어부분을 갖지 않는 멀티콥터가 모두 전자제어로 이루어지기 때문에 컴퓨터 프로그램 등을 연구함으로서 자율제어가 비교적 쉽게 이루어진다는 점일 것이다. 단순히 기체를 안정화시키는 것뿐만 아니라 GPS와 연동해 정해진 코스를 비행할 수 있기 때문에 이것도 또 다른 UAV로서 드론이라고 할 수 있다.

STEP 2-3 멀티콥터는 어떻게 제어되나?

원래 드론은 어느 쪽이냐 하면, DIY로 만들었던 부분이 많이 있다. 그 때문에 플라이트 컨트롤러는 입수하기 쉬운 마이크로컴퓨터를 베이스로 한 것이 많았는데, 어쨌든 주로 사용했던 것이 아두이노(Arduino) 베이스인 것들이었다. 오픈소스 하드웨어인 아두이노를 베이스로, 오픈소스로 개발되어 온 플라이트 컨트롤러는 상당히 많다. 아두이노에 각종 센서를 연결해 기체를 제어하는 것이다.

드론에서 사용하는 플라이트 컨트롤러로 많이 알려진 것에 CRIUS MultiWii SE가 있는데, CPU에는 ATmega328P를 사용하는 아두이노 호환 CPU로서, 아래와 같은 센서를 탑재하고 있다.

3축 자이로+3축 가속도센서 : InvenSense MPU-6050
기압센서 : BOSCH BMP085
자기센서(전자컴퍼스) : Honywell HMC5883L

다만 최근에는 더 세밀한 제어를 하기 때문에 CPU 성능이 부족해서, 더 고속의 CPU를 탑재한 플라이트 컨트롤러가 주류를 이루고 있다.

5 | 드론은 떨어지지 않나?

대답은 간단하다. 떨어진다. 그것도 아주 간단하게 떨어진다.

비행기의 경우는 엔진이나 모터 등의 동력이 멈춰서도 날개를 사용해 『활공』을 할 수 있지만, 회전익기의 경우는 단점인 날개 회전이 멈추면 양력을 급격하게 상실하는 문제가 있다. 헬리콥터의 경우에는 동력이 멈추었을 경우라도 하강하는 힘을 사용해 메인 로터를 회전시켜 어느 정도의 양력을 얻음으로서 불시착시키는 방법이 있지만, 멀티콥터의 경우는 날개 사이즈가 작기 때문에 하강에 따른 양력을 그다지 기대할 수 없다.

모든 프로펠러가 동시에 멈추게 되는 조건은 배터리 방전이나 플라이트 컨트롤러의 트러블 같은 것이지만, 멀티콥터에서의 특이한 문제는, 가령 프로펠러 하나만 정지해도 그냥 추락한다는 것이다. 아래 그림9를 봐주기 바란다.

그림9 프로펠러가 하나 멈추면…

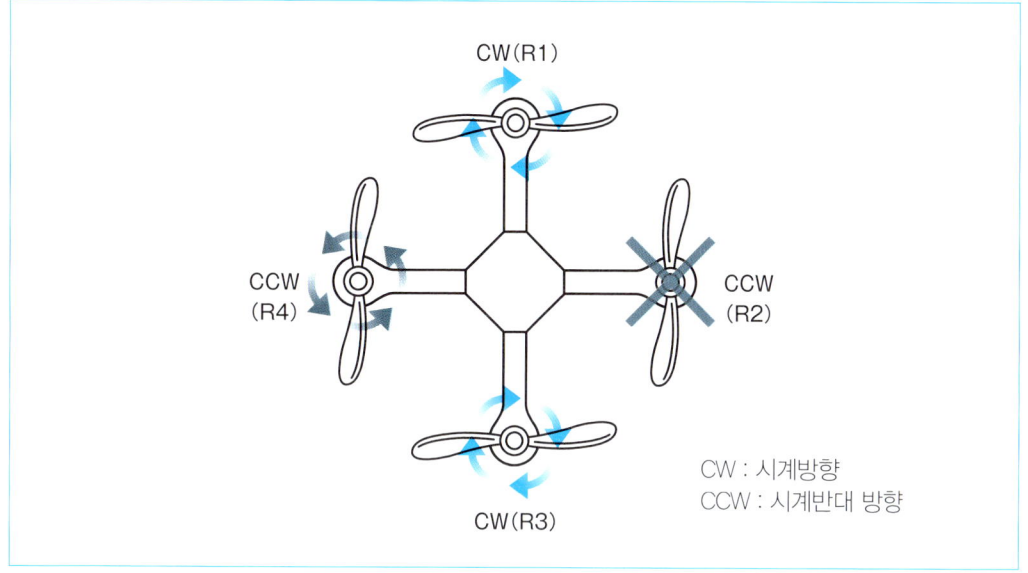

그림처럼 쿼드콥터의 프로펠러 하나가 어떤 이유이든 간에 멈춰서면 기체 거동이 어떻게 될까?

  그림에서 우측 프로펠러가 정지했을 경우에는 당연히 기체의 우측이 내려간다. 그러면 플라이트 컨트롤러는 우측이 내려갔다는 것을 검출하기 때문에 우측을 올리려는 제어를 하게 된다. 이때 어떻게 해서 우측을 올리느냐면, 그림에서 X 표시가 있는 위치의 프로펠러 즉, R2를 돌리는 수밖에 없다. 그런데 이 프로펠러는 트러블로 인해 작동을 하지 않기 때문에 어떻게 할 수가 없어서 자세를 유지하지 못하고 추락하게 된다.

  그럼 쿼드X 같은 경우는 괜찮은가 하면 그렇지 않다(그림10).

 그림10 쿼드X라도 프로펠러가 하나 멈춰서면…

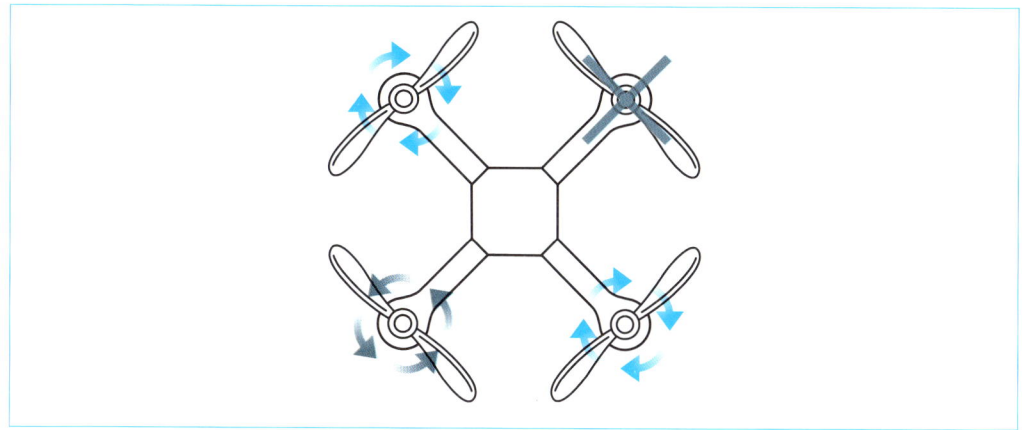

STEP 2-3 멀티콥터는 어떻게 제어되나?

이 그림에서 보았을 때, 우측이 내려가면 우측 아래 로터를 회전시키면 자세를 유지할 수 있지 않을까 생각할지 모르지만, 쿼드+와 쿼드X의 차이는 45도만 틀어져 있을 뿐이기 때문에 +의 경우와 마찬가지로 "우측이 내려가는" 것이 아니라 "우측으로 비스듬히 내려가는" 것이지만, 이것을 유지할 방법은 없다.

이런 이유 때문에 상용으로 사용하는 드론은 쿼드가 아니라 헥사(6) 내지는 옥타(8)콥터가 많은 편인데, 어느 프로펠러 하나가 정지하더라도 비행을 계속할 수 있도록 만들어졌다(실제로는 헥사에서도 어렵다고 이야기된다).

개인이 취미용으로 사용하는 기체는 대부분이 쿼드기인데, 쿼드기는 위에서 말한 이유 때문에 어느 하나의 프로펠러에 트러블이 발생하기만 해도 치명적인 결과를 낳게 된다. 프로펠러라고 말하지만 프로펠러 그 자체의 문제가 아니라 ESC나 모터, 프로펠러 어댑터와 같이 프로펠러라고 하는 "계통" 전체 가운데 어떤 한 곳이라도 트러블이 발생하면 치명적인 결과가 발생하는 것이다. 단순하게 프로펠러 연결이 느슨하기만 해도 쉽게 추락할 수 있으므로 주의해야 한다.

6 | 드론에 장착된 각종 센서의 역할

드론이 드론다운 이유는 이미 언급했듯이 자율제어에 있다. 이 자율제어가 어떻게 이루어지는지에 대해 센서의 관점에서 간단히 살펴보겠다.

한편 플라이트 컨트롤러에 따라서는 탑재되어 있는 센서 종류에 차이가 있으며(사진2), 별도로 구입 가능한 센서 종류도 있다.

사진2 CRIUS MultiWii SE 2.5의 센서

기압센서
자이로+가속도센서
자기센서

① 자이로+가속도센서

이미 언급한 바와 같이 기체의 자세를 검출해 비행을 안정화한다. 사람이 개입하지 않아도 자세를 안정화할 수 있기 때문에 자율비행의 핵심을 이루는 부분이라 할 수 있다.

② 기압센서

잘 알려진 바와 같이 지상으로부터의 높이(고도)가 높아지면 공기가 희박해지고 기압이 내려간다. 이 기압변화를 검출해 기체의 「높이」, 다시 말하면 고도를 검출한다. 이렇게 해서 기체의 고도를 유지할 수는 있지만, 유감스럽게 기압에 따른 검출은 대략적인 검출밖에 안 되기 때문에 지상부근에서의 고도제어로는 이용할 수 없다. 그래서 기압센서는 지상 근처의 호버링에서 고도를 안정화시키는 데는 사용되지 않고, 상공에서 고도를 유지하는데 사용된다.

③ 자기센서

흔히 말하는 전자컴퍼스로, 기체가 동서남북 어디를 향하고 있는지에 대해 검출할 때 사용한다. 어디를 향하고 있는지에 대해서도 검출할 수 있지만, 재미있는 사용법으로는 조종자 위치에서 보았을 때 어느 방향에 기체가 있는지를 검출시키는 방법도 있다는 것이다.

이것은 헤드프리(Headfree mode)라고도 불리는데, 기체의 전후좌우에 상관없는 제어방법이다.

그림11과 같이 조종자 위치에서 보았을 때 기체가 앞에 있는 경우, 조종자가 왼쪽으로 키를 돌리면 기체는 좌측으로 이동하고 우측으로 키를 돌리면 우측으로 이동한다. 당연하다면 당연한 것이다.

 조종자와 기체의 관계

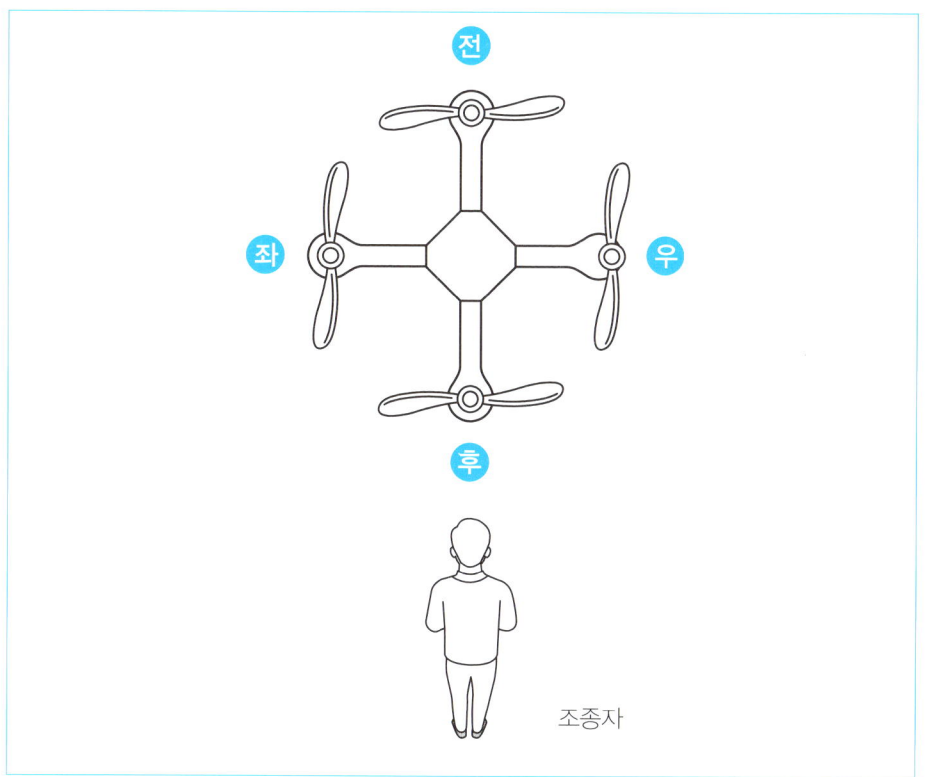

STEP 2-3 멀티콥터는 어떻게 제어되나?

그런데 앞서 설명했듯이 멀티콥터에도 기체의 전후좌우가 있었다. 조종자와 기체의 전후좌우 관계가 그림12와 같다고 가정하자.

 그림12 기체가 조종자 방향을 향하고 있는 경우

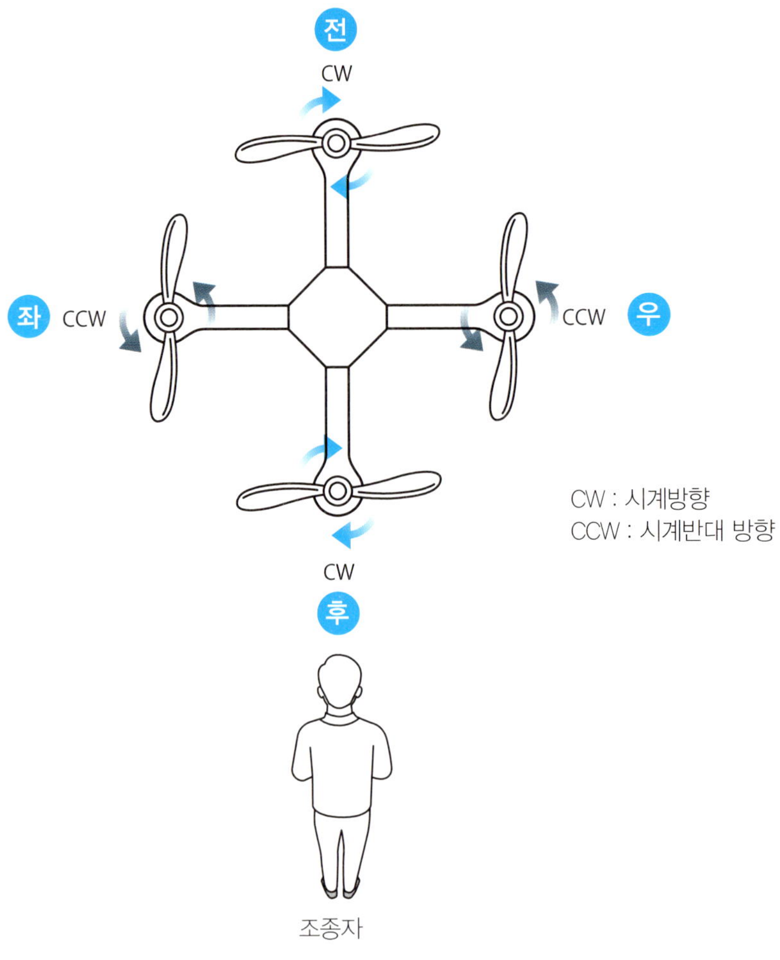

CW : 시계방향
CCW : 시계반대 방향

이 경우에는 어떻게 조종하면 될까? 조종자 입장에서 보았을 때 기체가 왼쪽으로 이동했을 경우, 기체에서 보면 이것은 우측으로 이동하는 것이므로 조종자는 우측으로 키를 돌리지 않으면 안 된다. 즉 기체를 뒤에서 보았을 때와 완전히 반대방향으로 키를 돌려야 하는 것이다.

헤드프리 모드는 기체의 전뒤를 「없애는」모드로서, 조종자 입장에서 보았을 때의 전후좌우로 기체를 제어한다. 기체의 전후좌우는 의식할 필요가 없는 것이다. 이런 조작을 위해 전자컴퍼스를 사용해 기체가 어디를 향하고 있는지 측정함으로서 조종자와의 위치관계를 결정한다.

④ GPS

잘 알려진 바와 같이 지구상의 위치를 측정하는 것이다. GPS로 기체가 어느 장소에 있는지 검출할 수 있기 때문에 정해진 코스를 자율제어로 비행시킬 수 있는 것이다.

다만 자동비행을 시키기 위해서는 CPU 성능을 필요로 하기 때문에, 고속 CUP를 탑재한 플라이트 컨트롤러가 아니면 대응하지 못하는 경우가 있다.

⑤ 초음파센서

지상부근에서의 고도제어나 장애물 감지에 이용된다. RC로 제어되는 드론의 경우, 이착륙을 수동으로 한다면 조종자의 기량과 눈으로 높이를 제어하는 경우가 많지만, 스마트폰 등으로 컨트롤되는 드론의 경우에는 초음파센서 등을 이용해 이착륙할 때의 가이드 및 고도를 유지한다. 검출거리가 비교적 짧기 때문에 지상부근 검출에서만 이용하고, 상공에서는 기압센서를 사용하는 식으로 고도제어에 이용한다.

⑥ 옵티컬 플로우센서

Optical Flow를 말하는 것으로, 간단히 말하면 광학 마우스이다. 컴퓨터에서 광학 마우스를 움직이면 커서가 움직이는데, 이것과 마찬가지로 지상(바닥)의 면 상태를 검출해 기체가 이동한 것을 검출하는 용도로 이용한다. 여기에는 고도의 화상처리를 이용하는 경우도 있다. 이것을 통해 지상부근에서 기체를 그 장소에 머무르게 하는 기능을 제공한다.

초음파센서는 「높이」제어에 이용하지만, 옵티컬 플로우는 「그 장소」, 즉 수평위치 제어에 이용한다.

⑦ 전압 · 전류

전압 · 전류도 검출할 수 있다. 이것은 배터리 잔량을 계측하기 위한 것이다. 배터리로 동작하는 드론은 배터리가 다 떨어지면 당연히 추락하기 때문에, 사전에 그것을 파악할 필요가 있다.

나라에 따라서는 후술할 원격측정(telemetry)을 합법적이고 원거리에서 하기가 어렵기 때문에, 전압저하를 검출하면 기체에 달린 LED를 점멸시키는 등의 방법을 곧잘 사용한다.

7 | 전파가 끊기는 등의 트러블 대책은? ~ 페일 세이프

플라이트 컨트롤러 혹은 비례제어방식 기능 가운데 하나로 페일 세이프 모드(Fail-Safe Mode)가 있다. 예전 타입의 RC 비행기나 헬리콥터 경우에는 송신기로부터의 전파가 끊기면 제어가 안 되기 때문에 그대로 추락하는 경우가 많았다. 이것을 노 컨트롤이라고 부른다.

최근의 비례제어방식에서는 여기에 대처하기 위해 페일 세이프 모드를 탑재하고 있는 것이 많다. 비례제어방식에 있어서 페일 세이프 모드는 전파가 끊기면 끊기기 직전의 상태를 유지할 것인지 또는 사전에 지정된 값으로 옮겨갈 것인지를 설정한다(사진3). 드론의 경우, 이 사용법 가운데 하나로 예를 들면, 전파가 끊겼을 경우 모든 키를 중립으로 돌리고 스로틀을 호버링하는 위치보다 조금 낮춘다. 그러면 드론의 경우는 센서에 의해 기체 자세가 유지된 상태로 호버링하지 않고 천천히 하강하기 때문에, 전파가 끊기는 등의 트러블이 있으면 기체를 자동으로 밑으로 내려 착륙시킬 수 있는 것이다.

STEP 2-3 멀티콥터는 어떻게 제어되나?

 비례제어방식의 페일 세이프 모드 설정화면

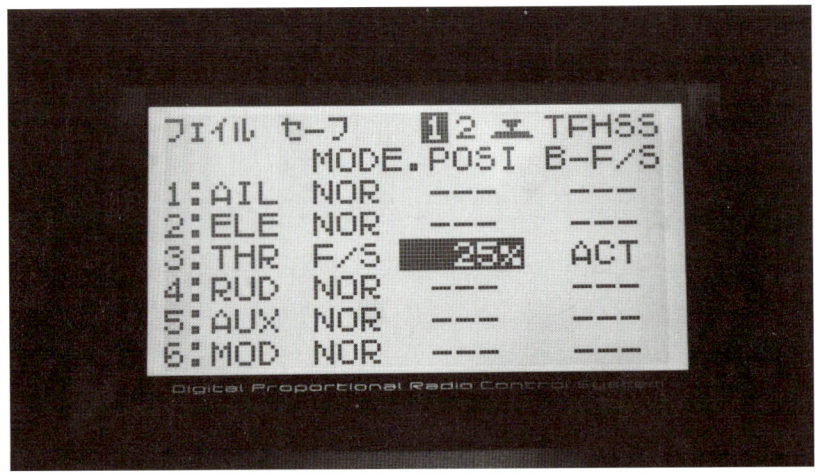

다만 이것은 어디까지나 「그럴 것」이라는 가정이 들어간다. 분명 기체는 자세를 유지하면서 하강하지만, 바람의 영향 등에 의해 어디로 흘러갈지는 모른다. 그렇기 때문에 어디로 착륙할지 모르고, 강하 도중에 나무에 걸리거나 무엇인가에 부딪칠지도 모른다. 그래서 「안전하게」착륙시키는 것이 불가능하다고 말하는 것이다.

나아가 드론다운 사용법으로는 페일 세이프가 작동했을 때, 기체 쪽 모드를 전환하는 것이다. 예를 들면 GPS를 탑재하고 있는 기체라면, GPS HOME 기능을 통해 사전에 설정된 위치로 돌아오도록 하면 전파가 끊겼을 경우에 출발한 지점으로 복귀할 수 있다. 이 기능은 드론의 경우에는 페일 세이프뿐만 아니라 자동비행한 다음 귀환하는 데에도 사용된다.

페일 세이프는 비례제어방식 쪽, 플라이트 컨트롤러 쪽 양쪽에 있기 때문에 약간 혼란스러울지 모른다. 어느 쪽을 사용하는 것이 안전한가는 특별히 없지만, 예들 들면 플라이트 컨트롤러 쪽에 페일 세이프 기능이 없을 경우에는 비례제어방식 쪽에서 설정하면 된다. 양쪽에 기능이 있을 때는 어느 쪽이든 사용하면 되는데, 플라이트 컨트롤러 쪽에서 설정해 주는 것이 만에 하나 수신기가 고장 났을 경우라도 페일 세이프가 작동하는 이점이 있을지 모른다.

"보험"이라는 의미로 설정해 두는 편이 좋은 기능이긴 하지만, 소위 말하는 무인비행과 똑같아지므로 주의하기 바란다. 경우에 따라서는 그 장소에서 떨어지는 편이 안전한 상황도 있다. 스로틀을 일정한 값으로 유지하고 하강시키면 기체의 파손을 줄일 수 있을지는 모르지만, 어디로 흘러갈지 모르기 때문에 많은 주의가 필요하다. 기체가 행방불명되는 경우도 있다.

부연하자면, 이 책에서는 기본적으로 사람이 관여하는 『RC』로서의 드론을 설명하고 있다. 자동비행 같은 무인비행에 대해서는 상세히 설명하지 않는다. 스스로가 무엇을 하고 있는지, 그 결과 어떤 일이 일어날지를 잘 이해한 다음에 조작해 주기 바란다.

드론에 사용하는 부품!

이 장에서는 드론에 사용하는 부품에 대해 알아보겠다. 지금은 다양한 부품을 쉽게 구입할 수 있는 반면에 어느 것을 선택해야 할지 헷갈리는 경우도 있을 것이다. 각 부품의 역할이나 특징을 잘 이해하고 있으면 고민할 시간을 줄일 수 있다. 무엇보다 각 부분의 부품들을 가끔이라도 바꾸다 보면 재미를 느끼는 것도 사실이다.

3

STEP 3-1 기본적으로 필요한 장치

1 반드시 필요한 두 가지

드론 또는 멀티콥터를 사용하는데 있어서 빼놓을 수 없는 장치로는 다음 두 가지가 있다.

> **필요한 장치**
> - 송수신기(조종기와 기체장착 수신기)
> - 배터리 충전기

배터리 자체는 기체에 맞게 선택/구입하면 되지만, 배터리 충전기는 사용할 예정에 있는 배터리에 맞는 것이 필요하다.

기체가 하나이면 수신기도 하나만 있으면 되지만, 기체를 여러 대 갖고 있을 때는 수신기도 여러 대가 필요할 수도 있다. 그래서 어떻게 생각하면 기체 쪽 부품으로 생각할 수도 있지만, 여기서는 송수신기를 합쳐서 설명하도록 하겠다.

2 송수신기(비례제어방식)를 구입할 때 주의할 점

송수신기를 합쳐서 통상 비례조종시스템(Proportional Control System)이라고 하는데, 송신기만 "조종기"라고 부르는 사람도 있다. 원래 조종기는 프로포셔널 컨트롤(Proportional Control)을 말하는데, RC의 경우에는 손에 들고 조작한 만큼의 양이 똑같이 원격지로 전달되는 구조를 가리킨다. 다시 말하면, 한 쪽에서 조작한 것에 비례해 다른 한 쪽이 제어된다는 것이다.

이 "조작량"이라는 것이 중요한데, 예전의 RC나 완구류에는 조작량을 전달하는 것이 아니라 ON/OFF와 같이 두 가지 동작만을 전달하는 것이 있었다. 그런 것에 비해 조작량을 전달할 수 있는 것이 프로포셔널 컨트롤이다.

그런데 RC가 무엇이었나? 이것은 Radio Control의 약어로, RC 혹은 라디콘으로 줄여서 부른다. 요컨대 무선제어라는 뜻이다. 오늘날의 RC는 조종기를 사용하는 무선제어로서, 조작량을 전달하는 시스템을 가리킨다.

특히 일본은 RC가 상당히 발전한 나라였기 때문에, RC로 전달하는 조종기 시스템이 상당히 많이 있다. 가격폭도 저가부터 고가 제품까지 상당히 다양하다.

여러 가지 기종을 많이 소개하고 싶기는 하지만, 고가의 조종기를 많이 살 것도 아니기 때문에 필자가 갖고 있는 기종을 예로 들어 설명하겠다.

사진1 필자가 주로 사용하는 송신기(일본원격제어 주식회사 제품)

사진에 있는 장치는 JR의 XG7이라는 기종으로, 7CH(채널) 타입의 송신기이다. XG7은 지금은 꽤나 오래 된 기종 가운데 하나(2010년 무렵 발매)이지만, 송신기는 그렇게 자주 바꿀 필요가 없기 때문에 이 송신기를 계속해서 메인으로 사용하고 있다. 지금도 팔리고 있기는 하지만 유통량은 그리 많지 않다고 한다. JR에서 똑같은 기종을 찾는다면, 지금(집필 당시)은 XG6라고 하는 6CH짜리 엔트리 모델이 있다.

조금 새로운 기종도 소개할까 한다. 사진2는 후타바(후타바전자공업 주식회사)의 새로운 기종으로, 6K로 불리는 조종기다(송신기는 T6K. 주 : 사진 장치는 모드2에 스틱으로 변경된 것임). 입문용 기종이지만 6CH 타입으로서, 멀티콥터 기능도 탑재하고 있고 스위치를 조합해 플라이트 모드(칼럼 참조)를 5개까지 선택할 수 있는 기능을 갖고 있다. 수신기와의 세트 가격이 20만 원 정도로 나름 저렴하기 때문에 처음 구입하는 기종으로는 가장 적당하다고 생각한다. 덧붙이자면, 이 기종은 이 책을 집필하는 시점에서 이미 발매를 시작했어도 아주 새로운 기종이다(2015년 6월 발매).

STEP 3-1 기본적으로 필요한 장치

 6K로 불리는 조종기(후타바전자공업 주식회사)

현재의 RC 조종기 컨트롤 시스템은 대부분이 2.4GHz대 주파수를 사용하고 있다. 예전에는 28MHz, 40MHz, 72MHz 등의 주파수도 사용했지만, 지금은 대부분 사용하지 않고 2.4GHz를 사용한 디지털 시스템이 대부분이다.

어쨌든 항공기용은 2.4GHz 디지털 시스템이 대부분이고, 아날로그는 지상용으로 남아 있는 정도이다.

이 "디지털 시스템"이라는 것이 조금 까다로운 편인데, 디지털 제어로 정보를 전달하기 때문에 기본적으로는 송신기와 수신기 모두 같은 메이커 제품을 세트로 사용하게 된다. 다른 메이커를 섞어서 사용하는 것은 기본적으로 안 된다. 그래서 JR의 송신기를 사용하는 경우에는 수신기도 JR 제품을 사용해야 하고, 후타바 송신기를 사용하고 있다면 수신기도 후타바 제품을 사용해야 하는 것이다.

더 까다로운 점으로는, 어떤 메이커 중에는 발매시기에 따라서도 호환성이 없는 것을 발매하는 경우가 있다는 것이다. JR 시스템에서도 전에 DSMJ로 불리는 것을 발표했는데, 이것은 현재의 DMSS라는 시스템과 호환이 되지 않는다. 필자가 사용하고 있는 XG7은 DMSS용 송신기이기 때문에 수신기에도 DMSS를 사용할 필요가 있다.

후타바도 타 메이커처럼 몇 가지 방식을 생산하고 있어서 호환성이 안 되는 조합이 있다. 앞서 설명한 송신기 T6K는 2종류의 방식 즉, T-FHSS(AIR)과 S-FHSS를 전환해 사용할 수 있어서 2종류 방식의 수신기를 사용하는 것이 가능하다.

이상과 같은 이유 때문에 조종기를 구매할 때 송수신기를 세트로 사면 문제될 것이 없지만, 개별적으로 수신기를 구입할 때는 자신의 송신기에서 사용할 수 있는 수신기를 확인하고 사야 한다.

한편, 현재의 송신기는 송신기 1대당 복수의 수신기를 전환해 사용하는 기능(동시는 아니다)이 있어서 복수의 기체를 하나의 송신기로 사용할 수 있기 때문에, 기본적으로는 송신기 1대만 있으면 수신기를 추가로 구입해 복수의 기체를 사용할 수 있다.

칼럼 플라이트 모드에 대해

드론과 같이 컴퓨터 제어로 비행하는 기체는 어떤 종류의 기능을 ON시키거나 OFF시키는 조작이 필요하기 때문에, 이 책에서는 6CH 이상의 조종기를 추천한다.

조종기에 있어서는, CH1~CH4까지는 기체의 "조정"에 사용하기 때문에 스틱조작이 할당되지만 CH5, 6 등과 같은 AUX 채널은 스위치 조작이나 다이얼에 할당할 수 있다.

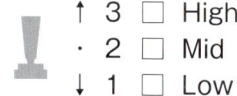

3군데에서 기능하는 스위치 같은 경우는 그 3군데에서, 조종기의 스틱으로 말하자면, 각각 가장 아래, 중간, 가장 위의 위치에 있다고 생각하기 바란다. 다만 스위치의 물리적인 상하와 Low, High 관계는 송신기 설정에 따라 바뀌기 때문에 주의해야 한다. 스위치를 실제로 조작했을 경우의 움직임은 OpenPilot GCS 혹은 MultiWiiConf 화면상에서 확인해 주기 바란다. OpenPilot의 플라이트 모드 설정은 쉽게 알 수 있지만 MultiWii는 약간 어렵기 때문에, 이 책 말미에 자료로 추가된 「곤란해졌을 때는?」을 참조해 주기 바란다.

① 채널(CH)이란?

채널이라는 것은 동시에 몇 개의 조작을 할 수 있느냐라는 의미로서, 예를 들면 6CH 같은 경우는 6개를 조작할 수 있다는 뜻이다.

송신기 사진을 보면 눈에 띄는 스틱 2개가 있는데, 기본조작은 이 스틱 2개로 한다. 잠깐 예를 들어보겠다. 아래 그림1은 필자의 송신기이고, 이것은 모드2로 불리는 방식이다. 모드에 대해서는 뒤에서 설명하겠다.

3-1 STEP 기본적으로 필요한 장치

그림1 필자의 송신기 사진(모드2)

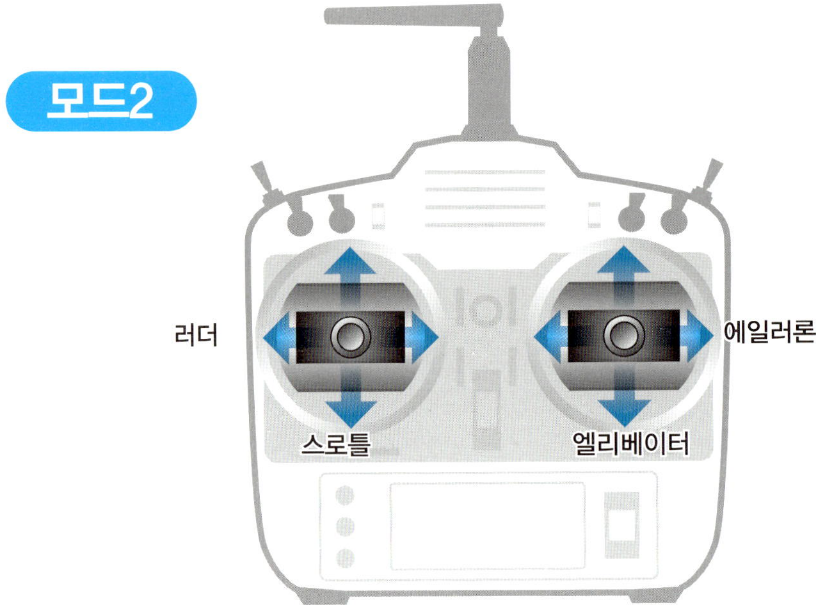
[각 스틱의 역할]
모드2
러더
에일러론
스로틀
엘리베이터

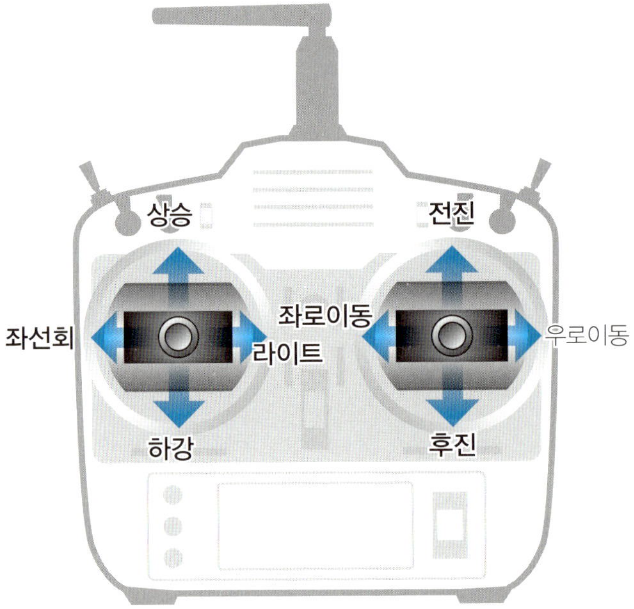
[각 스틱을 조작했을 때의 움직임]
상승
전진
좌선회
좌로이동
라이트
우로이동
하강
후진

　모드2 송신기의 경우, 좌측 스틱이 스로틀과 러더를 조작하고, 우측 스틱이 엘리베이터와 에일러론을 조작한다. 멀티콥터의 경우에도 조작방식은 기본적으로 비행기와 동일하다.

　좌측 스틱은 스로틀/러더를 조정하는데(모드2의 경우이다), 스로틀은 가장 아래 위치에서 최저회전이나 정지, 위로 올리면 회전속도가 빨라진다. 러더는 좌측으로 누르면 기수가 왼쪽으로, 우측으로 누르면 기수가 오른쪽으로 향하는 동작을 한다.

　우측 스틱은 에일러론을 좌측으로 누르면 기체가 왼쪽으로 기울기 때문에 왼쪽으로 이동하고, 우측으로 누르면 오른쪽으로 이동한다. 엘리베이터를 아래로 누르면 기종을 올리는 동작을 하기 때문에, 그 결과 뒤쪽 방향으로 이동하고, 위로 누르면 기종을 낮추기 때문에 앞쪽 방향으로 이동하게 된다.

　그러면 여기서 몇 가지 채널을 사용하고 있는지 알겠는가? 조작하고 있는 수는 이하 4가지이다.

스로틀 /
러더 /
엘리베이터 /
에일러론

　즉, 이 4가지 스틱을 조작하기 때문에 4CH이 되는 것이다. 비행기용 조종기의 경우, 기본은 4CH이기 때문에 조종기 시스템을 구입할 때는 최소 4CH 비행기용을 구입할 필요가 있다. 그래서 비행기용으로 팔리는 조종기는 기본적으로 4CH 이상이다. 그럼 2CH과 3CH은 없을까? 하고 생각할지 모르겠지만, 2CH이나 3CH 조종 기는 대부분 지상용(자동차용)이다. 드물게 글라이더 등에서 2CH이나 3CH을 사용하는 경우도 있지만, 3CH 전용 송신기 등을 사용하는 경우는 거의 없고, 4CH 이상의 비행기용을 사용한다.

　필자의 XG7은 7CH이었다. 그럼 이 4가지 이상은 무엇에 사용하느냐면, 멀티콥터의 경우에는 플라이트 모드 전환 등 보조조작에 이용한다. 예를 들면, GPS로 위치를 계산하고 그 스위치를 조작해 원래 위치로 돌아오도록 하는 동작을 시키는 경우에 채널을 하나 사용한다.

　드론용으로 구입할 때는 채널수가 4CH 이상인 것을 구입하는 것이 바람직하지만, 가능하다면 6CH 이상의 조종기라면 더 활용도가 높다.

　수신기도 이 채널수에 대응하는 것을 사용하는데, 예를 들면 7CH 송신기와 4CH 수신기는 방식이 같으면 조합해서 사용할 수 있다. 이때 사용할 수 있는 채널수는 4CH이다.

　상기의 예에서는 기체의 어느「부분」을 움직이는지 명칭으로 나타냈지만, 각 스틱의 역할은 기체의 어느「축」을 제어하느냐 하는 의미이기 때문에, 이하와 같이 각각의 축 명칭으로 부르는 경우도 있다. 똑같은 내용이기 때문에 다른 표기가 나타났을 경우라도 혼돈하지 않기 바란다.

STEP 3-1 기본적으로 필요한 장치

스로틀 / 스로틀(THR), 스러스트(Thrust), 엔컨(Engine Control)
러더 / 요(Yaw)
엘리베이터 / 피치(Pitch)
에일러론 / 롤(Roll)

엔컨은 엔진 컨트롤의 약자로 생각된다. 특히 일본에서는 스로틀을 엔컨, 엔컨 스틱이라고 부르는 사람이 꽤 많다.

② 모드
조종기 시스템에서는 조작계통 차이에 따라 모드라 불리는 방식이 몇 가지 있다.

대표적인 모드는 1과 2로서, 한국과 일본의 RC에서는 1을 사용하는 사람이 많다. 이외의 나라에서는 대부분이 모드2라고 이야기된다. 필자의 경우는 RC 헬리콥터를 시작했을 무렵부터 계속 모드2를 사용하고 있다.

모드1과 모드2의 차이는 아래와 같다(그림2).

 그림1 모드1과 모드2의 차이

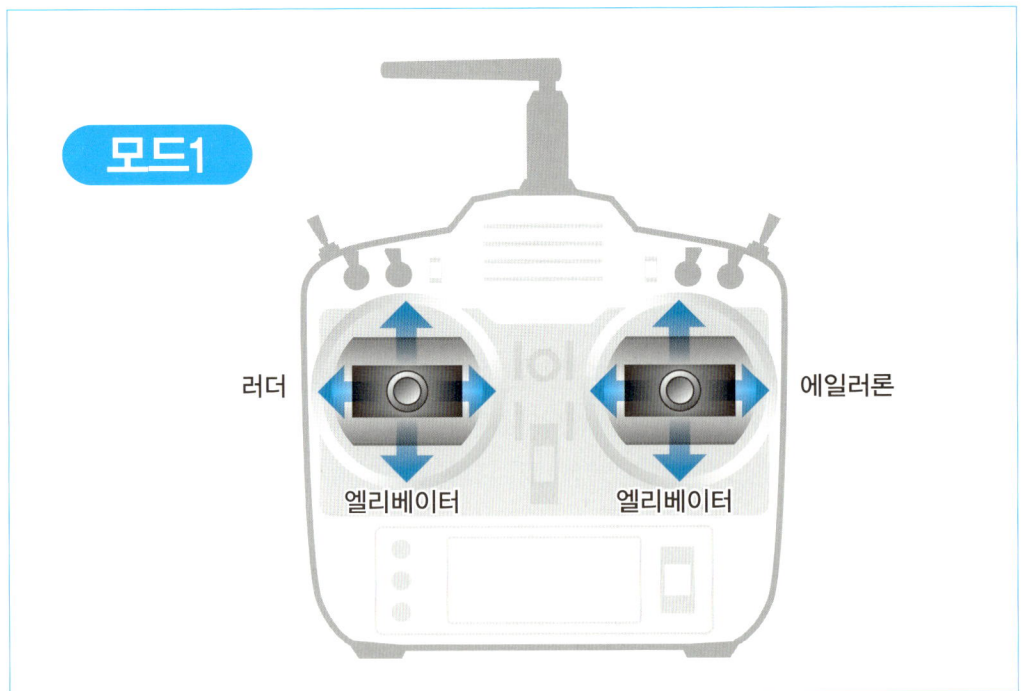

　일본 내에서 구입할 경우 대부분의 송신기는 모드1으로 팔리지만, 드물게 모드2 송신기가 팔리는 경우도 있다. 또한 많은 모델이 모드 전환 스위치를 탑재하고 있어서 모드를 변경할 수 있는데, 모드를 전환했을 때에는 송신기 본체 자체를 물리적으로 변경해야 하기 때문에 메이커에 의뢰해 변경하는 기종도 많이 있다(자력으로 전환하면 보증이 안 되는 경우도 있다). 각 스틱의 역할은 전자적으로 전환할 수가 있는데, 비행기나 헬리콥터용 조종기의 경우는 스로틀만 자동복귀가 안 되기 때문에(스프링 힘으로 센터로 돌아오지 않는다) 송신기를 열고 스프링을 교환하거나 할 필요가 있기 때문이다. 최근 기종이라면 대개의 경우 이런 변경이 가능하다고 하므로, 각 메이커의 홈페이지에서 확인하든가 문의해 보기 바란다. 새로 구입하려고 해도 모드2 조종기를 구입하기 어려운 때는, 이렇게 전환하면 모드2가 된다는 것을 기억해 놓으면 편리할 것이다.

　필자의 경우 일본에서 모드2 조종기 구입이 어렵던 시절에는 자력으로 모드2로 개조해 사용했다. 사실 여기에는 비밀이 하나 있는데, 모드1과 모드2 제품은 별도로 만들어진 것이 아니라 같은 제품을 「조립방법」만 달리해 만들었기 때문에, 분해한 다음 다른 모드용으로 다시 조립하면 모드변경이 가능한 것들이 많이 있었던 것이다. 현재의 기종은 좌우 스틱 부품을 조금 교환하는 것만으로 대응할 수 있다. 이것을 자력으로 하는 사람이 많기 때문에 모드2 송신기가 그다지 팔리지 않는지도 모른다.

　모드1을 선택할지 모드2를 선택할지는 개인의 기호 차이이기 때문에, 처음에 어느 쪽 모드든 익숙해지면 나중에 바꾸기는 쉽지 않으므로 최초에 선택한 모드를 계속 사용하게 된다. 필자의 사견으로는 앞서 언급한 대로 멀티콥터에는 모드2 쪽이 적합하다고 생각한다. 하지만 누구든지 경험자한테 배울 기회가 있고, 그 경험자가 모드1을 사용한다면 모드1을 선택하는 것이 현명하다.

　덧붙이자면, 필자는 모드1은 사용하지 못한다. 오랫동안 모드2로 익숙해졌기 때문이다.

STEP 3-1 기본적으로 필요한 장치

> **참 고**
>
> 송신기의 본체설정에서 모드를 전환할 수 있는 경우에는, 송신기 뚜껑을 열고 래칫 스프링(판스프링)을 오른쪽에서 왼쪽 스틱으로, 센터 리턴용 레버와 스프링을 왼쪽에서 오른쪽 스틱으로 이동하면 모드2가 된다. 포텐셔미터(전위차계) 자체를 교환할 필요는 없다. 스로틀 래칫이 마음에 안 드는 사람은 판스프링을 빼내거나 뒤집어서 사용하는 경우도 있다.
> 이런 문장들의 의미를 이해하지 못했다면 자력으로 만져서는 안 된다. 메이커에 의뢰하는 것이 좋다.

③ 수신기

송신기 방식에 맞는 수신기를 준비한다. 앞서 설명했듯이 필자는 메인으로 JR의 DMSS 방식 시스템을 사용하고 있기 때문에, 당연히 수신기도 DMSS 방식을 사용하고 있다.

필자가 멀티콥터 종류에서 자주 사용하는 것은 JR의 RG611B(사진3)이라는 타입의 6CH 수신기이다. 유감스럽게 이 수신기 자체는 생산이 종료되었지만, 아직 유통 중인 제품은 있는 것 같다(후속모델은 RG612BX이다).

 RC 수신기(일본원격제어 주식회사 제품)

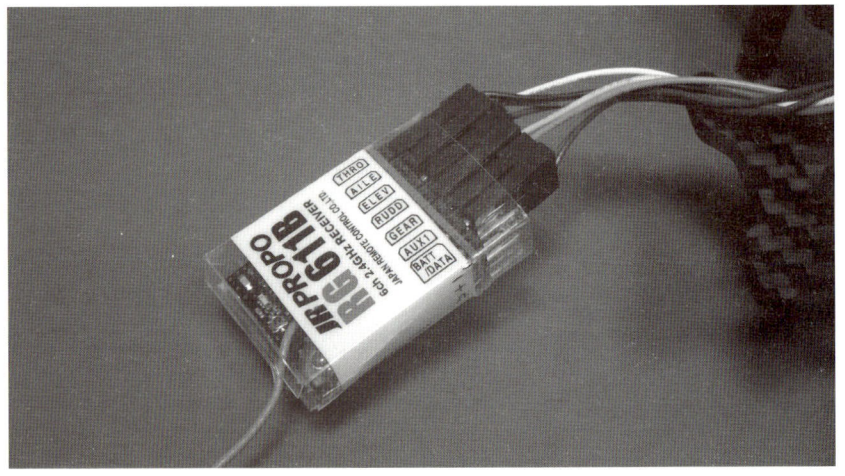

수신기에는 성능에 따라 종류의 차이가 있는데, 이 RG611B는 "파크 플라이트"용으로 불리는 것이다. 파크 플라이트라는 것은 이름 그대로 공원에서 띄울 수 있는 정도의 용도를 의미하는데, 비교적 근거리에서 사용하는 것을 상정한 수신기이다. 2.4GHz대 RC에서는 장거리를 날리는 수신기와는 구성이 다르다. 파크 플라이트용은 대략 100m 정도까지 조정이 가능하고, 노멀 타입은 대략 500m 정도까지 조정이 가능하다고 이야기된다. 다만 전파를 사용하기 때문에 이런 수치들은 어디까지나 기준이지, 실제 도

달거리는 이것보다 짧다고 생각하는 것이 좋다.

　필자는 실내 또는 근거리에서만 날리기 때문에 수신기는 파크 플라이트용으로도 충분하다. 또한 필자 취향이 소형 기체를 선호하는 쪽이고, 수신기도 소형 장치를 사용하고 싶어서 파크 플라이트용을 애용하고 있다.

　수신기에 대해서는 조금 더 상세하게 살펴보도록 하겠다. JR 수신기의 경우에는, 접속하는 부분에 사진4와 같은 설명이 있다. 이것들은 이른바(원래는) 서보모터(뒤에서 설명)를 접속하는 부분으로, 어떤 기능이 출력되느냐 하는 표시이다.

 수신기의 커넥터 부분(일본원격제어 주식회사 제품)

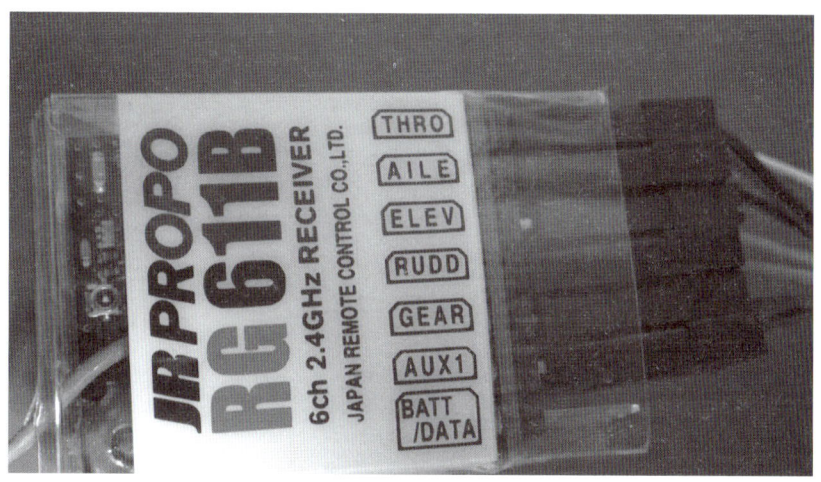

　다른 수신기로 사진5도 봐주기 바란다. 이것은 후타바의 6K 세트에 첨부되어 있는 수신기로서, JR과 달리 각 접속부분이 번호로 표시되어 있다. 이것은 채널번호이다.

 수신기의 커넥터 부분(후타바전자공업 주식회사 제품)

STEP 3-1 기본적으로 필요한 장치

JR의 경우 각 접속부분의 명칭은 다음과 같이 되어 있다.

THRO	스로틀 : 기체의 상하방향을 제어한다.
AILE	에일러론 : 기체의 좌우방향 기울기를 제어한다.
ELEV	엘리베이터 : 기체의 전후방향 기울기를 제어한다.
RUDD	러더 : 기체의 좌우선회방향을 제어한다.
GEAR	기어 : 착륙하는 다리를 제어한다.
AUX1	AUX : 기타 기능에 사용한다.
BATT/DATA	서보모터를 접속할 때의 전원공급, 텔레메트리 데이터의 접속용이다.

후타바의 채널번호와 기능대응은 다음과 같다.

Ch.
1 에일러론
2 엘리베이터
3 스로틀
4 러더
5 AUX1
6 AUX2

뭔가 복잡한 느낌이다. 이런 문제가 있어서 조종기는 복수 메이커 제품을 사용하지 않고, 한 메이커를 사용하는 사람이 많은 것이다.

앞서 모드를 설명하면서 스틱을 움직이면 기체가 어떻게 움직이는지 설명했다. 각각의 스틱이 이 출력에 할당되고 있어서, 기본적으로 여기에 접속된 기기가 스틱 조작량에 맞춰 작동한다.

다시 말하면 위에서 보면 4개까지가 기본적인 4CH이다. 이 부분에서 혼란스러워들 하는데, 조종기 메이커에 따라서는 이처럼 「이름」으로 표시하는 것이 아니라 1, 2, 3, 4 등과 같이 채널번호로 표시하는 경우가 있다. 어느 메이커에나 이 번호는 있지만 후타바처럼 수신기에 번호가 적혀 있는 경우에는, 그 번호가 어떤 기능에 할당되어 있는지 메이커에 따라 다르기 때문에 주의가 필요하다.

GEAR와 AUX1은 『기타』기능으로, 예를 들면 GEAR는 비행기의 경우 착륙용 다리를 펴고 접는 등에 사용한다. 하지만 실제로는 어디에 사용해도 상관없기 때문에 멀티콥터에서는, 예를 들면 GPS 록에 할당하거나 한다. AUX1은 JR의 조종기 같은 경우, 플라이트 모드 전환용으로 사용할 수 있다. 필자는 수신기에는 XG7이라는 7CH 사용 장치를 사용하고 있기 때문에 송신기에 스위치가 AUX2까지 있지만, 이 수신기는 6CH이기 때문에 AUX2는 사용할 수 없다.

각각의 신호가 어떻게 되어 있는지는 수신기 측면을 보면 알 수 있는데, 처럼 -, +와 기호 같은 것이 적혀 있다. 위에서부터 마이너스, 플러스, 신호의 의미로, 서보모터나 플라이트 컨트롤러를 접속할 때는 이 신호 순서에 맞춰 접속한다. 이 배열은 후타바/JR 방식으로도 불리며, 끝에서부터 마이너스, 플러스, 신호 순으로 배열한다. 후타바와 JR의 커넥터 형상은 미묘하게 다르지만, 선 배열이 같은 것은 기본적으로 똑같이 끼워서 사용할 수 있다. 수신기 이곳에 끼우는 케이블을 서보 케이블이라고도 부른다.

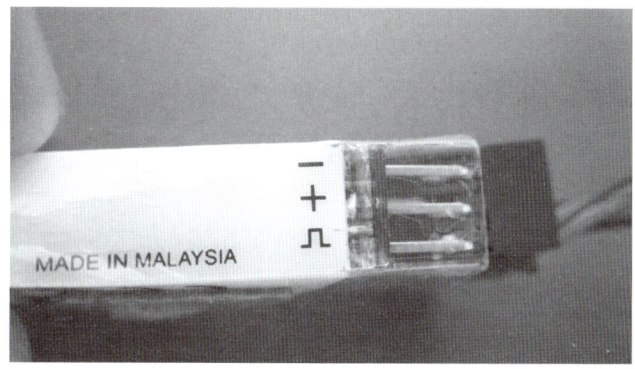

사진6 위에서부터 마이너스, 플러스, 신호

멀티콥터의 경우, 수신기는 플라이트 컨트롤러와 접속한다. 모든 신호는 플라이트 컨트롤러의 입력에 접속해 사용하기 때문에, 서보 케이블을 사용해 플라이트 컨트롤러와 접속하는 것이 기본이다. 이 책에서는 기본적인 서보 케이블을 사용한 접속을 설명하지만, 최근 수신기는 "버스"라 불리는 1개의 케이블로 복수의 신호를 주고받을 수 있는 방식도 있다. 앞서 언급한 후타바 수신기는 S.Bus라 불리는 버스접속방식에 대응하고 있다.

④ 호환수신기

2.4GHz 계통의 결정 가운데 하나는 수신기 가격이 비싸다는 것이다. 예를 들면 필자가 사용하는 RG611B만 해도 7만~10만 원 정도이다. 수신기는 자주 바꾸면서 사용하는 것이 아니라 어느 기체에 장착했으면 그대로 계속 사용하는 경우가 많기 때문에 기체부품으로 간주하지만, 수신기만으로도 기체 비용이 늘어나게 된다.

호환수신기는 예전의 FM방식 등으로 불린 아날로그시대의 조종기에 많이 있었는데, 이것은 방식이 거의 공통이었기 때문이다. 그런데 근래의 디지털 방식 조종기는 각사마다 독자적인 방식을 사용하기 때문에 호환성이 있는 수신기가 나오기 쉽지 않았지만, 최근에는 몇 종류의 호환가능 조종기는 등장하

STEP 3-1 기본적으로 필요한 장치

고 있다.

필자가 사용하는 JR의 DMSS 호환 수신기는 의 TINAX DS6이라는 DMSS 호환수신기로서, 가격은 3만 원 정도로 비교적 싼 제품이다. XG7 송신기와 조합해 현재까지는 아무런 문제없이 사용하고 있다. 다만 근거리 비행에서만 사용하고 있기 때문에, 감도 같은 측면은 아직 체크하지 못했다. 표면적인 성능 상으로는 파크 플라이트용으로, 엔진 기체에는 사용하지 못한다고 한다.

사진7 JR호환수신기

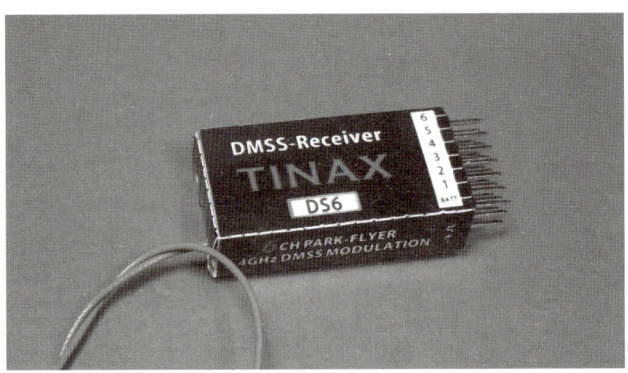

각 접속부분의 배열은 기능이 아니라 채널번호로 보이는 핀 번호로 표시되어 있는데, 필자의 XG7과 링크시켜 조사한 범위에서는 아래와 같이 되어 있다(RG611B와 동일했다).

> 1 THR
> 2 AIL
> 3 ELV
> 4 RUD
> 5 GEAR
> 6 AUX1

⑤ 안테나

수신기의 안테나는 길게 뻗어 있는데, 잘 보면 끝부분이 사진8처럼 색이 다른 부분이 있다. 사실은 수신기 안테나의 이 끝부분만 안테나로 기능하고, 중간까지의 회색부분은 안테나로의 배선역할을 한다. 비행기 등과 같이 기체가 있는 경우에는 수신기를 안에 장착하고, 안테나 끝부분은 기체 밖으로 나오도록 배치한다.

 이 끝부분이 안테나이다.

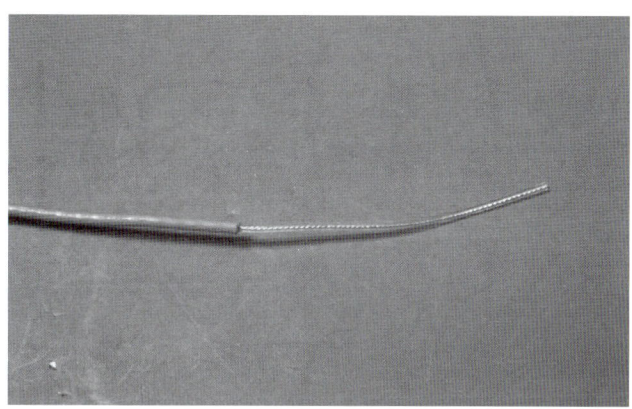

2.4GHz 주파수를 사용하는 RC에서는 전파의 파장이 아주 짧기 때문에 안테나 길이가 극단적으로 짧다. 멀티콥터의 경우는 기체라고 해야 프레임뿐이고 바깥쪽 외장이 없는 것이 많기 때문에 그다지 신경써서 배치하지 않는 편이지만, 기체 각 부분의 영향을 받지 않는 위치에 나오도록 한다. 기체 자체의 그림자에 안테나가 들어가기만 해도 수신이 안 되는 경우도 있으므로, 기체 아래쪽에 떨구듯이 배치하는 경우가 많다. 위로 고정하는 것이 전파가 잘 잡힐 것 같은 생각도 들지만 그렇지 않다. 조종자보다『위』를 나는 기체 쪽에서 보면, 기체 아래쪽이 송신기에 대한 가시선이 좋기 때문이다.

멀티콥터의 경우에 특히 주의할 것은, 프로펠러 수가 많을 뿐만 아니라 회전반경을 상당히 차지하기 때문에 프로펠러에 감기지 않는 위치에 안테나를 배치할 필요가 있다는 점이다.

⑥ 바인드(링크)

현재의 송신기에는 복수의 수신기를「등록」함으로서, 사용하는 기체를 전환할 수 있는 기능이 탑재되어 있다. 예를 들면 필자의 XG7은 18개의 수신기와 각 기체의 설정을 등록할 수 있고, 6K는 30개를 등록할 수 있다.

송신기에 수신기를 등록하는 조작을 바인드(Bind)라고 한다. 메이커에 따라서는 이것을 링크(Link)라고도 부른다. 바인드(링크) 방법은 메이커에 따라 다른 점도 있으므로, 자신의 조종기 매뉴얼을 잘 확인하도록 한다. 호환수신기 등에서는 이지 바인드라 불리는 기능이 탑재되어 있는 것이 많다. 이 경우에는 송신기를 바인드 모드로 놓고 나서 수신기 전원을 넣으면 연결된다.

옛날 RC를 기억하는 독자는「크리스탈」이나「주파수」에 대해 들어 본 적이 있을지 모르겠다. 예전 조종기는 송신기와 수신기의 주파수를 일치시켜 사용함으로서, 자기 송신기가 어느 수신기를 사용하는지를 결정했다. 이 때문에 근처에서 같은 주파수를 사용하는 사람이 있으면 날릴 수가 없었다. 혼선이 되어 비행이 안 되었던 것이다. 오래된 사진 등을 보면 긴 안테나 끝에 깃발이 달려 있는 것을 본 적이 있는지 모르겠는데, 이것은「자신이 이 주파수를 사용하고 있다」는 표시로서, 주파수에 따라 정해진 색의 리본을 달고 있었던 것이다.

STEP 3-1 기본적으로 필요한 장치

지금의 디지털식 조종기에서는 주파수를 의식할 필요 없이 바인드 조작만 해주면 자신의 송신기와 수신기를 연결된다. 이 바인드가 『자신의』 송수신기 사이에서 이루어지면 다른 송수신기의 영향을 받지 않도록 되어 있다. 이로서 현대의 디지털 조종기에서는 주파수를 의식할 필요도 없고 다른 사람과의 혼선을 걱정할 필요도 없어졌다.

⑦ 서보모터

줄여서 서보라고도 부른다. 사진9와 같이 사각형 상자에 암이 달려 있는 형상이다.

 RC용 서보모터

사실은 이것이 RC의 기본이 되는 장치로서, 송신기의 스틱을 조작하면 그 조작량에 응하라고 명령하는 것이 이 서보의 움직임이다. 스틱을 조작하면 그 조작이 이 서보에 전달되어 암이 작동하는 것이 RC의 기본이다.

예를 들면, RC 비행기에서는 스틱을 조작해 날개 일부를 움직이는데 물리적인 동작을 하기 위해 서보를 사용한다. 통상적으로 서보는 수신기에 접속되어 수신기로부터의 신호에 따라 동작한다.

멀티콥터의 경우에는 이런 물리적인 제어를 하지 않는다. 예외적으로 바이콥터(Bi-Copter)로 불리는 2개의 프로펠러 기체나, 트리콥터(Tri-Copter)로 불리는 3개의 프로펠러 기체에서 사용하는 경우가 있기는 하지만, 이 책에서는 다루지 않는다. 쿼드콥터 등과 같이 4개 이상의 프로펠러를 가진 멀티콥터에서는 물리적인 제어를 하지 않고 각 모터의 회전수를 전자적으로 제어함으로서 기체를 제어한다.

⑧ 텔레메트리

　최근의 조종기 시스템에서는 텔레메트리라 불리는 기능을 가진 것이 있다. 필자가 사용하고 있는 XG7도 이 기능을 탑재하고 있다.

　텔레메트리란 원격지의 정보를 취득하는 기술로서, RC에 있어서의 텔레메트리는 기체 정보를 들고 있는 송신기로 확인할 수 있는 기능을 말한다. 다만 이 기능을 사용하기 위해서는 기체 쪽에 각종 센서를 탑재해야 한다.

　텔레메트리 기능은 요컨대 쌍방향 통신으로서, 기체 쪽 수신기도 전파를 보냄으로서 송신기에 정보를 송신한다. 송신기 쪽은 이 정보를 받아 액정에 표시하거나 또는 어떠한 동작을 하는 식으로 작동한다.

　이 책에서는 조종기의 이 기능에 대해서는 사용하지 않지만, 구입할 때 텔레메트리라는 말이 적혀 있는 경우에는 이 기능이 탑재되어 있다는 것으로 알면 된다.

3 정리

　지금까지 설명을 바탕으로 아래와 같이 정리해보자.

- 조종기를 구입할 때는 항공용을 구입하도록 한다.
- 조종기를 구입할 때는 송수신기를 세트로 구입하는 것이 좋다.
- 모드1이나 모드2는 기호에 따라 선택해도 상관없다.
- 구입할 때는 4CH 이상, 6CH 정도가 가장 적당한다.
- 무작정 고가의 기종을 구입할 필요는 없다.
- 구입할 때는 『비행기용』을 세트로 구입해도 상관없다.

　조금 더 부언 설명하겠다.

　구입할 때는 반드시 항공용 조종기를 사도록 한다. 스틱 타입의 조종기는 대부부이 항공용이지만 지상용 중에서도 스틱인 것이 있으므로 주의해야 한다. 또한 메이커에 따라서는, 보기에는 같은 송신기라도 항공용과 지상용이 별도 제품으로 구분되어 있는 경우도 있으므로 항공용이라고 명시되어 있는 기종을 선택하도록 한다.

　송수신기를 세트로 구입하는 것이 조금 싸기 때문에, 처음으로 구입할 때는 세트로 사는 것이 좋다. 다만 세트라 하더라도 서보모터는 세트에 들어 있지 않아도 된다. 멀티콥터에서 사용할 경우에는 송신기와 수신기만 있으면 사용할 수 있다. "송수신기 세트"로 되어 있는 이름의 상품이 여기에 해당한다.

　채널수에 대해서는 이미 설명한 바와 같다.

　마지막의 『비행기용』이 틀린 것 아닌가 하고 생각하는 사람이 있을지 모르겠다. 하지만 멀티콥터는 언뜻 보면 헬리콥터 같이 보이지만, 헬리콥터용 조종기 세트를 살 필요는 없다. 헬리콥터용 조종기는 헬리콥터 특유의 기능(스위치 배열 등)을 탑재하고 있기 때문에 RC 헬리콥터에 사용하기에는 좋지만, 멀

STEP 3-1 기본적으로 필요한 장치

티콥터에서는 특수한 제어를 모두 플라이트 컨트롤러가 하고 있어서 제어는 비행기와 동일하다. 그 때문에 조종기 세트를 살 경우에는 비행기용을 선택하면 되는 것이다. 멀티콥터에 대응하는 기종도 있기는 하지만, 실체(實體)로 따져보면 그다지 특별한 기능을 필요로 하지 않으므로 비행기용으로 충분하다. 덧붙이자면, 이 책에서 다루는 후타바 6K의 경우는 비행기용 세트(송신기+수신기)가 6KA라는 이름으로 판매되고 있다.

헬리콥터용 조종기과 비행기용 조종기의 큰 차이점 가운데 하나는, 스로틀 스틱에 래칫(딸각거리는 느낌)이 있는 것이 비행기용, 딸각거리는 느낌이 없는 것이 헬리콥터용이라는 것이다. 헬리콥터의 경우에는 딸각거리는 감이 있으면 조작하기 어려운 점이 있기 때문에 이런 차이가 있지만, 멀티로터 기종 같은 경우에는 그다지 신경 쓰이지 않을 것으로 생각하기 때문에 비행기용이라도 상관없다.

추가적으로, 송신기 쪽에 비행기(Acro) 모드와 헬리콥터(Heli) 모드 전환이 되는 송신기 같은 경우에는 비행기 모드로 사용한다. 멀티콥터 모드가 있는 송신기라면 멀티콥터 모드로 사용하는 것이 편리할 것이다.

조종기에는 상당히 고가의 기종도 있지만, 처음 구입하는 조종기 세트라면 그다지 고가 제품을 선택할 필요는 없다. 예산상으로는 20~30만 원 정도가 적당하다.

인터넷으로 구입할 때 주의할 점으로는, 기본적으로 해외에서의 병행수입품은 구입하지 말아야 한다는 것이다. RC는 전파를 사용하기 때문에 국내 전파법에 적합할 필요가 있는데, 해외제품 같은 경우는 적합하지 않으면 법률위반이 되기 때문이다. 해외 메이커라도 국내 기준에 적합하게 인증을 받은 것은 문제가 없지만, 그렇지 않은 것을 구입해서는 안 되므로 주의가 필요하다. 인증을 받은 송신기에는 사진 10과 같이 실이 붙어 있다.

 인증을 받은 송신기에는 실이 붙어 있다.

4 | 배터리 충전기

드론을 포함한 항공용 RC에서 많이 사용하는 것이 LiPo(리포)라고 부르는 리튬폴리머 전지이다. 주변에서도 스마트폰 등, 많은 기기에서 사용하는 리튬 충전지를 말한다. 이 책에서도 리튬폴리머 전지를 사용해 설명하기 때문에 리튬폴리머용 충전기가 필요하다.

리튬폴리머는 관리가 번거롭고 위험한 전지로 알려져 있지만, 올바른 취급을 하지 않을 때 위험하기 때문에 리튬폴리머에 맞는 전용 충전기를 구입해 사용하도록 한다. 어쨌든 RC에서는 급하게 충전하는 경우가 많기 때문에(소비전력이 크다) 배터리 관리는 중요하다. 따라서 제대로 된 충전기를 준비하는 것이 좋다.

필자가 사용하고 있는 것은, 사진11의 iMAX B6라고 하는 충전기이다. 비교적 싸게 구입할 수 있는 기종 가운데 하나지만, 리튬이온과 리튬폴리머, 리튬철(LiFe) 등, 많은 충전지에 대응한다. 다만 이 수전기(受電器)의 원래 출처를 잘 모르기 때문에, iMAX B6라는 명칭이로도 복사품이 판매되는 등, 수수께끼도 많아서 아무래도 원래 설계만 똑같은 아종이 많이 돌아다니고 있는 것 같다. 잘 되고 안 되는 것도 많은 것 같은데, 필자 것은 지금도 잘 작동한다. 싸기 때문에 그냥 소모품이라고 생각하고 쓰고 있다.

 리튬폴리머 충전기

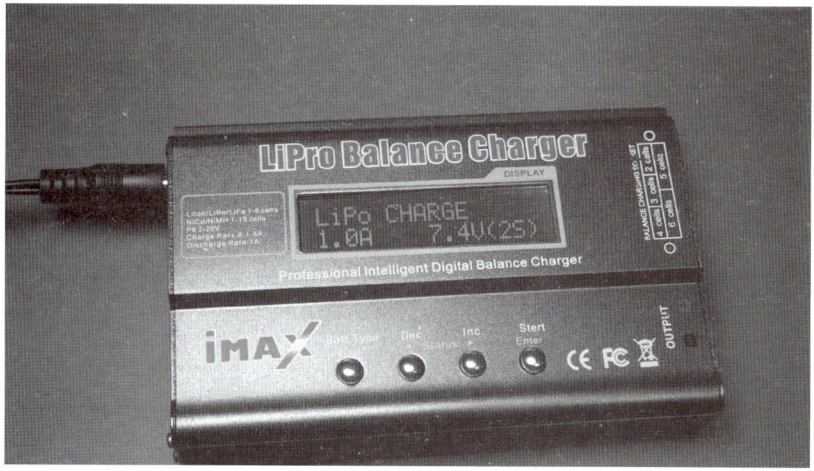

한편 이 iMAX B6 충전기는 충전기에 공급하는 전원이 DC(직류)용이기 때문에 가정 콘센트에 직접 삽입해서는 쓸 수 없으므로, 별도로 AC어댑터를 준비해야 한다. 필자는 전자공작도 하고 있어서 DC 12V의 2A AC어댑터 등을 많이 갖고 있기 때문에, 이 타입을 사용하고 있다. 가정용 콘센트로 충전하려고 한다면 AC어댑터를 같이 구입하도록 한다.

리튬폴리머 충전기에서 중요한 점 가운데 하나가 밸런스 충전이다. 리튬폴리머 전지는 여러 셀(Cell)로 구성되어 있고, 셀에 의해 전지의 전압이 결정된다. 이 책에서 사용하는 것은 2셀(7.4V)와 3셀(11.1V) 2종

3-1 STEP 기본적으로 필요한 장치

류로서, 2셀과 3셀에 대응하는 밸런스 충전기가 필요하다.

밸런스 충전이라는 것은 배터리 내 각 셀의 전압을 조정하는 충전기능을 말한다. 각 셀의 전압에 편차가 있으면 성능이 떨어질 뿐만 아니라 위험한 경우도 있기 때문에, 리튬폴리머에서는 밸런스 충전을 기본으로 한다.

리튬폴리머 배터리의 내부는 그림3과 같으며, 그 연결 수를 셀 수라고 한다. 리튬폴리머의 경우에는 직렬로 접속되어 있어서 2S, 3S와 같이 표현한다.

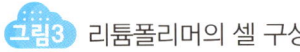
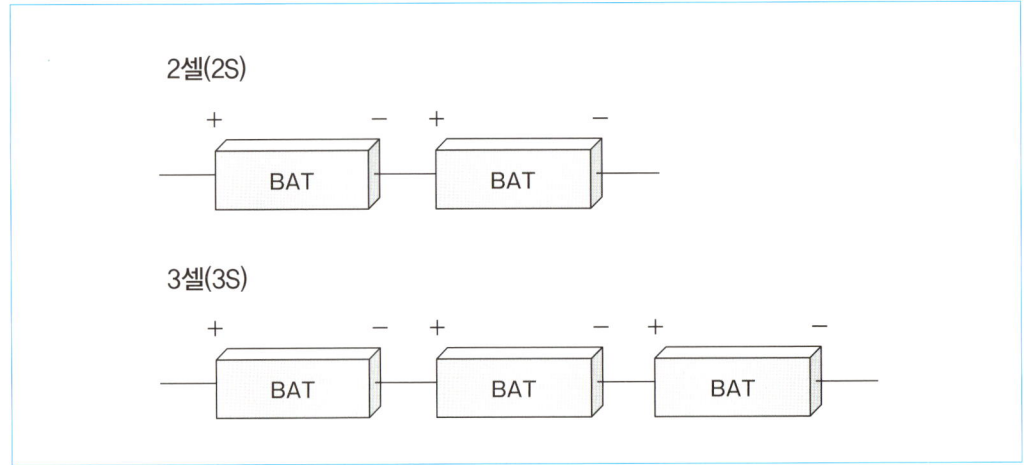

리튬폴리머의 셀 구성

셀은 영문으로 "Cell"을 말하는데, 왜 2C로 쓰지 않느냐면 직렬연결이기 때문에 2S(Series)라는 표기를 사용하는 것이다. 이 책에서는 사용하지 않지만, 5S라고 적혀 있으면 5개가 직렬로 연결되어 있는 배터리를 의미한다.

"C"라는 단위는 다른 의미의 표기에 사용한다.

RC 등에서 사용하는 리튬폴리머에서는 사진12와 같이 2종류의 커넥터가 달려 있다. 우측 커넥터가 메인 커넥터로서, 기체와 접속하는 경우에는 이것을 사용한다. 이 커넥터는 JST 타입이라 불리는데, 비교적 작은 것에 많이 사용된다. 좌측 커넥터는 밸런스 커넥터라고 하는 것으로, 밸런스 충전을 할 때 사용한다. 사실은 이 커넥터도 JST로 불리기도 하기 때문에 조금 이상하지만 JST 밸런스 커넥터라고 부르는 경우도 있다. 사진 속 제품은 선이 3개가 있지만, 이것은 2셀 타입의 리튬폴리머이다.

밸런스 커넥터(좌)와 메인 커넥터(우)

다른 리튬폴리머도 살펴보겠다. 사진13은 비교적 용량이 큰 리튬폴리머로서, 이 타입의 커넥터는 XT60으로 불린다. 밸런스 커넥터 쪽 선 개수가 조금 전의 사진보다 많다는 것을 알 수 있는데, 4개가 있는 것은 3셀이다.

 이것도 밸런스 커넥터와 메인 커넥터이다.

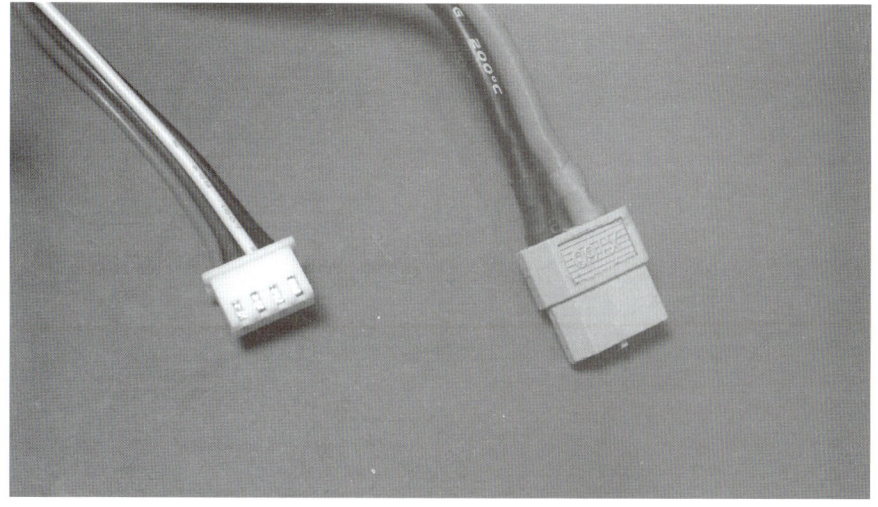

필자는 배터리 커넥터로 이 JST와 XT60을 사용하고 있다. 이밖에도 배터리에 따라서는 사진14 같은 것도 있는데, 이것은 딘즈T 커넥터라고 하는 것이다.

STEP 3-1 기본적으로 필요한 장치

사진14 딘즈T형

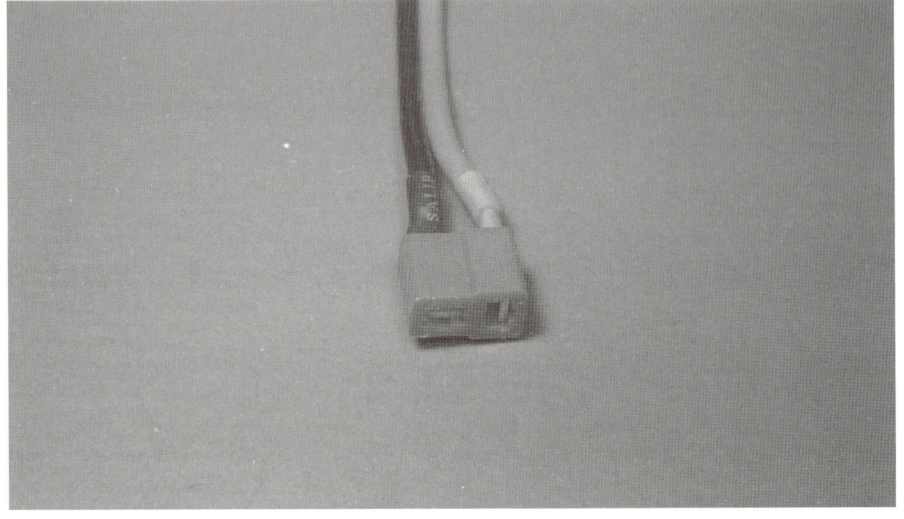

여기서 배터리 등에 사용되는 커넥터를 정리해 보겠다. 이하와 같은 것이 있다(사진15~17).

사진15 JST 좌측이 기체 또는 충전기, 우측이 배터리 쪽 커넥터이다.

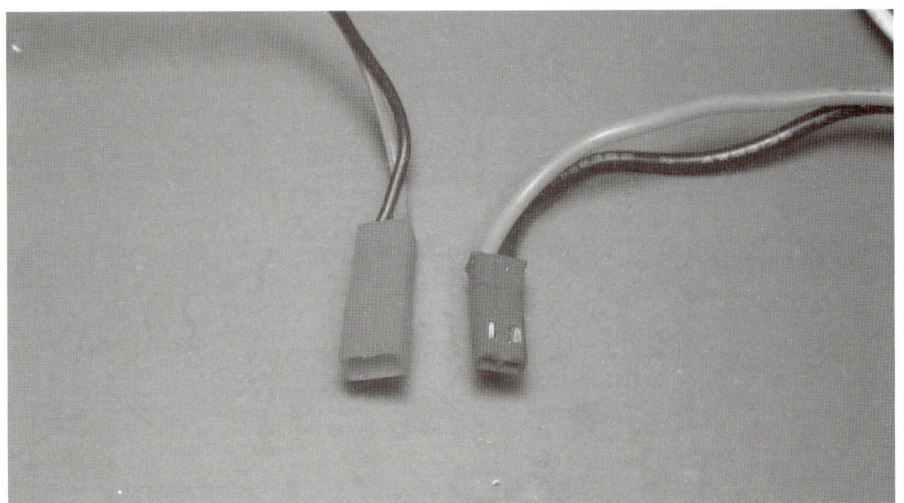

사진16 XT60 좌측이 기체 또는 충전기, 우측이 배터리 쪽 커넥터이다.

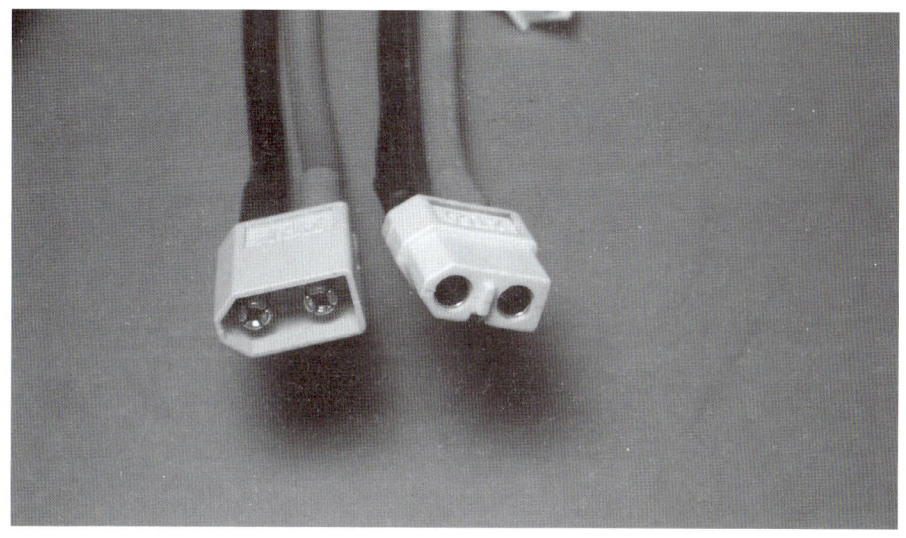

사진17 딘즈T 좌측은 기체 또는 충전기, 우측이 배터리 쪽 커넥터이다.

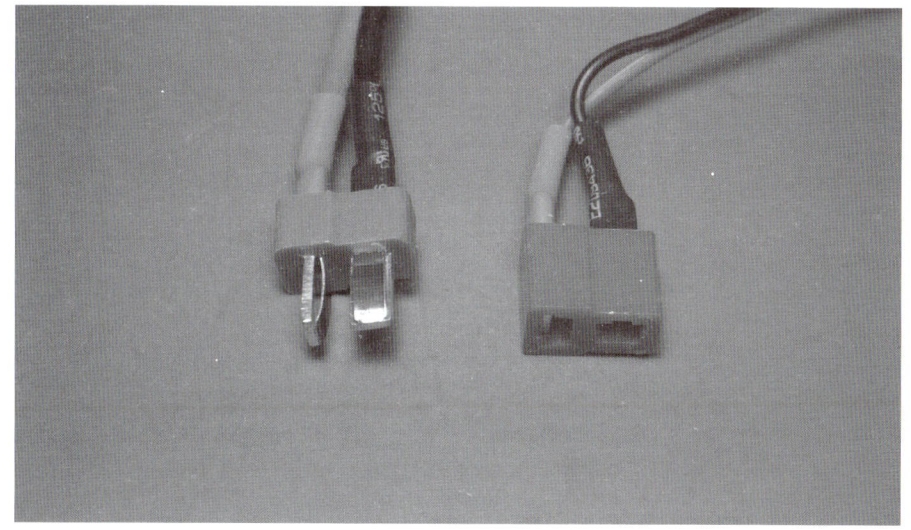

충전기는 이런 다양한 커넥터에 대응할 필요가 있지만, 필자가 사용하는 iMAX X6는 본체 쪽이 사진 18처럼 되어 있다. 왼쪽의 구멍 2개가 바나나 플러그를 끼워 사용하는 충전용 접속부이고, 많이 배열되어 있는 오른쪽의 세세한 부분이 밸런스 충전용이다.

STEP 3-1 기본적으로 필요한 장치

사진18 왼쪽 2개의 구멍이 메인, 오른쪽 하얀 부분이 밸런스용 커넥터이다.

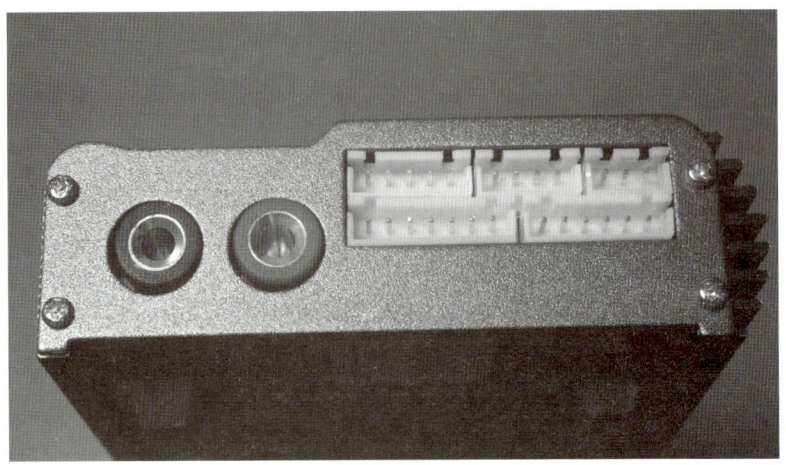

필자가 구입한 충전기에는 <u>사진19</u>처럼 바나나 플러그부터 딘즈T로 이어지는 케이블이 들어 있었다. 또한 다른 배터리에 대응하기 위한 변환 케이블도 들어 있었다. 사진20이 딘즈T에서 JST용으로 가는 변환 케이블이다. 다른 배터리 등에 대응하기 위해서는 사진21과 같은 변환 케이블을 갖고 있으면 편리하다.

밸런스 충전을 할 때는 사진22처럼 메인 커넥터와 밸런스 커넥터 양쪽을 충전기에 접속하면 된다.

사진19 충전기~딘즈T

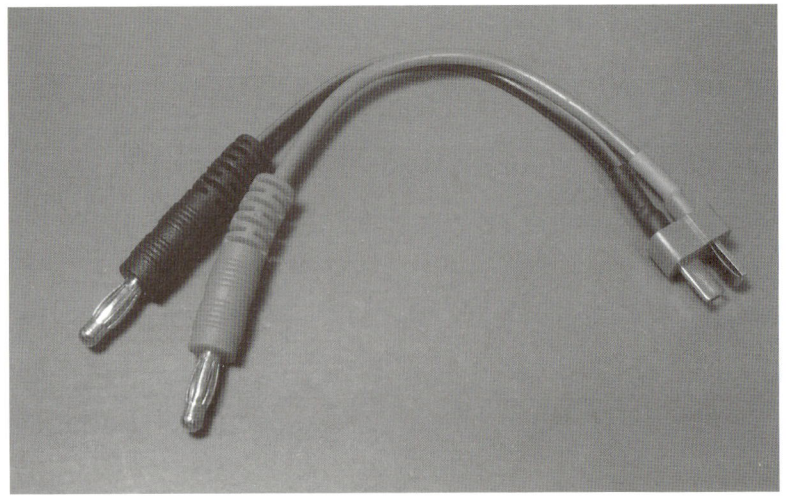

딘즈T~JST

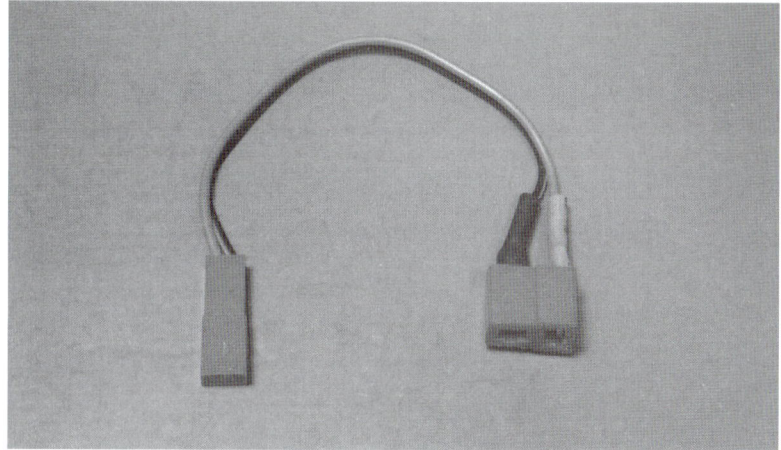

 각종 변환 케이블

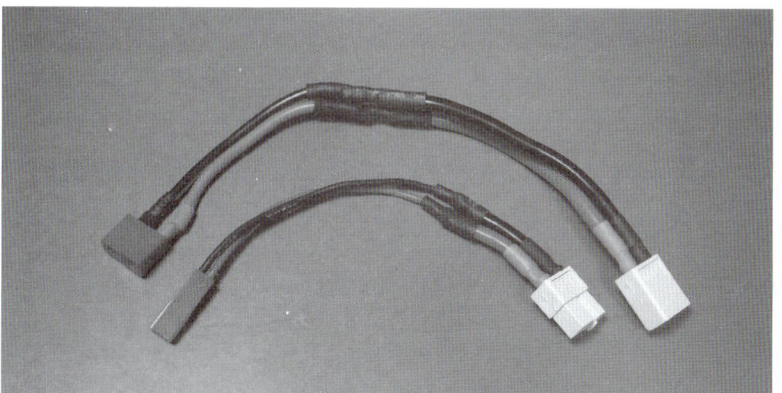

사진22 밸런스 충전하는 모습

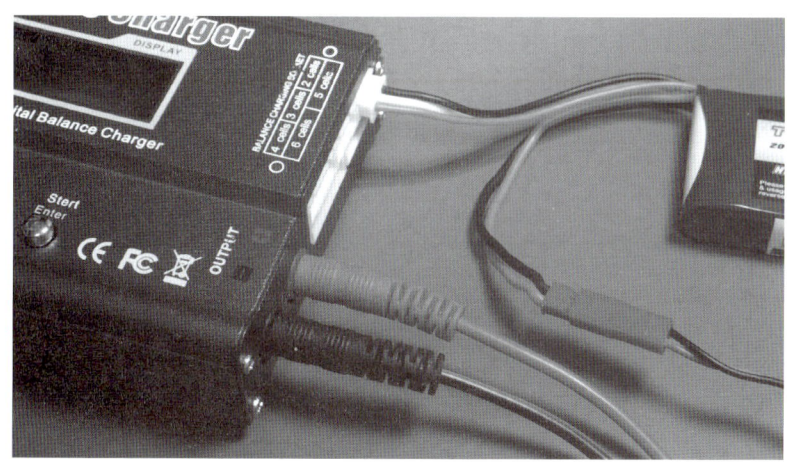

STEP 3-1 기본적으로 필요한 장치

한편, 충전기에 있어서는 개개 충전기에 따라 접속이나 사용방법이 다르기 때문에, 반드시 취급설명서를 읽어 내용을 잘 이해한 다음 취급하는 것이 좋다. 그런 점에 있어서 한글로 된 설명서가 들어 있는 것을 선택하도록 한다.

더불어 주의할 것이 충전을 할 때는 반드시 눈에 띄는 곳에서 하고, 때때로 배터리나 충전기 온도를 확인하는 것이다. 조금이라도 이상을 느꼈을 때는 바로 중지한다. 충전을 걸어둔 상태로 외출하거나 해서는 안 된다.

배터리의 충전율이나 방전율에 대해서는 배터리 부분에서 설명하겠다.

5 로터 · 밸런서

갖고 있으면 좋은 것 중 하나로 로터·밸런서가 있다. 필자는 원래 헬리콥터를 했었기 때문에 갖고 있는 장치를 로터·밸런서라고 부르는 습관이 있는데, 프로펠러·밸런서라고도 부른다.

밸런서는 사진23과 같은 것으로, 축에 프로펠러를 걸어 고정시켜 사용한다. 좌우 베어링 부분은 자석으로 유지되며, 가벼운 힘으로 회전하게 되어 있다.

사진23 로터 밸런서

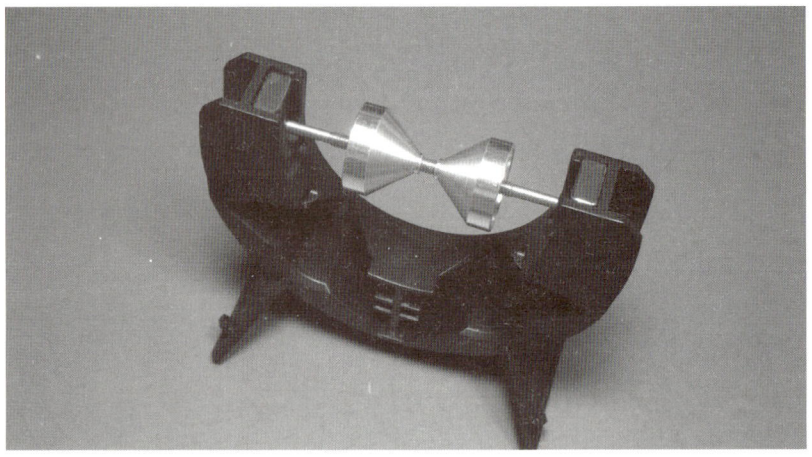

사용방법은 사진24처럼 먼저 프로펠러를 끼운 밸런서에 끼운다. 그러면 어느 쪽으로든 기울게 된다. 기울지 않는다면 그것은 완벽한 것이므로 밸런서에서 프로펠러를 빼낸다.

밸런서에 프로펠러를 끼운다.

　어느 쪽으로든 기운다면 밸런서 방향(조금 전 사진의 앞쪽과 뒤쪽)을 바꿔봐서 같은 쪽이 내려가는지 확인한다. 또한 프로펠러를 톡톡 건드려도 같은 쪽이 계속해서 내려가는지 확인한다.

　같은 쪽이 내려간다는 것은, 내려가는 그 프로펠러의 날개가 「무겁다」는 뜻이다. 이 무게 차이가 아주 미세하더라도, 이런 무게 차이는 회전했을 때 진동으로 이어지기 때문에 무게를 조정해 줄 필요가 있다. 이 조정을 하는 것이 로터·밸런서인 것이다.

　그러면 어떻게 무게 조정을 할까. 사진25처럼 프로펠러의 가벼운 쪽에 테이프를 붙여 무게를 조정한다. 필자는 이 테이프로 커팅 시트 조각을 사용하고 있는데, 셀로판테이프나 비닐 테이프 등으로 바꿔서 사용해도 문제없다. 사진처럼 거의 수평이 되면 무게가 잡힌 것이다. 프로펠러는 사용하기 전에 이런 식으로 밸런스를 잡아 주도록 한다.

 가벼운 프로펠러 쪽에 테이프를 붙인다.

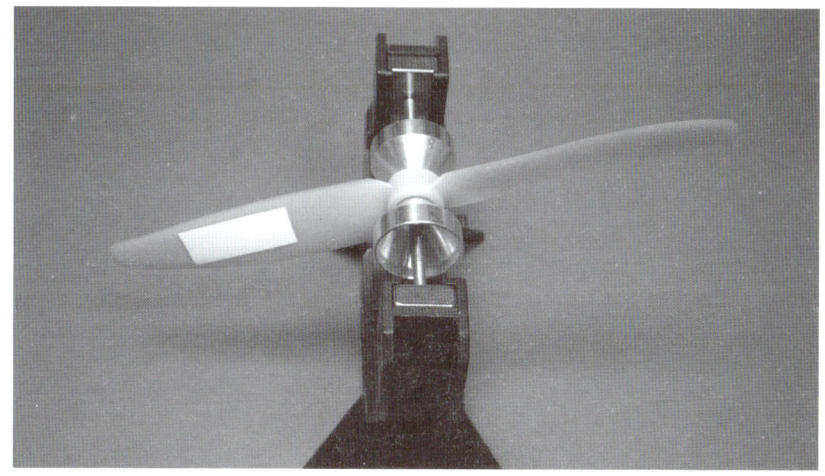

3-1 STEP 기본적으로 필요한 장치

6 그밖에 필요한 것

일반적인 공구류가 필요하다. 드라이버, 니퍼, 라디오펜치 등이다. 그리고 모터 고정용 너트 등은 육각형이 많이 사용되므로 육각 렌치 세트(소형)도 준비하는 것이 좋다.

배선을 할 때는 인두와 납이 필요하다. 드론의 경우에는 전자공작에 가까운 작업도 꽤나 많이 있다.

그밖에 필요한 것으로는 소모품으로, 양면테이프와 결속밴드를 준비하도록 한다. 자주 사용되는 소모품이다. 양면테이프는 쿠션이 있는 강력타입이 있으면 편리하다. 결속밴드는 인슐레이션 록이나 타이랩이라 불리는 것으로, 작은 사이즈(10cm 정도)를 준비하면 편리하다.

7 컴퓨터, USB 케이블

드론의 경우에는 셋업을 위해 컴퓨터를 사용하기 때문에 컴퓨터가 필요하다. 플라이트 컨트롤러와는 USB로 접속하기 때문에 USB 케이블도 필요한데, 미니와 마이크로 USB 케이블이 있어야 한다.

이상이 기본적으로 갖추어야 할 준비물이다.

다음으로 기체에 쓰이는 각 부품에 대해 설명하겠다.

STEP 3-2 기체 쪽에 사용하는 부품

이미 앞 절(장)에서 언급한 각종 부품에 대해 개별적으로 살펴보겠다.

1 | 프레임

프레임은 기체 자체를 말한다. 이 책에서는 쿼드콥터를 베이스로 설명하므로, 모터+프로펠러 4개가 장착된 것이 기본이다(사진1).

 전형적인 쿼드콥터용 프레임. 330mm 크기

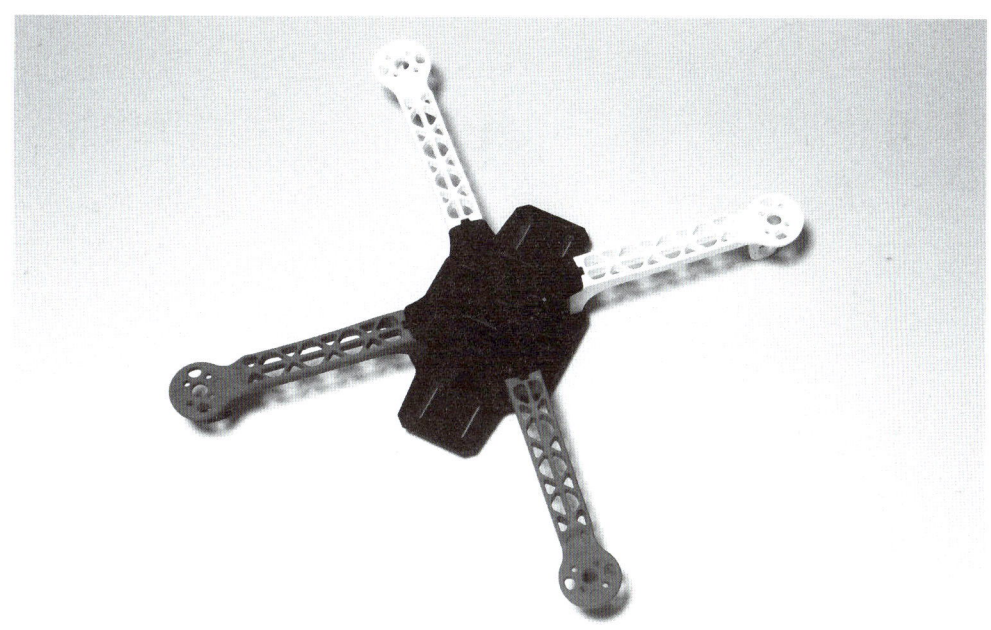

전형적인 스타일은 크로스형 프레임(X자 형을 하고 있는 프레임)이지만, 최근에는 디자인 측면에서 단순한 크로스형 외의 스타일도 증가하고 있다.

예를 들면, 기종에 따라서 프레임 자체가 H형을 하고 있는 것도 상당히 있다. 하지만 잘 관찰해보면 프로펠러 배치는 X형을 하고 있다는 것을 알 수 있다.

다만 프로펠러 4개가 달린 타입에는 2종류의 기체가 있다. 하나는 쿼드+이고, 다른 하나는 쿼드X이다.

+와 X의 차이는 기체의 좌우방향과 프로펠러 배치에 있다(그림1).

STEP 3-2 기체 쪽에 사용하는 부품

그림1 +와 X의 배치 차이

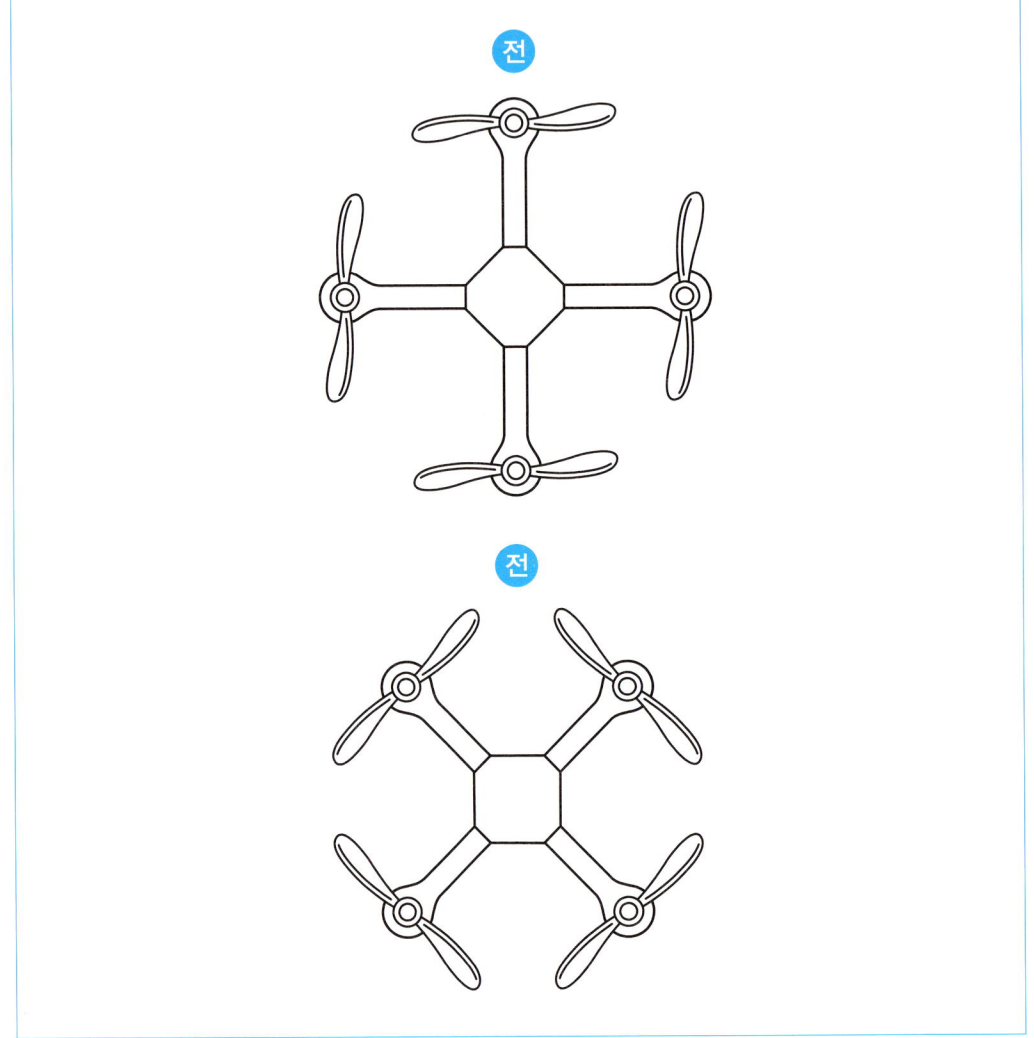

둘 다 로터가 4개(쿼드)이지만, 이름처럼 +형을 하고 있는지 X형을 하고 있느냐는 차이이다. 디자인적인 문제 때문인지 X형을 선호하는 경향이 있다. 단순한 크로스형 프레임의 경우에는 두 가지 가운데 어느 쪽이든지 만들 수 있다. +와 X의 차이는 제어소프트 상의 설정뿐이다.

다만 H형처럼 보이는 프레임 같은 경우에는, 잘 살펴보면 쿼드X를 하고 있기 때문에 쿼드X로 설정할 필요가 있다(그림2).

그림2 H형은 사실 쿼드X이다.

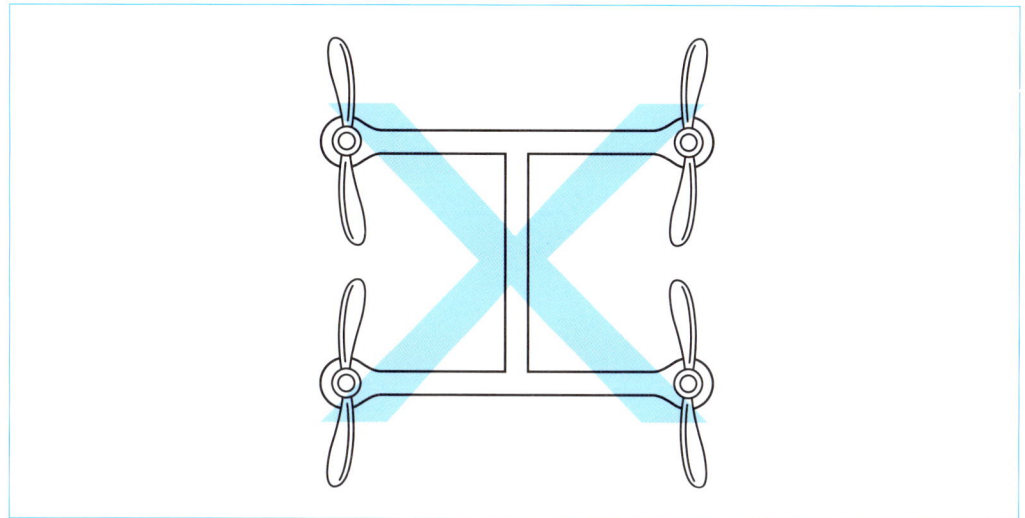

기본적으로 이런 프레임 형태에 모터만 배치하면 되기 때문에, 프레임 형태만 갖춘 적절한 재질이라면 사실 무엇이든 상관이 없다. 따라서 나무 같은 것을 잘라서 만들어도 문제될 것은 없지만, 반면에 상당한 수고가 들어가기 때문에 오히려 사는 편이 빠르다는 이유가 있는 것이다.

무엇보다도 전통적인 형태의 프레임에 재질이 나일론이고, 크기가 350mm 클래스(X의 대각선이 35cm) 정도면 싼 것이 1만 원 대에 팔리고 있다. 하지만 나일론 프레임은 어느 정도 무게가 나가서, 기체 자체를 작게 하려면 불리하기 때문에 소형 기체에서는 카본(CFRP) 프레임을 많이 사용하는데, 카본제품은 비교적 가격이 비싸다.

최근에 해외에서 유행하는 기체는, 모두에서 언급한 FPV 레이서 타입의 기체로서, 레이스용 때문인지 크기가 작은 것도 증가하고 있다. 이 타입은 250 Class FPV Racer라 불리는 것이 주류인 것 같은데, 앞에서 말한 기종은 이것보다 더 작은 프레임이다.

이 책에서는 몇 가지 프레임을 소개하는데, 경우에 따라서는 자작해 보아도 재미있을 것이다.

한편, 사용할 기체(의 크기)가 정해지면 사용할 모터와 프로펠러 사이즈가 정해지고, 또한 ESC가 정해진다. 이것들을 결정하면 배터리도 결정된다.

2 | 모터

모터는 쿼드콥터의 동력부품이지만, 동력으로 사용할 뿐만 아니라 제어에도 사용한다. 모든 제어는 모터의 회전에 의해 이루어지고 있기 때문이다.

쿼드콥터에서 사용하는 모터는 사진2 같은 것이나, 사진3 같은 것이 있다. 대형 기체에서 사용하는 모터는 사진4 같은 타입도 있다.

STEP 3-2 기체 쪽에 사용하는 부품

사진2 소형 브러시리스 모터

사진3 최근에 많이 사용하는 타입

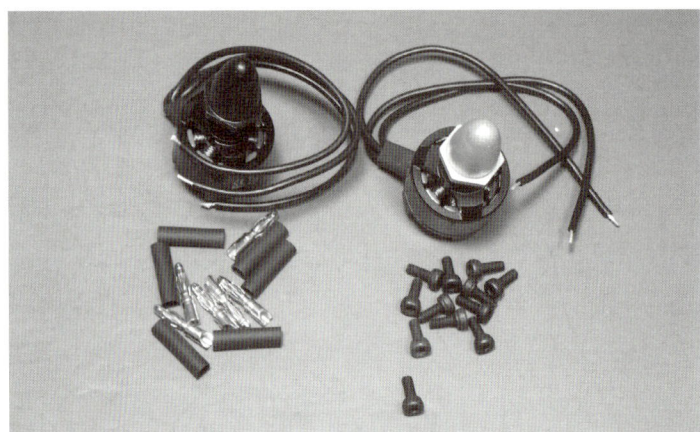

사진4 최근에 많이 사용하는 타입

원래 이런 타입의 모터는 전동 비행기나 전동 헬리콥터용으로 만들어진 것이지만, 최근에는 헬리콥터용으로 사용하는 경우가 많아서, 멀티콥터 전용으로 설계한 것도 증가하고 있다.

모터 사이즈는 "클래스"라는 표현을 사용하는 경우도 있는데, 28클래스라고 하면 직경이 28mm, 18클래스라면 18mm가 된다. 다만 잘 모르겠는 것이, 메이커에 따라서는 이런 표기를 사용하지 않는 곳도 있다.

사진에서 보면 알 수 있듯이, 어느 모터든지 선이 3개가 나오고 있다. 이런 모터는 브러시리스 모터라고 하는데, 회전시키기 위해서는 전용 회로가 필요하다. 이 회로가 탑재되어 있는 것이 ESC라 하는 것이다. 초소형 기체에서는 브러시리스가 아니라 브러시(브러시가 있음) 모터를 사용하는 경우도 있지만, 그런 경우에는 브러시 모터용 ESC 또는 ESC 회로를 필요로 한다. 장난감RC에서 싼 가격의 소형 제품에 이런 타입이 많다.

멀티콥터에서 사용하는 모터에서 주의해야 할 것은, 대부분의 모터가 아웃런너(Outrunner) 타입이라는 점이다. 아웃런너는 모터의 『바깥쪽』이 회전하는 타입을 말하는데, 방금 전의 사진 속 모터는 모두 아웃런너 타입이다. 이 때문에 장착할 때는 회전하는 부분에 간섭이 일어나지 않도록 배려할 필요가 있다. 회전하지 않는 것은 모터 장착부분뿐이기 때문에, 무심코 모터 본체부분에 무엇인가 접촉이 되지 않도록 주의해야 한다.

모터를 고를 때는 만들려고 하는 기체 사이즈나 중량을 감안해 적합한 것을 고르면 되는데, 프레임을 구입할 때 기준이 적혀 있는 경우가 많으므로 그것을 참고로 하면 된다. 모터 성능에서 요구되는 것은 주로 다음과 같다(표1)

 기체 사이즈와 모터 선택기준

프레임	사이즈모터
350~450mm 클래스	1,000kV 전후
250mm 클래스	2,000kV 전후
180mm 클래스	3,000kV 전후

표에서 나온 단위 kV는 어떤 의미일까?

kV값(値)이라는 것은 전압 1V당 회전수를 말하는데, 3,100kV 모터라면 1V의 전압으로 3,100회전(rpm)하는 모터를 뜻한다.

위 표를 보면 조금 이상한 점이 있을 것이다. 사이즈가 큰 프레임일수록 kV값이 낮기 때문이다. 사이즈가 큰 드론을 날리려면 회전수가 더 높은(kV값이 높은) 모터가 필요할 것 같은데 표는 반대인 것이다.

실은 kV값이 낮은 모터라는 뜻은 모터가 크고 회전수가 낮다는 것을 의미한다. 모터가 대형이기 때문에 "힘" 자체는 있지만 회전수는 낮기 때문에, 일반적으로 대형 프로펠러를 장착해 낮은 회전수에서도 큰 출력을 낼 수 있다.

이에 반해 kV값이 높은 모터는 소형 모터이기 때문에 회전수는 높지만 "힘" 자체가 그다지 크지 않기

STEP 3-2 기체 쪽에 사용하는 부품

때문에, 작은 프로펠러를 고속으로 회전시켜 힘을 얻는 타입이다. 그래서 소형 기체일수록 kV값이 높고 작은 모터를 사용할 뿐만 아니라 작은 프로펠러를 사용하게 된다.

모터에는 사용할 수 있는 전압이 정해져 있어서, 일반적으로 이것은 리튬폴리머의 셀 수로 표시되는 경우가 많다. 예를 들면, 2S(7.4V)라고 쓰여 있으면 그 모터는 2S 리튬폴리머를 사용해야 한다는 전제를 뜻하며, 2~3S로 쓰여 있으면 2S 리튬폴리머 또는 3S 리튬폴리머를 사용해야 하는 것이다.

모터가 정해지면 거기에 적합한 ESC를 선택한다. 그 모터가 필요로 하는 전류를 구동할 수 있는 ESC가 필요하기 때문이다.

3 | ESC(Electronic Speed Controller)

일렉트로닉 스피드 컨트롤러(ESC)는 모터의 속도를 제어하는 장치(전자회로)이다. 모터에 맞는 ESC를 선택하도록 한다. 모터에 흘릴 수 있는 전류가 정해져 있기 때문에 그 전류에 맞는 ESC를 사용하는 것이다(사진5).

 ESC

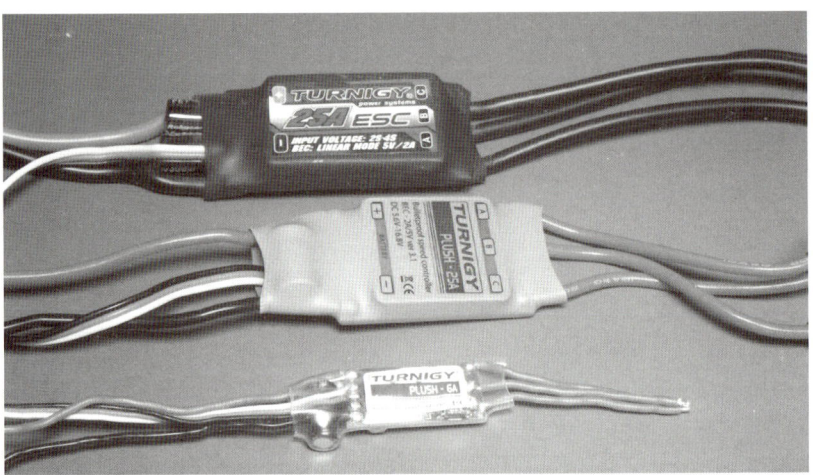

기본적으로 ESC는 수신기에서 입력된 신호에 맞춰 모터의 회전수를 조정하는 역할을 한다. 그렇기 때문에 일반적인 비행기에 사용할 때는 수신기의 스로틀에 접속해 프로펠러 회전을 제어하기 위해 사용한다.

멀티콥터의 경우에는 상황이 조금 다르다. ESC는 플라이트 컨트롤러에 접속해 각 모터의 속도를 제어한다. 이렇게 해서 기체의 움직임을 제어하는 것이다. 이 때문에 멀티콥터에서는 ESC를 수신기에 직접 접속하지 않는다.

ESC의 거동은 사실 조금 복잡하다. 멀티콥터를 본 적이 있는 사람이라면 알아차렸을지 모르겠지만,

기동할 때 소리가 난다. 삐뽀거리거나 삐~뽀~거리는 소리가 어디선가 들리는데, 이 소리는 ESC가 내는 소리로서, 모터의 코일에서 발생한다. 이 소리를 통해 ESC가 지금 어떤 상태인지를 알리는 것이다. 이 소리를 이용해 ESC를 설정해야 할 경우도 있는데, 그 방법에 대해서는 뒤에서 설명하겠다.

이 책에서는 브러시리스 타입으로 불리는 모터를 사용하기 때문에 ESC도 브러시리스용을 사용한다. 일반적인 브러시리스 ESC는 ESC와 모터 사이에 3개의 선이 접속되어 있다(그림3).

 ESC와 모터의 접속

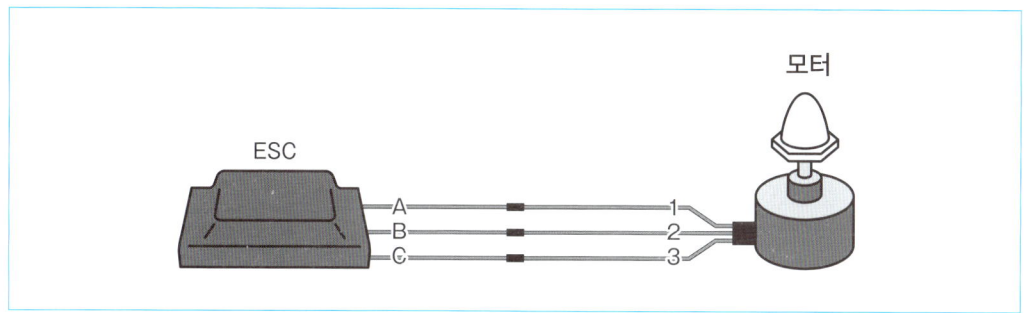

이때 모터의 회전방향은 접속을 어떻게 하느냐에 따라 달라진다. 멀티콥터의 경우에는 어느 모터를 어느 쪽 회전방향으로 할지가 정해져 있어서 정해진 회전방향으로 설정할 필요가 있는데, 회전방향이 맞지 않을 때는 ESC와 모터 사이의 배선을 바꿔서 접속하면 된다. 그림3의 접속을 "역회전"으로 하려면 배선 가운데 2개를 바꾸는 것이다. 바꾸는 선은 어느 선이든지 2개만 바꾸면 된다(그림4).

 회전방향을 반대로 접속할 경우

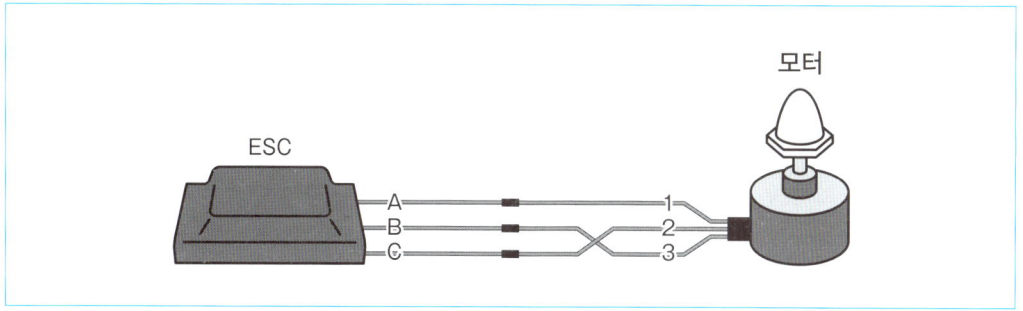

그림3에서는 A-1, B-2, C-3를 서로 연결했지만, 그림4에서는 A-1, C-2, B-3로 연결하고 있다. 이러면 회전방향이 반대로 바뀐다. ESC와 모터의 접속은 전용 커넥터를 사용하든지 아니면 직접 납땜으로 접속한다.

STEP 3-2 기체 쪽에 사용하는 부품

ESC의 또 다른 역할 하나는 시스템의 전원을 만드는 것이다. 이것은 BEC(Battery Eliminator Circuit)라 불리는데, 모터를 구동하기 위한 전원, 즉 리튬폴리머 등과 같은 배터리 전원에서 수신기나 플라이트 컨트롤러를 움직이기 위한 전압을 만들어내는 구조를 말한다.

ESC 라벨을 잘 보면 사진6처럼 BEC라고 표시되어 있다. 사진의 ESC 같은 경우에는 5V 2A의 공급능력이 있는 BEC가 탑재되어 있다는 의미로서, 이 ESC를 사용하면 수신기나 플라이트 컨트롤러의 전원을 기체의 리튬폴리머 배터리로부터 공급할 수 있다.

사진6 이 ESC는 5V 2A라는 BEC가 붙어 있다.

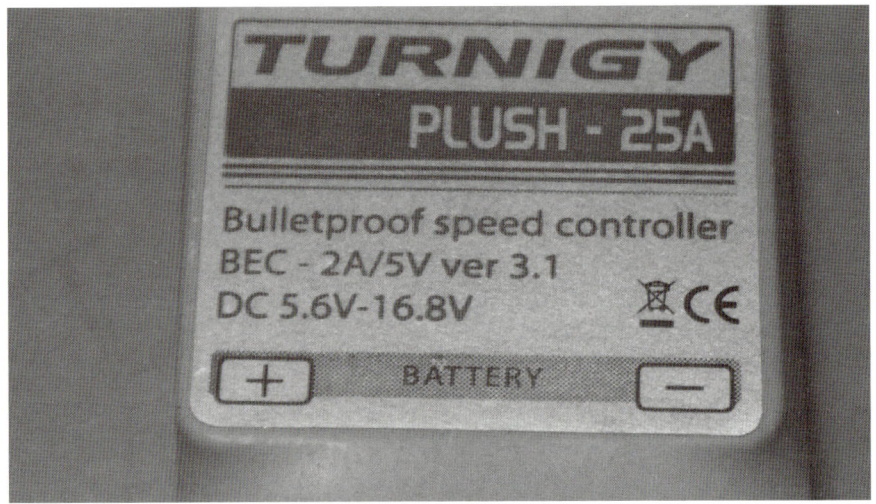

조금 어려울지 모르지만 BEC는 아래와 같이 전원을 공급한다(그림5).

그림5 ESC의 BEC 작동

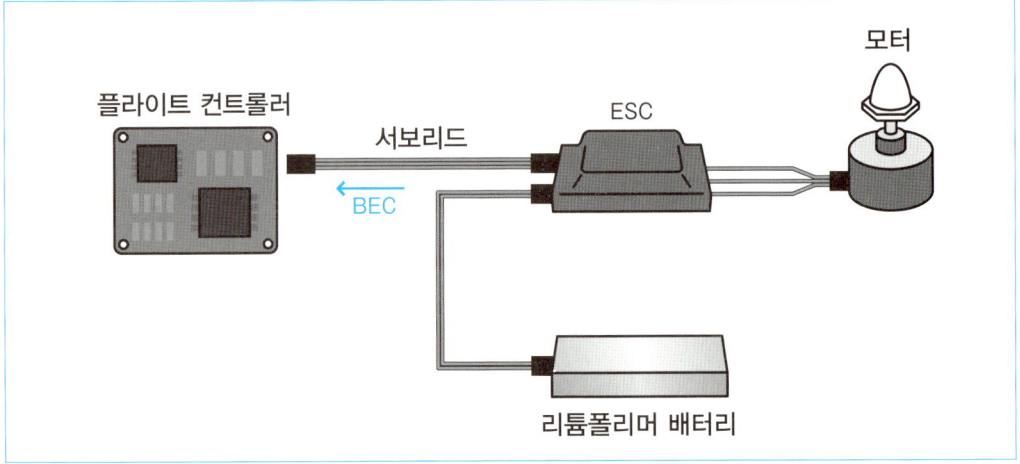

모터를 움직이는 전원은 기체의 리튬폴리머 배터리에서 각 ESC로 공급되고 있다. ESC는 내부 BEC에서 시스템으로 공급하기 위한 5V 전원을 만든다. 만들어진 전원은 서보리드(케이블)을 통해 출력되기 때문에, 서보리드를 통해 플라이트 컨트롤러나 수신기에 공급된다.

왜 이런 회로가 탑재되어 있느냐면, 원래 RC 시스템에서는 수신기 및 서보모터용 전원을 별도의 전지에서 공급받고 있었다. 이것은 기체 자체를 움직이는 동력이 엔진인 경우가 많아 전기를 공급하는 방법이 없었기(RC기 엔진에는 발전기가 없다) 때문에 전기로 움직이는 RC 시스템을 위해 별도의 전원을 필요로 했던 것이다.

그런데 동력 자체도 배터리를 사용하는 전동기가 늘어나고, 헬리콥터조차도 전동 헬리콥터로 바뀌기 시작하자, 동력용 배터리와 수신기+서보용 배터리를 별도로 탑재하는(예전에는 존재했다) 것은 너무 비효율적이기 때문에, 동력용 배터리로만 양쪽 전원을 커버하기 위해 BEC를 탑재한 ESC가 주류가 된 것이다.

앞서 5V 2A라는 표시를 사진으로 실었는데, 일반적은 수신기나 서보는 5V로 동작한다(5~6V정도가 주류이다). 그래서 BEC는 5V 전원을 공급하는 것이다. 여기에 준하기 때문에 플라이트 컨트롤러도 5V로 동작하는 것이 기본이다.

지금도 BEC를 탑재하지 않은 ESC가 있다. 이것은 OPT 타입이라 불리는, 신호가 빛(흔히 말하는 Photocoupler)으로 절연되어 있는 타입으로서, 노이즈에 강한 특성이 있지만 대신에 BEC를 사용해 외부에 전원을 공급하는 능력은 없다. 이런 ESC를 사용하는 경우에는 별도로 BEC회로를 준비할 필요가 있다.

배터리, ESC, 플라이트 컨트롤러, 수신기 전체에 관한 접속방법은 뒤에서 설명할 것이므로 참고해 주기 바란다.

칼럼 — 전자회로를 잘 아는 사람을 위한 보충설명

사용방법에 따라서 BEC가 필요 없는 경우도 있다. 무슨 뜻이냐면, 플라이트 컨트롤러 자체는 어느 정도의 전압범위가 허용되고 수신기도 전압 허용범위가 있기 때문이다. 예를 들면, OpenPilot CC3D/atom 같은 경우 입력전압으로는 5~15V의 범위에서 작동한다. 만약 여기에 JR의 RG611B를 조합해 사용하려고 할 경우, RG611B는 4.5~8.5V 범위에서 동작한다. 즉, 플라이트 컨트롤러와 수신기를 합해서 5~8.5V의 전원범위라면, 5V의 BEC를 통하지 않고도 작동시킬 수 있는 것이다.

그래서 이 전압을 생각해 보면, 리튬폴리머 2S 배터리가 공식전압 7.4V이고, 충전이 다 되었을 때의 전압이 8.4V이기 때문에, 이 정도라면 직결해도 사용할 수 있는 것이다. 2S 리튬폴리머 기체에서 BEC를 탑재하지 않는 ESC를 사용할 경우, 리튬폴리머 배터리에 CC3D+RG611B를 직결해 사용하는 것이 가능하다.

다만 플라이트용 리튬폴리머에서 시스템 전체의 전원을 가져오면 노이즈 등의 영향 때문에 플라이트 컨트롤러 동작이 불안정해지는 경우도 있으므로 주의해야 한다.

STEP 3-2 기체 쪽에 사용하는 부품

4 프로펠러

프로펠러도 기체 크기, 모터 성능 등에 따라 결정된다. 대략적인 기준은 있지만, 처음 기체를 만들 경우에는 그 기체에 추천되는 모터와 프로펠러를 구입하면 된다.

프로펠러의 공식 사이즈는 보통 인치로 표시되는데, 예를 들면 5×4 등으로 쓴다. 이 의미는 직경이 5인치(12.7cm)이고, 뒤쪽 숫자를 약간 이해하기 어렵지만, 『1회전했을 경우에 몇 인치가 나아가는지』를 의미한다. 간단하게 말하면, 날개의 「비틀림」강도라고 생각하면 된다. 숫자가 클수록 「비틀림」이 강하다는 의미이다. 5×4로 설명하면, 1회전하면 4인치(10cm) 나아간다는 의미이다. 이것을 프로펠러의 피치라고 한다.

프로펠러 재질은 나일론이 많지만, 소형 프로펠러에서는 ABS 등과 같은 플라스틱 재질인 것도 있다.

사진7은 프로펠러 샘플로서, 위가 4×4.5, 아래가 5×3 사이즈이다. 프로펠러의 사이즈는 4×4.5인 경우에 4045, 5×3이면 5030으로 표기하는 경우도 있다. 이 사이즈 표기는 프로펠러를 꼼꼼히 보면 프로펠러 자체에도 표기되어 있는 경우가 많다(사진8).

사진7 프로펠러

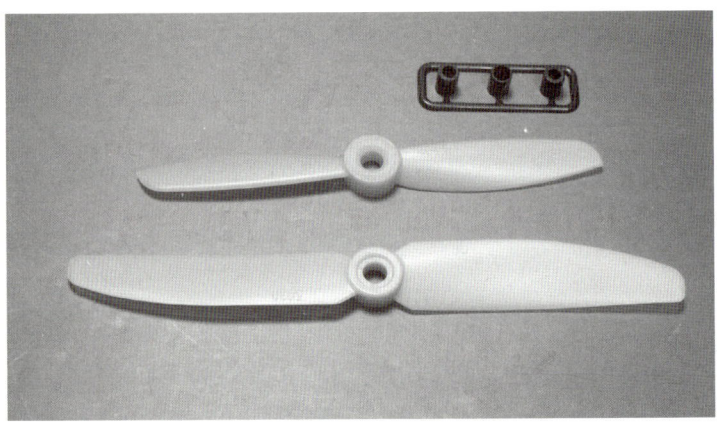

사진8 프로펠러 사이즈 표기

앞서 모터를 설명할 때 회전방향을 결정하는 이야기를 썼는데, 프로펠러에도 회전방향이 있다. 시계방향(CW)과 반시계방향(CCW) 2종류가 있어서, 멀티콥터의 경우에는 양쪽을 준비할 필요가 있다. 예를 들면 쿼드콥터의 경우에는, 프로펠러 4개 가운데 2개는 CW, 2개는 CCW를 사용한다. 기본적으로 프로펠러는 시계반대 방향(CCW)이 기본이고, 시계방향(CW) 프로펠러는 『역회전』이라는 표현을 사용하기 위해 "R"로 표시한다. 예를 들면 4×4.5라는 것은 정방향(CCW)이지만, 4×4.5R은 역방향(CW)용 프로펠러를 가리키는 것으로, 다른 표기로는 4045와 4045R로 표기한다. 이것도 프로펠러를 잘 살펴보면 표기되어 있기도 한데, 사진9의 프로펠러는 5030R, 즉 5×3인 CW용 프로펠러가 되는 것이다.

사진9 R 표기는 시계방향

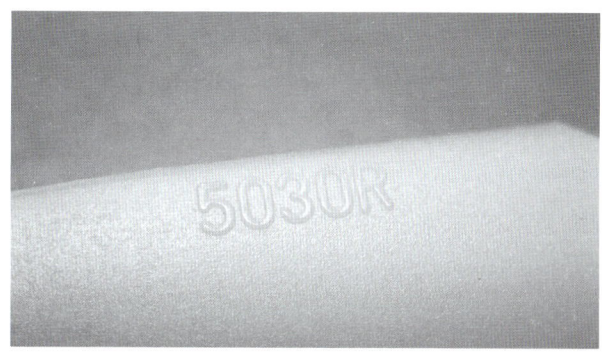

더 알아보자면, 프로펠러에는 안과 밖이 있다. 문자가 표시되어 있는 프로펠러라면 문자가 들어간 쪽이 바깥쪽(윗면)이다. 프로펠러 자체를 잘 살펴보면 알 수 있는데, 약간 휘어져 있는 쪽과 평평한 쪽이 있다. 휘어져 있는 쪽이 바깥이고, 평평한 쪽이 안쪽이다. 바깥이나 안쪽 모두 휘어져 있는 경우에는 튀어나온 쪽이 바깥, 들어간 쪽이 안쪽이다. 안과 밖을 반대로 장착하면 올바로 날지 못하므로 주의해야 한다.

어느 쪽 회전용 프로펠러인지 잘 모를 때는 표면을 위로 놓고 잘 관찰해 보면 된다. 프로펠러의 회전하는 방향이 「위」로 올라간 방향이 회전방향이다. 사진10을 보았을 때 좌측이 반시계(CCW)용, 우측이 시계(CW)용이다.

사진10 CCW와 CW 비교

STEP 3-2 기체 쪽에 사용하는 부품

최근에는 멀티콥터가 인기를 끌면서 프로펠러도 CW, CCW를 세트로 판매하는 경우도 많아졌을 뿐만 아니라, 멀티콥터에서 많이 사용하는 사이즈를 판매하고 있어서 아주 편리하다.

사진11의 위에 위치한 검고 조그만 부품은 축의 직경을 조정하기 위한 어댑터이다. 이 어댑터가 첨부된 프로펠러는 많은 종류의 프로펠러 어댑터에 대응할 수 있기 때문에 편리하다. 필자도 이 타입을 애용하고 있다.

 우측 위쪽의 검은 부품이 샤프트용 어댑터이다.

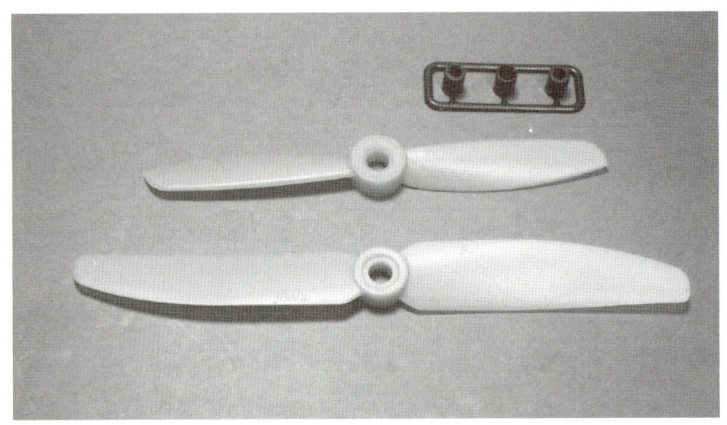

약간 샛길로 빠지는 이야기지만, 프로펠러 사이즈는 기체 사이즈에 따라 결정되는 경우도 있다. 사진12 속의 기체는 최근 유행하는 디자인으로서, 사진처럼 기체의 구조물(기체 본체)이 프로펠러의 회전반경 거의 끝에 위치하기 때문에 이것보다 큰 프로펠러는 사용할 수 없다. 더불어 모터와 모터 사이의 거리가 예를 들면, 20cm밖에 안 되는 경우에는 직경10cm 미만의 프로펠러밖에 사용하지 못한다는 것은 이해할 수 있을 것이다.

 프로펠러와 기체의 간섭에 주의

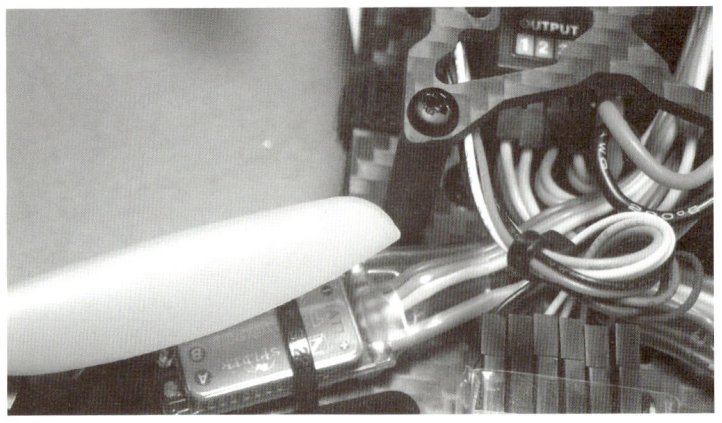

한편, 프로펠러는 사용하기 전에 밸런스를 잘 잡아주어야 한다.

5 | 프로펠러 어댑터

프로펠러를 모터 축(샤프트)에 끼우는데 필요한 부품이다. 별매인 경우도 있지만 모터에 첨부되어 있는 경우도 많으므로 그것을 이용하는 것이 간단하다.

프로펠러 어댑터에도 몇 가지 종류가 있다. 사진13은 모터 축에 끼우기만 하면 되는 타입으로, 프로펠러를 끼우고 나사를 잠그면(우측의 콘 형상 부분) 축에 끼이는 부분이 조여지는 타입으로서, 소형 모터에서 많이 사용하는 타입이다. 사진14 속의 어댑터는 모터 축에 대해서는 세트스크류로 연결하고, 프로펠러는 콘 부분으로 조이는 타입으로, 비교적 많은 모터에서 사용하는 타입이다.

사진13 프로펠러 어댑터 예?

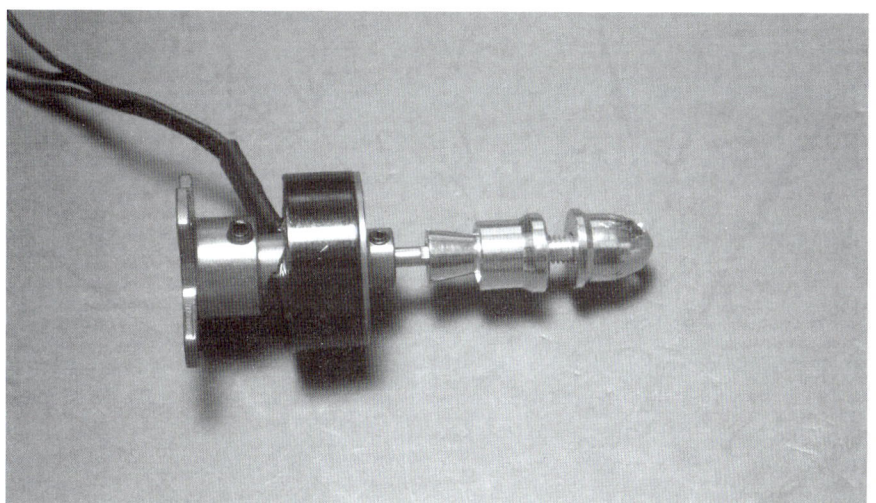

사진14 프로펠러 어댑터 예②

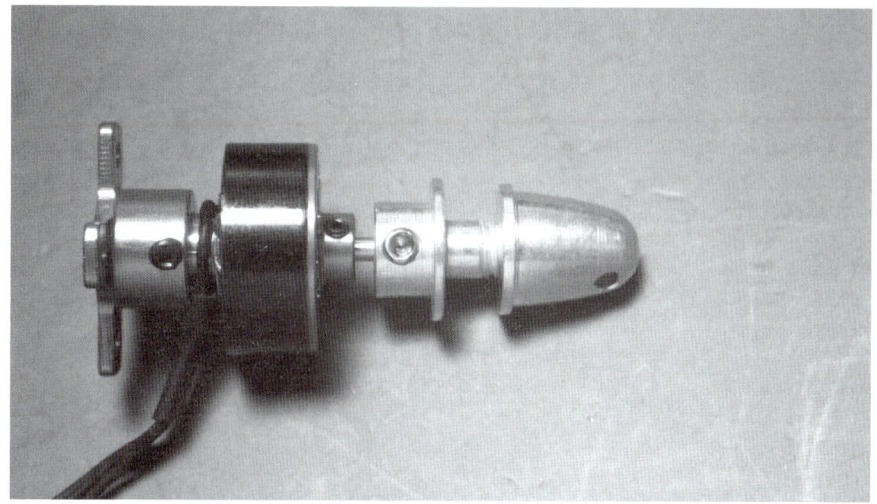

STEP 3-2 기체 쪽에 사용하는 부품

사진15는 최근 많이 사용하는 타입으로, 모터 축 자체가 프로펠러와 연결되기 때문에 별도의 프로펠러 어댑터를 필요로 하지 않는 타입이다. 이런 타입의 모터를 사용할 경우에는 주의할 점이 있는데, 사진 속 나사부분 관계에서 회전방향이 정해져 있다는 것이다. 모터 자체에 CW, CCW 표기가 있기 때문에 그 회전방향으로 사용하면 된다. 이유는 나사가 우 나사인 것과 좌 나사인 것이 있기 때문이다. 사진 16은 기체에 연결된 상태로서, 하얀 나사 쪽이 CW로 나사 부분이 우 나사, 검은 나사 쪽이 CCW로 나사 부분이 좌 나사로 되어 있다.

사진15 모터 축에 직접 연결하는 타입

사진16 좌우 나사의 회전방향이 다르다.

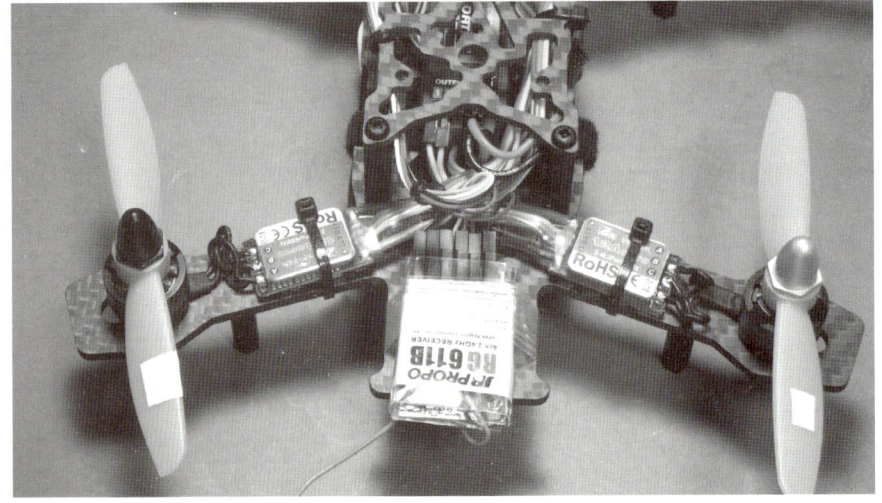

이런 타입의 프로펠러 장착은 간단할 뿐만 아니라, 회전하면서 나사가 조여지기 때문에 안심이라면 안심이긴 하지만, 프로펠러를 어딘가에 부딪쳤을 경우에는 나사가 분리되는 방향으로 작동하기 때문에, 나사가 풀리면서 어디론가 날아가 버린다. 튕겨나간 나사는 대개 방 어딘가로 날아가 찾지 못하는 상황이 발생할 수도 있다. 그래서 이 타입을 사용할 때는 강도가 낮은 나사 록제(lock劑)를 사용하는 것이 안전하다. 만약 나사를 분실했을 경우에는 M5의 정(正)나사용 너트와 M5의 역(좌) 나사용 너트를 구입하면 대신해서 사용할 수 있다.

또 하나 예외적으로 프로펠러 어댑터를 사용하지 않는 연결방법이 있다. 사진17은 모터 축에 프로펠러를 직접 삽입해 사용하는 방법으로서, 소형 기체나 장난감RC에서 많이 사용된다. 어댑터를 사용하지 않기 때문에 간단하고 쉬운 방법이지만, 기체를 심하게 움직이거나 프로펠러를 부딪치면 프로펠러 쪽 구멍이 점점 느슨해져 비행 중에 쑥하고 빠지는 경우가 있으므로 주의가 필요한 타입이다. 장난감RC의 조그만 프로펠러 같은 경우에는 비행 중에 프로펠러만 날아가 버려, 이것도 또 방 어딘가로 없어지는 사고가 발생한다(그래서 예비 프로펠러가 필요한 것이다).

 단순히 축에 끼우기만 하는 타입

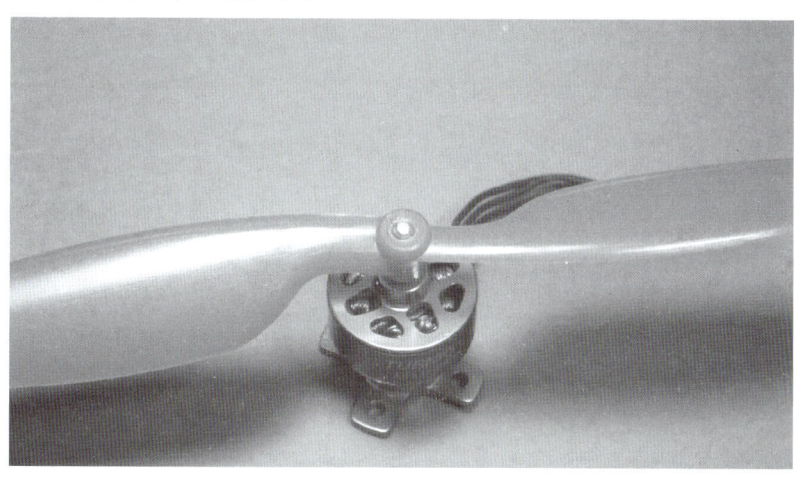

여기서 주의할 점은, 적절한지 어떤지는 모르겠지만, 만일을 위해 주의해야 할 것이 회전 중인 프로펠러는 아주 위험하다는 사실이다. 어쨌든 멀티콥터의 경우에는 고속으로 회전하는데다가 프로펠러는 구조상 끝이 상당히 날카로운 것이 많기 때문에 회전 중인 프로펠러에 접촉하면 손 같은 곳을 쉽게 베일 수 있다. 중대한 사고로 이어질 수도 있으므로 회전하는 프로펠러에 대해서는 아주 주의해야 한다(선풍기 정도의 회전수는 아니다).

또한 무엇인가에 접속해 손상된 프로펠러는 사용하지 않도록 한다. 나일론 제품의 프로펠러는 잘 부러지지 않지만, 부러질 때는 간단히 부러진다. ABS제품 등과 같은 플라스틱계 프로펠러는 더 쉽게 부러진다. 비행 중에 프로펠러가 부러지면 당연히 제어가 안 되면서 추락하게 되고, 그러다 부러진 파편이 튕기기라도 하면 위험하다.

STEP 3-2 기체 쪽에 사용하는 부품

6 배터리

기본적으로 배터리도 기체에 있던 것을 사용한다. 예를 들면 모터가 2S~3S 배터리 대응이고, ESC도 2S~3S 대응인 경우에는 2S 또는 3S 배터리를 사용하도록 한다. 바꿔 말하면 2S만 대응하는 ESC를 사용하고 있을 경우에는 2S 배터리밖에 사용할 수 없다. 때문에 사용하는 기체가 정해지면 모터와 ESC가 결정되고, 배터리가 정해지는 것이다.

배터리는 셀 수뿐만 아니라 용량도 문제가 된다. 사진18은 둘 다 3S 배터리지만 위는 용량이 1,800mAh, 아래는 1,000mAh이다. 또한 사진19는 둘 다 똑같이 1,000mAh 용량의 배터리이지만 위는 3S, 아래는 2S 배터리이다.

 3S 1,800mAh와 1,000mAh의 비교

 1,000mAh인 3S와 2S의 비교

　기본적으로 리튬폴리머 전지를 포함해 전지라는 것은 1셀당 전압이 정해져 있어서, 리튬폴리머는 3.7V이다. 여러분이 많이 사용하는 건전지 같은 경우는 1셀의 전압이 1.5V이다. 리튬폴리머의 경우에는 셀을 직렬로 연결하기 때문에 2S나 3S라는 표현을 사용하는데, 「셀 수×3.7」이 그 배터리 "팩"의 전압이다.

　또한 용량은 각 셀의 용량으로 결정되는데, 예를 들면 2S 1,000mAh 배터리의 경우에는 1셀당 1,000mAh를 2개를 내부적으로 직렬로 접속한 것이다.

　앞서의 사진18에서 말하자면, 3S 1,800mAh 배터리는 1셀당 1,800mAh짜리를 3개 접속하고 있는 것이기 때문에 1,000mAh보다 당연히 크게 만들어져 있다. 사진에서 본 두께와 세로 크기는 거의 비슷하지만, 가로방향 크기는 1,800mAh가 거의 1.8배 정도나 길다.

　마찬가지로 사진19를 보면 잘 알 수 있지만, 같은 1,000mAh 배터리라도 2S와 3S 배터리를 비교해 보면 「두께」는 다르고, 외형적으로는 거의 비슷하다는 것을 알 수 있다. 이것은 1셀당 1,000mAh를 2개 겹쳐 놓았던지 혹은 3개를 겹쳐 놓았는지 하는 차이이기 때문에 2S에 비해 3S 쪽이 1.5배정도 두꺼운 것이다.

　사용하는 배터리의 셀 수는 기체, 모터, ESC에 의해 결정된다는 것을 알았다. 그러면 용량은 어떤 것을 선택하면 될까?

　배터리 용량이라는 것은 그 전류로 1시간 동안 사용할 수 있다는 것을 의미한다. 그렇기 때문에 단위로 mAh(밀리암페어)를 사용한다. 1,000mAh 용량의 배터리는 1A로 1시간 동안 사용할 수 있다는 의미이다. 즉 용량이 큰 배터리일수록 「오랫동안 날릴 수 있다」고 이해해도 된다.

　그러면 배터리는 크면 클수록 오랫동안 비행할 수 있으니까 좋은가 하면 그렇지도 않다.

　먼저 첫째로, 모터와 프로펠러의 성능에 의해 올릴 수 있는 중량이 정해져 있기 때문에 그 중량을 넘지 못 한다. 나아가 유감스럽게도 무거운 것을 매달고 날게 되면, 그 무게를 떠받치고 날기 위한 「파워」가 필요하기 때문에 전기 소모가 빨라진다. 이것은 멀티콥터를 포함해 전동기가 안고 있는 불리한 점 가운데 하나이다. 배터리의 경우 그 내용물, 요컨대 전기를 다 사용했다 하더라도 내용물이 물리적으로 줄어드는 것이 아니기 때문에, 전기를 사용하기 시작하고 나서 다 사용할 때까지, 즉 처음부터 마지막까지 중량이 변하지 않고 항상 같은 무게를 달고 날아야 한다는 것이다.

　한편, 가솔린 등과 같이 연료를 사용하는 엔진기종, 이것은 제트기도 그렇지만, 이륙할 때는 연료를 가득 채우고 날기 때문에 기체가 무거워 불리하지만, 날면 날수록 연료를 소비하면서 기체가 점점 가벼워져 유리한 방향으로 바뀌어 간다. 하지만 전동기의 경우에는 항상 같은 무게를 달고 날아야 하기 때문에, 배터리 전압이 줄면 줄수록 불리한 방향으로 바뀌게 된다.

　이런 사실 때문에 배터리의 적정한 용용은 기체에 따라 정해지는 부분이 많이 있지만, 이 책에서 취급하는 20~30cm 클래스의 기체 같은 경우에는 기존 1,000mAh 클래스가 적당하다. 여러 가지 이유를 살

STEP 3-2 기체 쪽에 사용하는 부품

펴보았는데, 기체마다 권장하는 사이즈가 표시되어 있는 경우가 많으므로 그 사이즈를 선택하면 무난하다.

배터리에는 용량 외에 방전율과 충전율이라는 성능 지표가 있다. 먼저 방전율인데, 이것은 대개의 경우 배터리 라벨에 표시되어 있다. 사진20은 그 예로서, 이 배터리는 20C~30C가 방전율이다. 방전율이나 충전율은 "C(씨)"라는 단위를 사용하는데, 『몇 배의 전류를 흘릴 수 있나』하는 의미이다. 20C 같은 경우는 공식 용량의 20배라는 의미로서, 예를 들면 1,000mAh(1Ah) 배터리로 20C라는 방전율이라면, 20A의 전류를 취할 수 있다는 의미이다. 물론 배터리 『안』에 충전되어 있는 전기의 양은 변하지 않으므로 이런 경우에는 사용할 수 있는 시간이 1/20이 되기 때문에, 1A라면 1시간 동안 사용할 수 있는 배터리를 20C에서 사용하면 3분이면 소비되는 것이다.

 배터리의 방전율 표시

멀티콥터는 소비전력이 상당히 많은 편이어서, 20cm 클래스 기체만 해도 총 소비전력이 150~200W 정도나 된다. 필자의 개인적인 경험으로는 20cm 대각인 기체에 소형 모터를 탑재한 기종 같은 경우, 2S 1,000mAh 배터리로 대략 10분 정도 비행이 가능하기 때문에, 흐르는 전류는 모터 4개를 합해서 6A 정도에 소비전력은 50W 정도가 된다. 다만 이것은 실내에서 호버링에 가까운 상태에서의 조건이고, 야외에서 띄울 때는 소비전력이 더 커진다. 이 정도 클래스의 기체에서 사용하는 모터라도 최대 소비전류가 1개당 6A 정도나 소비하기 때문에 기체 자체의 소비전력은 최대 200W 가까이 된다. 최대전류가 6×4=24가 되기 때문에 20C~30C 정도의 방전율을 가진 배터리가 필요한 것이다.

또 하나의 지표인 충전율도 마찬가지로 C로 표시하는데, 일반적으로 이것은 1C 정도이다. 리튬폴리머의 경우, 비교적 급속충전이 가능한 종류의 배터리이지만, 충전할 때는 1C 정도를 기준으로 충전하도록 한다. 이 때문에 1,000mAh 배터리 같은 경우에는 1A로 1시간을 충전한다.

이 방전율도 배터리 라벨이나 설명서에 표기되어 있으므로, 충전할 때는 충전기에 설정하는 값에 주의하도록 한다. 필자의 경우, 시간이 있을 때는 0.8C정도로 충전하고 있다.

또한 충전할 때는 「밸런스」충전을 하도록 한다. 밸런스 충전이라는 것은 내부 셀 사이의 편차를 줄이는 충전방법으로서, 밸런스 충전을 하려면 대응하는 충전기가 필요하다. 충전기 취급설명서를 잘 읽고 조작하기 바란다.

더불어 리튬폴리머에 관한 일반적 주의사항도 잘 지켜주기 바란다. 예를 들면, 부풀어 오르면 사용하지 않는 등, 조금이라도 이상이 파악되면 사용을 중지하도록 한다. 어쨌든 멀티콥터 같은 항공용 기체의 경우 심각한 사고가 발생했을 때는 그 배터리는 사용하지 않는 것이 안전하다.

배터리는 몇 개를 갖고 있는 것이 좋을까? 이것도 고민스러운 부분이다. 어느 기체를 10분간 날리려고 할 때, 충전에 1시간 정도가 걸린다고 생각하면 2~3개는 같은 배터리를 갖고 있는 것이 좋을 것이다. 6개정도 있어야 하지 않을까 생각할지 모르지만, 한번 비행했던 기체는 얼마간 열이 발생하기(모터나 ESC) 때문에 조금 식히는 편이 안전하므로 배터리는 2~3개가 적당하다고 본다.

7 | PDB

Power Distribution Board 내지는 Printed Distribution Board의 약어로, 배터리에서 각 ESC로 전원을 배분하는 역할을 하고, 프린트 기판으로 만들어진 것을 말한다.

멀티콥터의 경우, 복수의 ESC를 사용할 뿐만 아니라 전류용량이 크기 때문에 배선을 배분하기가 상당히 번거롭다. 그래서 프린트 기판을 사용해 전원을 배분하도록 만든 것이 PDB이다. 기본적으로 PDB에는 ESC에서 나오는 전원선을 납땜해 사용하지만, PDB 상에 XT60 등의 커넥터가 탑재되어 있어서 납땜을 하지 않고 사용할 수 있는 것도 있다. 또한 기체와 이 PDB가 일체화된 것도 있어서 Integrated 등으로 불린다.

PDB를 사용하지 않을 때는 배터리 접속용 커넥터에서 ESC로 직접 선을 납땜해 사용하든지 혹은 커넥터를 사용해 배분하는 멀티 콘센트 같은 제품도 판매되고 있다.

8 | 플라이트 컨트롤러

드론이 드론이라고 불리는 이유가 이 플라이트 컨트롤러에 있을지 모른다. 멀티콥터의 기체안정화나 자율비행제어 등을 하는 것이 이 플라이트 컨트롤러이기 때문이다. FC 혹은 FCS로 불리는 경우도 있다.

플라이트 컨트롤러는 다양한 제품이 판매되고 있는데, 그 중에는 잘 모르는 것도 많이 있다. 저렴한 것부터 고가 제품까지 다양하지만, 여기서는 자체 제작에서 많이 사용하는 타입의 플라이트 컨트롤러를 몇 가지 소개하겠다. 플라이트 컨트롤러의 각종 기능이나 설정방법에 대해서는 제3장에서 자세히 설명할 것이므로 여기서는 간단히 몇 가지 컨트롤러에 대해서만 알아본다.

최근에는 공중촬영에 드론을 사용하는 경우도 많기 때문에 플라이트 컨트롤러에는 「짐벌 컨트롤」이라고 부르는, 카메라의 "받침대"를 제어하는 기능을 탑재한 것도 많이 있다.

STEP 3-2 기체 쪽에 사용하는 부품

① KK 2.1.5

롤프 R. 바케(별명:캡틴쿡)씨가 설계한 멀티콥터 제어 보드 가운데 KK 플라이트 컨트롤러러 불리는 다양한 버전이 있다. 사진21 속 제품은 KK 2.1.5로 불리는 컨트롤러로, HobbyKing이 제조, 판매하기 때문에 HK KK 2.1.5로 불리기도 한다(HobbyKing 제품은 HK를 붙여 부르는 경우가 많다).

> **칼럼 기체의 제어모드에 대해**
>
> 기체안정화 모드는 플라이트 컨트롤러의 종류에 따라 호칭이 약간 다르다. 기본적으로는 이 모드를 조종기의 AUX1이나 AUX2로 전환해 사용한다. 흔히 말하는 플라이트 모드 전환이다. 이 책 말미의 「곤란해졌을 때는?」에서 「MultiWii에서 플라이트 모드를 설정하려면?」도 참조해 주기 바란다.
>
> OpenPilot의 경우, MultiWii의 안정화에 대해서는 권말 자료인 「곤란해졌을 때는?」의 「기체 제어 모드란?」도 참조해 주기 바란다.

 HK KK 2.1.5

이 컨트롤러의 특징은 보는 바와 같이, 액정과 버튼이 달려 있다는 것이다. 왜 달려 있느냐면, 기본적으로는 이 보드로만 각종 설정을 한 다음 띄울 수가 있어서 컴퓨터를 필요로 하지 않기 때문이다. 기체의 종별을 선택하거나(사진22), 모터의 회전방향을 확인하거나(사진23), 각종 설정을 할 수도 있다(사진24).

사진22 기체 셋업

 사진23 모터 회전방향

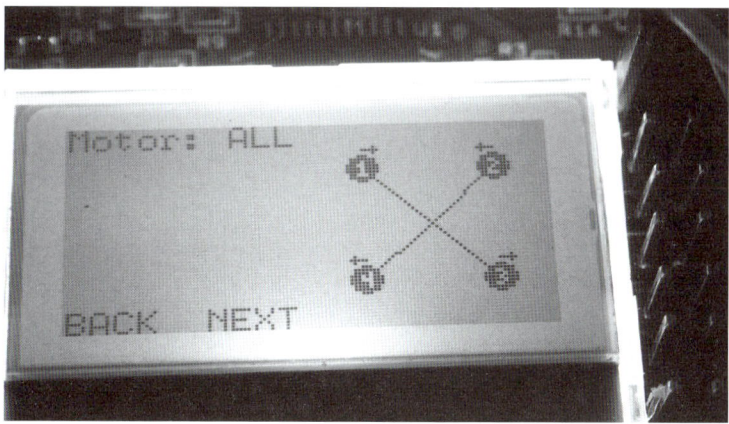

사진24 세세한 설정

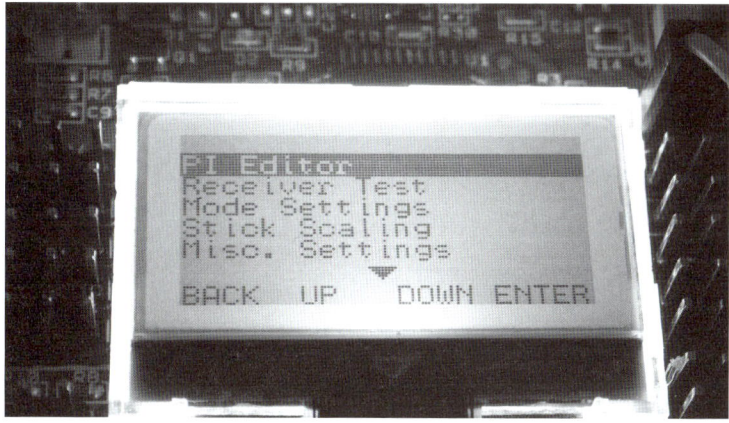

STEP 3-2 기체 쪽에 사용하는 부품

컴퓨터를 사용하지 않고 설정을 할 수 있기 때문에 간단하고 사용하기 편리한 컨트롤러 가운데 하나이지만, 초기상태 설정에서는 제어가 너무 잘 돼 오버할 수 있으므로 설정을 조금 조정해야 한다는 점과, 이륙할 때 거동이 약간 이상하다(이륙할 때 기운다)는 점이 있지만, 여기에 대해서는 자세히 다루지는 않을 것이다. 헬리콥터나 멀티콥터에 조금이라도 익숙한 사람이라면 아무렇지 않게 사용할 수 있으나, 초보자의 경우는 아무것도 모르면 당황할지 모르므로 간단히 소개하는 정도로만 다루겠다.

② MultiWii롤프

아마도 가장 대중적인 오픈 소스의 플라이트 컨트롤러일지 모른다. 하드웨어/소프트웨어 모두 오픈소스로 개발되고 있기 때문에 정보가 풍부하고 기능도 풍부하다. 폭넓은 용도로 사용되고 있으며, 시판 중인 드론의 컨트롤러에서도 MultiWii를 베이스로 한 것이 적지 않다. 대중적일뿐만 아니라 여기서 파생된 컨트롤러도 많이 있다.

사진25가 표준이라고도 할 수 있는 MultiWii계통 보드로서, CRIUS MultiWii SE 2.5이다. 다른 오픈소스 하드웨어와 마찬가지로 MultiWii도 그 파생이나 복사품(이라고 하는 것이 적절한지 어떨지 모르겠지만)이 많이 나돌고 있어서, 이젠 어떤 것이 진품인지 모를 때도 있다. 예를 들면 사진26은 MultiWii SE 2.5로 판매되는 제품이지만, CRIUS의 복사품 같은 느낌(세척이 좋지 않다)이 있다. 그래서 구입할 때는 신뢰할 수 있는 곳을 통해 구입하는 수밖에 없는 상황이다.

그렇긴 하지만 호환품 등이 나와 있어서 좋은 점도 있는데, 바로 시장전체로 보았을 때 가격이 올라가지 않고 있다는 점이다.

 CRIUS MultiWii SE 2.5

사진26 다른 경로로 구입한 MultiWii

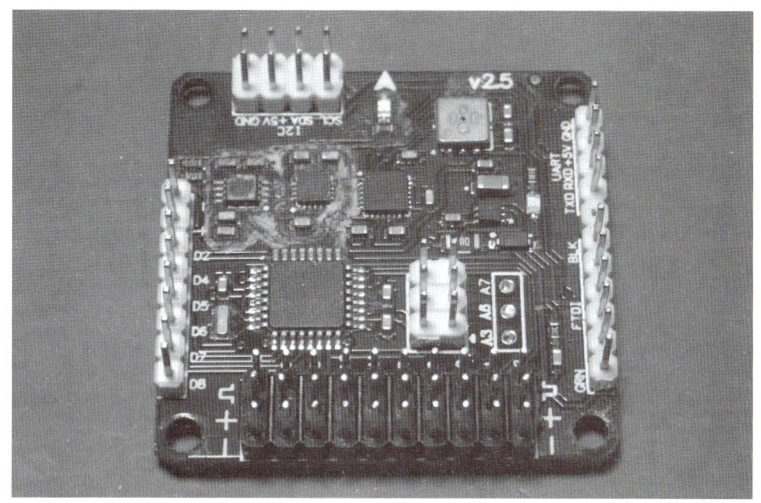

기본적으로 MultiWii는 아두이노(Arduino) 베이스의 컨트롤러로, MultiWii를 사용하려면 아두이노의 개발환경과 지식이 필요하다. 또한 컴퓨터와 연결해 작업하기 위해서는 FTDI USB 시리얼 컨버터가 필요하기 때문에 갖고 있지 않을 때는 구입할 필요가 있다. 사진27과 같이 이 컨버터를 매개로 컴퓨터와 접속해 프로그램을 입력하거나 조정한다. 이미 아두이노를 사용하는 경우(Pro Mini 등)에는 이 FTDI USB 시리얼 변환기를 갖고 있을지도 모르지만, 사용할 수 있는 것은 5V 타입뿐이기 때문에 주의하기 바란다.

사진27 프로그램이나 설정을 하려면 FTDI 변환기를 사용한다.

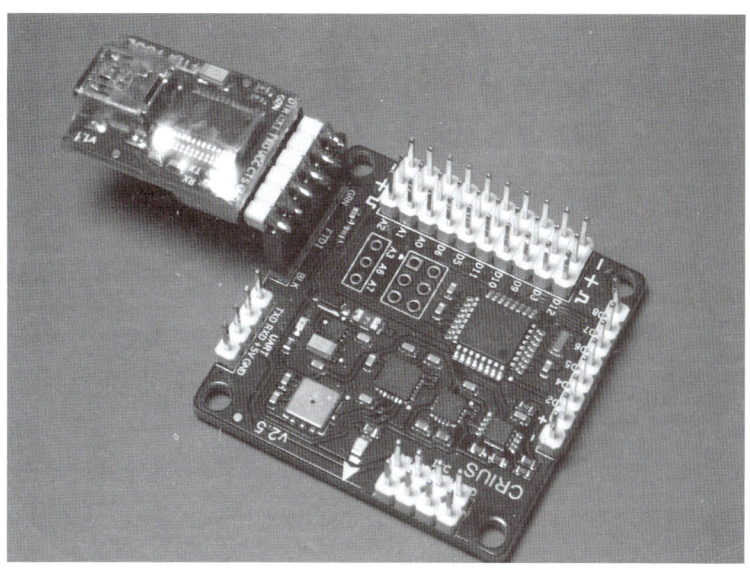

한편 펌웨어로는(플라이트 소프트웨어로는) MultiWii를 사용하기는 하지만 보드 자체는 CRIUS MultiWii와는 다른 것도 있다.

STEP 3-2 기체 쪽에 사용하는 부품

MultiWii보다 고기능 컨트롤러는 CRIUS MultiWii All In One Pro(AIOP)가 있다(사진28). AIO라는 이름으로 팔리는 경우도 있다. 가격은 대략 70달러 정도이다.

 CRIUS MultiWii All In One Pro(AIOP)

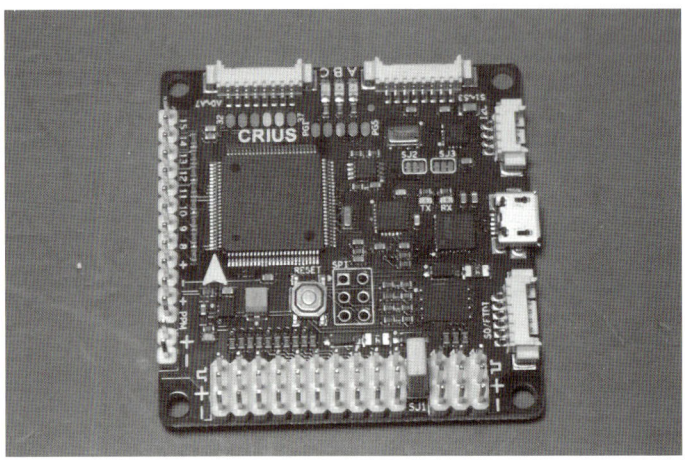

사진에서 보듯이 커넥터가 많이 붙어 있고 I/O 수가 많기 때문에, 각종 센서를 증설하기에 적합하다. 기판에 micro USB도 탑재하고 있어서 컴퓨터와 접속하는 것도 간단하다. CPU는 ATmega2560를 사용하고 있기 때문에, CPU와 메모리 성능이 모두 좋아서 더 복잡한 처리도 가능하다. 이것도 아두이노 호환으로서, 아두이노 MEGA와 호환된다.

조금 재미있는 컨트롤러도 소개할까 한다. 이것 또한 HobbyKing 제품으로 HK MultiWii 328P with FTDI(사진29)이다. 보드 위에 USB 커넥터가 있어서, 요컨대 FTDI의 USB 시리얼 변환이 보드에 탑재되어 있는 것이다. 이 보드를 사용하면 기체에 직접 USB를 삽입해 설정 등을 할 수 있어서 편리하다.

 HK MultiWii 329P

MultiWii와 그 호환보드의 대부분은 MultiWii의 소프트웨어로 지원되는데, 잘 알려진 보드 같은 경우는 간단한 설정으로 움직일 수 있다(화면1). 이 방법에 대해서는 뒤에서 자세히 설명하겠다.

화면1 MultiWii의 설정화면(MultiWii Conf 2.4)

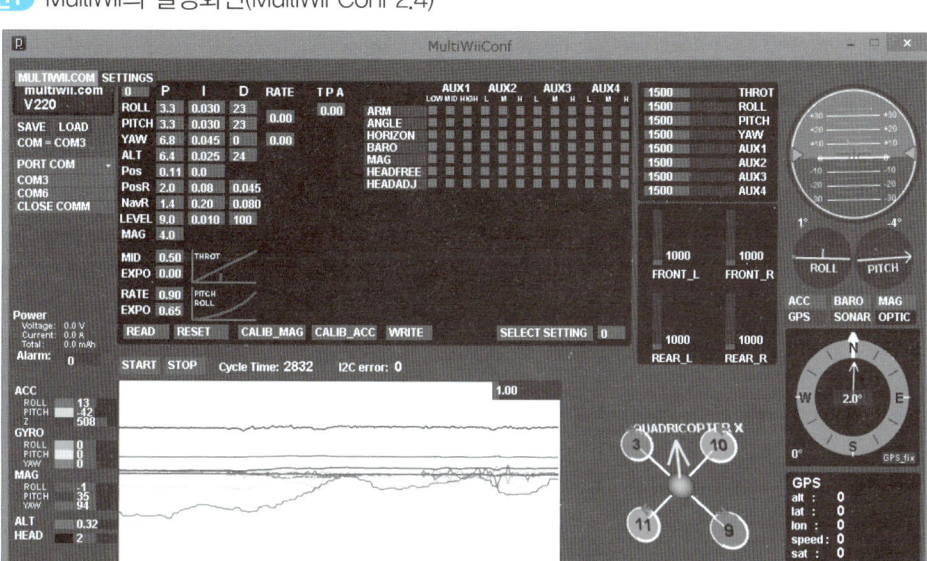

③ OpenPilot CC3D/CC3D atom

이것도 오픈소스 플라이트 컨트롤러이다. 현재의 MultiWii에 비해 기능적으로 부족한 부분도 있지만, 기본 비행성능은 충분 이상이다. 해외 동향을 보면 항공촬영보다도 스턴트나 레이스용 기체에 많이 사용되고 있다.

OpenPilot "순정"이라 할 수 있는 컨트롤러가 있기는 있지만 지금은 거의 판매되지 않고 있으며, CC3D/CC3D atom도 거의 모두 호환품이다. 예전에는 OpenPilot CC3D는 고가의 플라이트 컨트롤러였지만, 호환품 덕분에 지금은 싸게 구입할 수 있는 컨트롤러 가운데 하나가 되었다. 그렇기는 하지만 하드웨어 자체는 비교적 오래 된 축에 속한다. 최신판이라 할 수 있는 OpenPilot Revolution조차도 2년 전 것으로, Revolution은 현재 구입하기가 너무 어려워 거의 안 팔리고 있다.

사진30이 OpenPilot CC3D이다(CC는 Copter Control의 약어). 최근 많이 사용하는 35mm×35mm 사이즈의 보드이지만, 32bit CPU를 탑재한 마이크로컴퓨터 보드이다. CC3D atom은 사진31처럼 아주 작은 보드이다. 기능적으로는 CC3D와 똑같지만 더 작게 집약된 보드라고 할 수 있다. 사진32처럼 케이스에 넣은 것도 판매되고 있고, 작지만 다루기 쉬운 컨트롤러이다. 사진 2장을 비교해 보면 알 수 있지만 ESC를 접속하는 부분의 핀은 앵글(구부러져 있다) 타입과 스트레이트 타입 2종류가 있는데, 사용하는 기체에 따라 사용하기 편리한 타입을 구입하는 것이 좋다. 한편 CC3D계는 특수한 커넥터(아주 작다)를 사용해 수신기와 접속하기 때문에 대개 전용 케이블이 첨부되어 있다(사진33). 이 커넥터만 구입해서 가공하기에는 상당히 번거로우므로 CC3D를 구입할 때는 케이블이 들어 있는지 꼼꼼히 확인하도록 한다.

STEP 3-2 기체 쪽에 사용하는 부품

사진30 OpenPilot CC3D

사진31 OpenPilot CC3D atom

사진32 HobbyKing의 CC3D atom

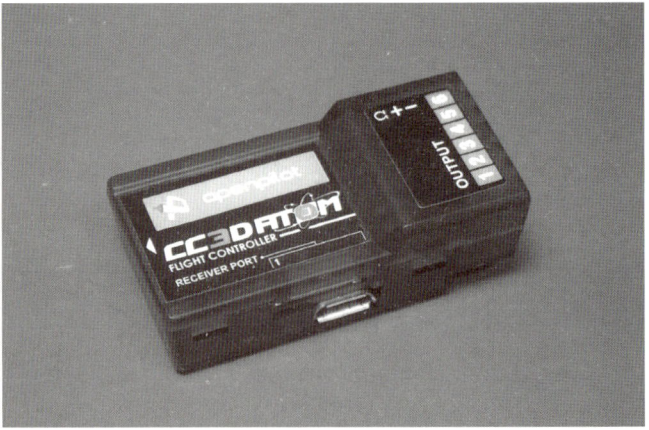

사진33 케이스로 보호한 CC3D atom

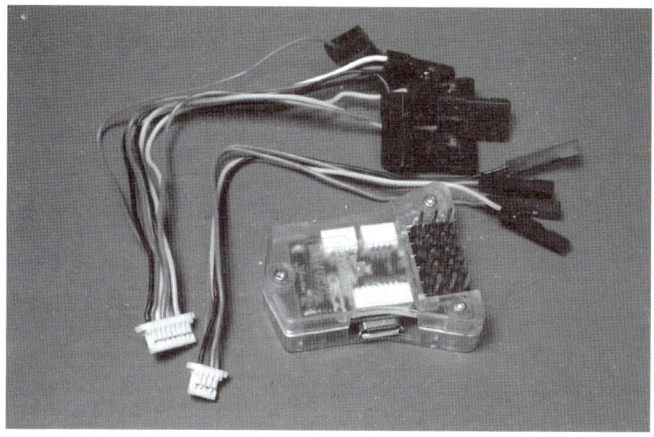

후타바의 경우는 조금 알기가 어렵게 되어 있다. 후타바의 서보 커넥터 쪽에는 고리가 있고, 수신기 쪽에는 홈이 나 있어서 방향에 맞춰 끼우기만 하면 되기 때문에 수신기에 신호별 종류가 표시되어 있지 않다. 사진3처럼 고리가 들어가는 쪽이 신호이고, 중앙이 전원+, 반대쪽이 전원-이기 때문에, 위치만 틀리지 않으면 고리가 없는 커넥터를 삽입해도 문제는 없다.

화면2 OpenPilot 설정화면(OpenPilot GCS))

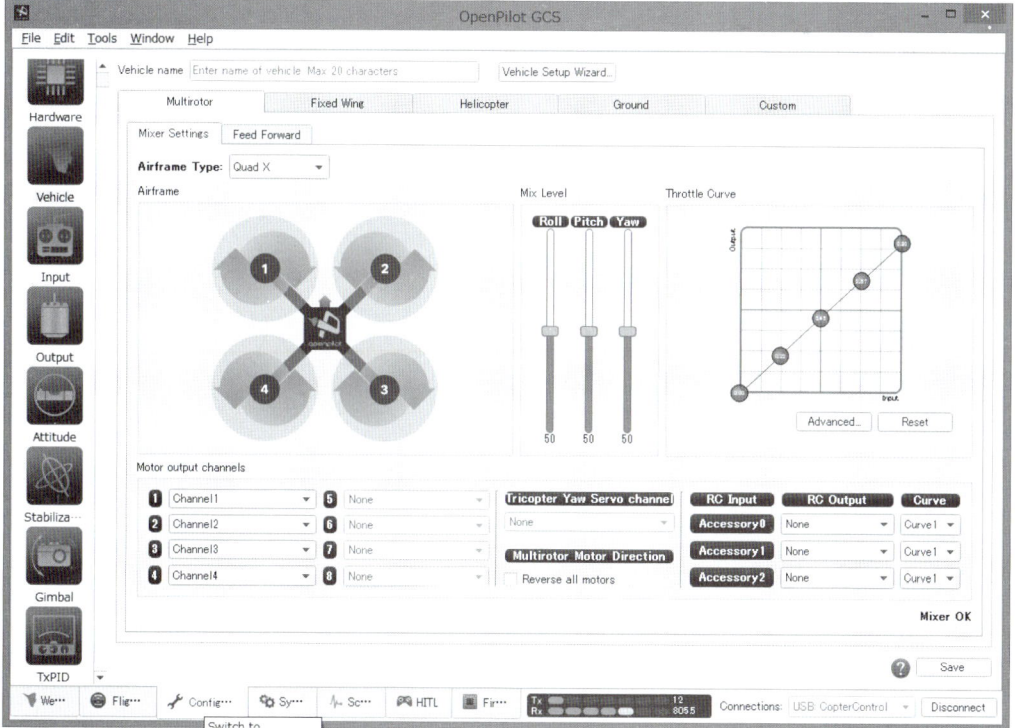

STEP 3-2 기체 쪽에 사용하는 부품

9 | 드론 부품은 어디서 구입할까?

국내에서 RC를 다루는 모형점이나 통신판매, 아마존 등을 통해서 구입할 수 있다. 단, 아마존에서 판매되는 것은 해외발송이기 때문에 도착할 때까지 시간이 걸릴 수 있기 때문에 주의하기 바란다. 조종기 종류는 국내 모형점이나 통신판매로 사는 것이 싸고 틀림이 없다.

그렇긴 하지만 국내에서는 아직 드론/멀티콥터의 부품이 유통되는 양이 적고, 구입하기 어려운 경우도 있다. 만약 해외통신판매를 통해서 구입할 계획이라면 HobbyKing(http://www.hobbyking.com)을 추천한다. 다양한 재고가 풍부하고 쌀 뿐만 아니라 한국어로도 볼 수 있다. 결제는 신용카드나 페이팔(PayPal)로도 가능하다. 멀티콥터를 자작하는 사람은 상당히 자주 이용하는 사이트이다. 통상 하비킹이라고 부른다. 국내향 경우에는 대부분이 홍콩에서 발송하기 때문에 1주일에서 10일 정도면 도착한다.

프레임은 전 세계에 다양한 개리지 메이커가 많이 있다. 이 책 모두에서 소개한 Armattan Canada도 그 가운데 하나이다. 인터넷으로 검색해 보면 재미있는 프레임을 발견할지도 모른다. 어쨌든 지금 상태에서 250 사이즈의 FPV 레이서용 기체는 시장에 많이 나와 있다.

STEP 3-3 드론을 위한 RC기초지식

여기서는 드론을 만들기 위한 RC의 기본적 지식에 대해 설명하겠다. 특정 기체가 아니라 범용적인 RC에서 필요로 하는 지식이다.

1 수신기와 서보모터

조종기 해설에서 RC에서는 송신기와 수신기가 있고 그 사이에서 조작을 주거니 받거니 한다는 것을 알았다. 일반적인 RC에서는 서보모터를 사용해 각 부분을 동작시킨다. 고정익기 같으면 각 날개에 장착되어 있는 에일러론이나 엘리베이터, 러더가 조작 대상이다.

이것들을 움직이는 것이 서보모터로서, 서보모터는 스틱 조작량에 맞춰 움직인다. 즉 전기적인 변화를 기계적인 물리량으로 변환하는 작용을 하는 것이다.

통상 서보모터는 수신기에 직접 접속한다. 일반적인 수신기와 서보모터의 접속은 다음 그림1과 같다.

 수신기와 서보의 접속

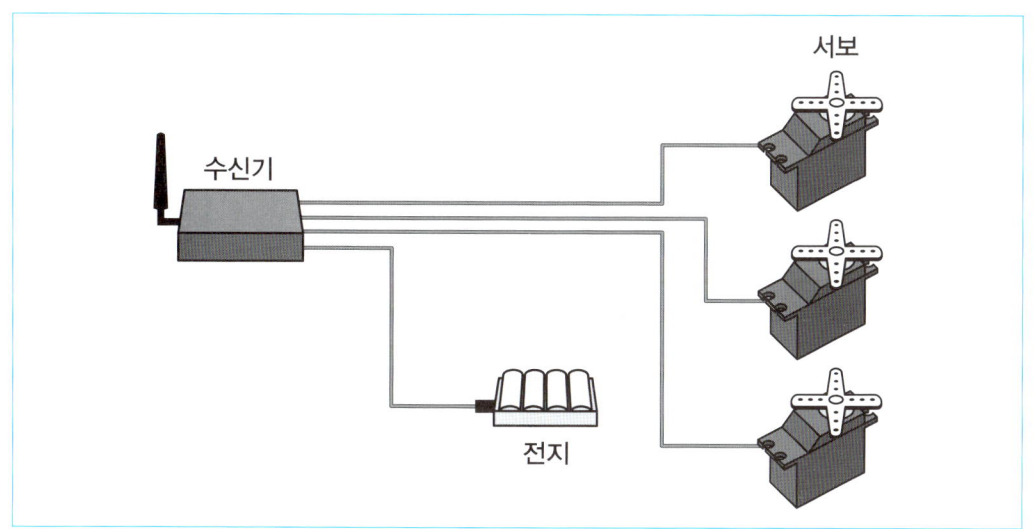

STEP 3-3 드론을 위한 RC기초지식

수신기와 서보모터는 전원을 필요로 하기 때문에 내부에 전원을 갖지 않은 기체, 예를 들면 엔진 비행기라든가 엔진 헬리콥터 같은 경우에는 별도로 전원용 전지를 탑재하고 있어서 그럼처럼 접속하게 된다. 즉, 수신기에서 서보모터 쪽으로 전원이 공급되는 것이다.

전동기의 경우에는 그림2와 같이 ESC를 통해 모터의 전원에서 수신기나 서보로 전원이 공급된다. 이것이 BEC의 구조라는 것은 ESC를 설명할 때 소개했다.

 ESC를 사용하는 경

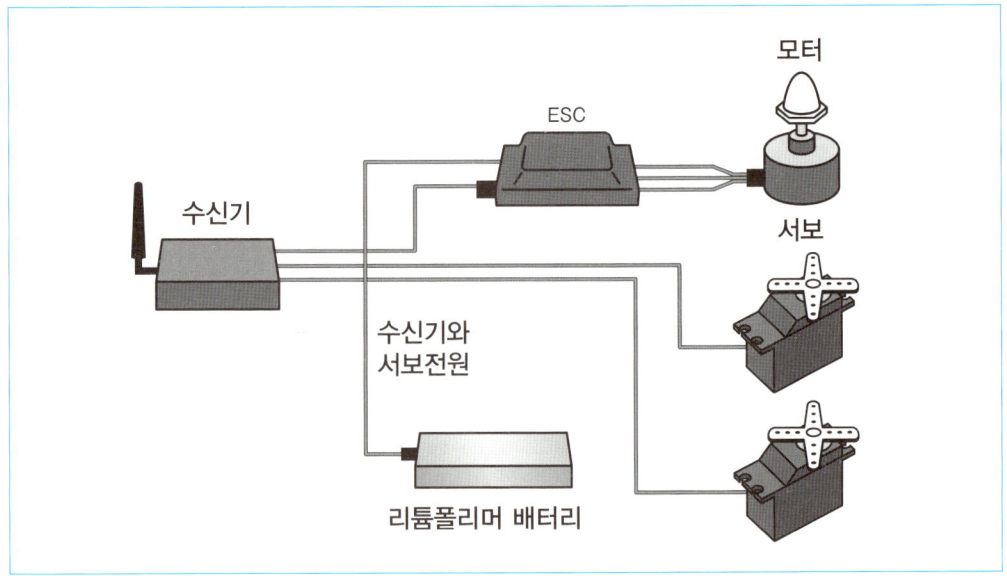

이 경우에는 모터용 배터리에서 BEC를 통해 수신기로 전원이 공급되고, 거기에서 각 서보모터로 전원이 공급된다.

수신기와 서보를 접속하는 부분은 서보 케이블이라 부른다. 이 케이블과 커넥터 형상은 메이커에 따라 미세하게 다르긴 하지만, 대개 호환이 되기 때문에 다 사용할 수 있다.

서보 케이블의 커넥터는 사진1과 같다.

 서보 케이블

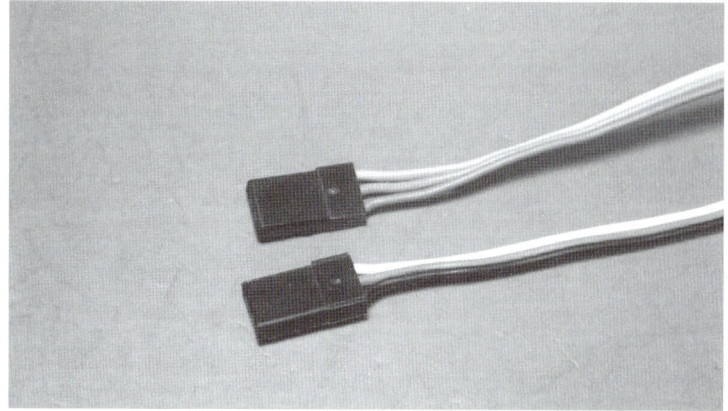

선이 3개밖에 없어서 간단하므로 색과 신호 관계를 기억하는 것이 좋다(표1).

 색과 신호의 관계블

	JR	후타바
신호	오렌지색	백색
전원+	적색	적색
전원-	차색	흑색

수신기 쪽을 잘 살펴보면 사진2처럼 어느 핀이 어느 신호인지 표시된 것이 있다. 이 수신기는 JR 것인데, 보는 바와 같이 마이너스와 플러스, 신호인 것을 알 수 있다.

 핀 배치

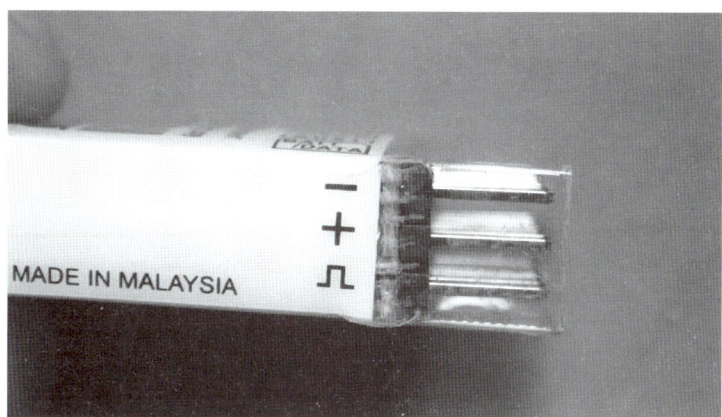

후타바의 경우는 조금 알기가 어렵게 되어 있다. 후타바의 서보 커넥터 쪽에는 고리가 있고, 수신기 쪽에는 홈이 나 있어서 방향에 맞춰 끼우기만 하면 되기 때문에 수신기에 신호별 종류가 표시되어 있지 않다. 사진3처럼 고리가 들어가는 쪽이 신호이고, 중앙이 전원+, 반대쪽이 전원-이기 때문에, 위치만 틀리지 않으면 고리가 없는 커넥터를 삽입해도 문제는 없다.

STEP 3-3 드론을 위한 RC 기초지식

후타바의 경우는 조금 알기가 어렵게 되어 있다. 후타바의 서보 커넥터 쪽에는 고리가 있고, 수신기 쪽에는 홈이 나 있어서 방향에 맞춰 끼우기만 하면 되기 때문에 수신기에 신호별 종류가 표시되어 있지 않다. 사진3처럼 고리가 들어가는 쪽이 신호이고, 중앙이 전원+, 반대쪽이 전원-이기 때문에, 위치만 틀리지 않으면 고리가 없는 커넥터를 삽입해도 문제는 없다.

 후타바의 경우

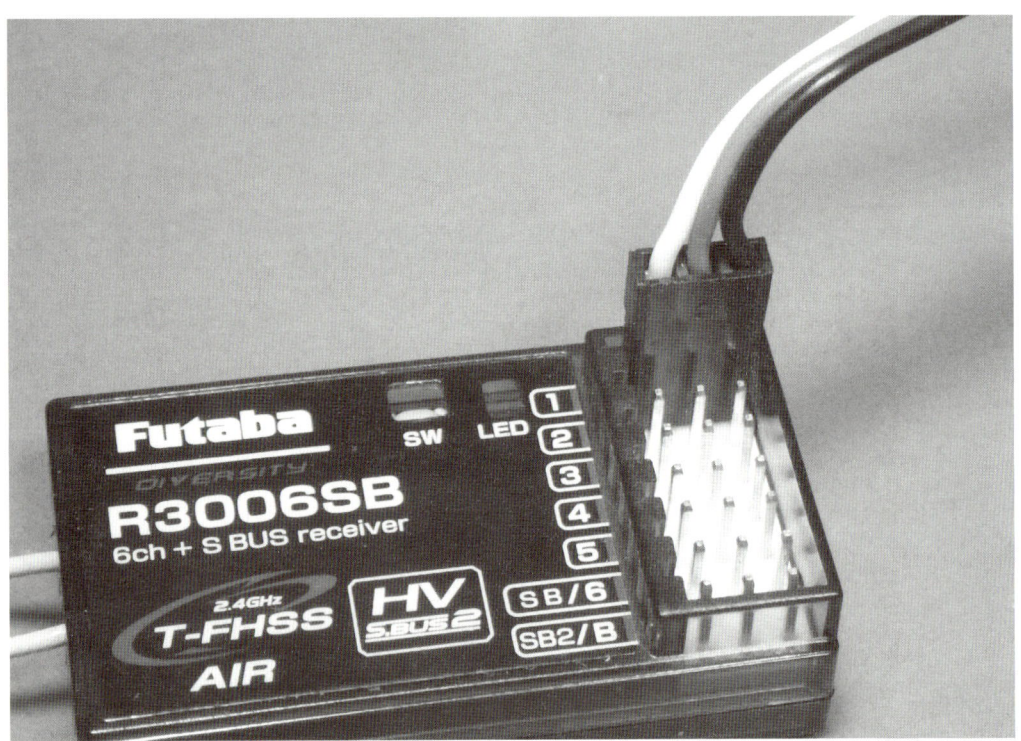

보통 RC의 경우에는 이런 식으로 수신기와 서보를 접속하지만, 멀티콥터의 경우에는 접속이 조금 다르다. 무엇보다 최근 RC에서는 플라이트 컨트롤러나 자이로 컨트롤러를 사용하는 것도 있어서 위와 같이 접속이 간단하지만은 않다.

드론 등과 같은 멀티콥터의 접속에서 가장 기본적인 것은 다음 그림3과 같다.

그림3 수신기와 플라이트 컨트롤러의 접속

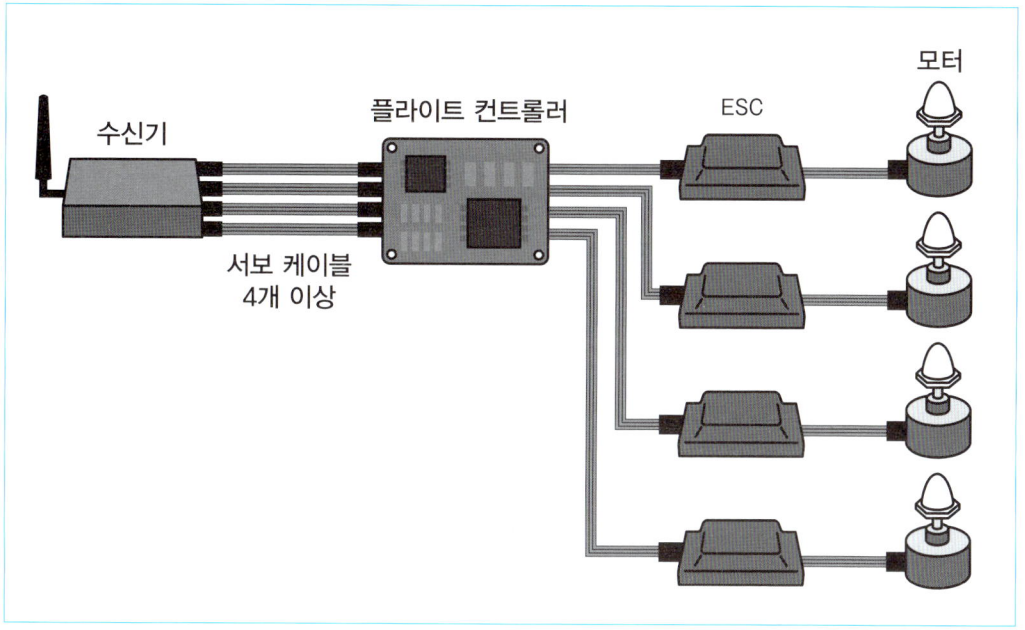

　수신기의 접속 끝은 플라이트 컨트롤러이다. 조종할 때는 RC 송신기를 통해 비행기와 똑같이 조작하기 때문에 수신기로부터의 신호는 모두 플라이트 컨트롤러로 보내진다. 하지만 조작하는 대상은 비행기의 키(舵)가 아니라 각 모터의 속도이기 때문에, 실제로는 어느 모터의 속도를 변화시킬지 또는 어느 모터와 어느 모터를 조합해 제어할지 같은 복잡한 처리가 필요한데, 플라이트 컨트롤러가 올바르게 처리를 변환한다.

　여기서 한 가지 의문이 생긴다. 도대체 수신기의 전원은 어디에서 공급되느냐는 것이다.

　이 경우도 사실은, BEC에 의해 모터용 배터리로부터 공급되지만, 전원은 플라이트 컨트롤러를 통해 서보 케이블 경유한 다음 수신기로 공급된다(그림4).

STEP 3-3 드론을 위한 RC기초지식

 BEC로 수신기에도 전원이 공급된다.

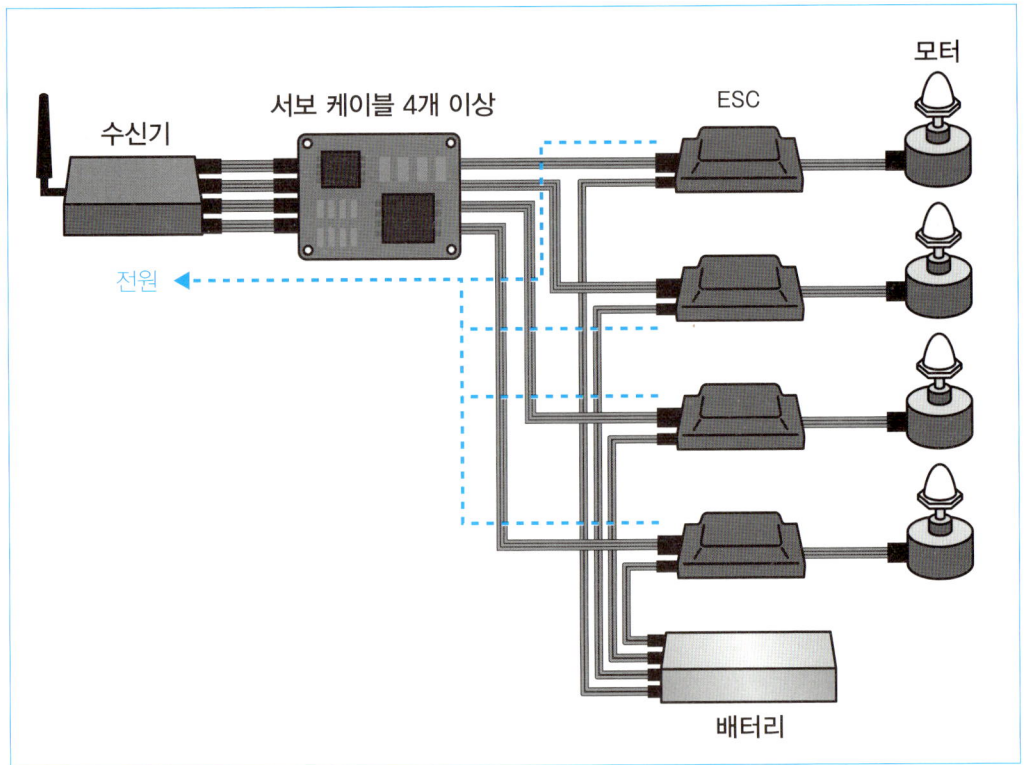

그림 같이 전원공급이 이루어지기 때문에 BEC가 내장된 ESC를 사용하는 경우에는 플라이트 컨트롤러나 수신기 전원에 대해 특히 배려할 것은 없다.

수신기와 플라이트 컨트롤러 사이의 접속은 소정의 신호를 소정의 부위에 접속하는 것이 기본이다. 그림 속 (그림3)에서 4개 이상으로 적혀 있는 것은 기본동작을 하는 스로틀, 에일러론, 엘리베이터, 러더 4가지가 최소한 필요한 것이고, 거기에 추가적으로 플라이트 모드를 전환하는 채널이 1 또는 2채널을 사용하면 4~6개의 서보 케이블이 접속되는 것이다. 이때 사용하는 케이블은 어느 쪽이든 커넥터가 달린 사진4와 같은 케이블이다.

 BEC로 수신기에도 전원이 공급된다.

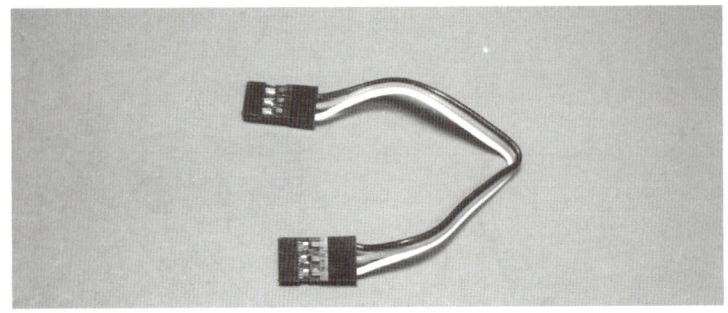

수신기와 플라이트 컨트롤러 접속의 기본은 이런 케이블을 여러 개 사용하는 것이다. 다만, 이 책에서 다루는 플라이트 컨트롤러, OpenPilot CC3D/atom과 MultiWii SE 2.5는 약간 변칙적인 접속방법을 취하기 때문에 주의해야 한다.

원래 서보 케이블은 서보 모터 전원을 공급할 필요가 있었기 때문에 반드시 3개가 1세트로 된, 사진 속 같은 케이블을 사용했지만 앞서의 그림처럼 수신기는 플라이트 컨트롤러에서 전원만 공급받기 때문에 어느 쪽이든 하나만 3개 한 세트로 접속하고, 나머지는 신호를 전달하는 선 1개로만 접속하는 케이블이 증가하고 있다.

OpenPilot CC3D/atom의 경우에는 플라이트 컨트롤러 쪽이 특수한 소형 커넥터를 사용하고 있기 때문에 전용 케이블을 이용한다. 부속된 전용 케이블 가운데 적백흑 선을 사용한 것이 스로틀용으로, 사진5는 후타바의 수신기 모습인데, 후타타의 경우에는 CH.3이 스로틀이기 때문에 3개선이 들어간 커넥터를 CH.3에 넣는다. 스로틀 양쪽 사이드 등에 어느 선이 1개밖에 연결되지 않은 것은 각 신호만 수신기에 접속하지만, 순서대로 에일러론, 엘리베이터, 러더 순이기 때문에 각각을 각 채널 신호의 핀에만 꽂히게 넣는다. JR의 경우에는 사진6과 같다.

사진5 우측에서 3번째가 「선 3개가 들어 있는」커넥터이다.

사진6 JR의 경우에는 우측 끝이 「선 3개가 들어 있는」커텍터이다.

3-3 STEP 드론을 위한 RC기초지식

OpenPilot CC3D/atom의 커넥터 접속은 그림5와 같이 정리해 보았다.

그림5 OpenPilot CC3D/atom의 커넥터 접속

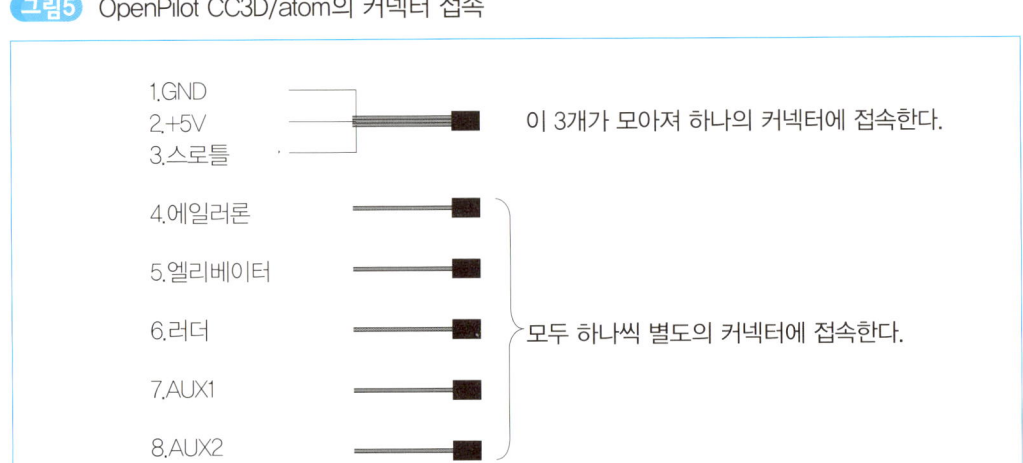

MultiWii SE의 경우에는 플라이트 컨트롤러 쪽이 평범한 핀이지만 배치가 조금 까다롭게 되어 있다. 사진7을 봐주기 바란다. 우측 끝에서부터 -, +, D2 순으로 되어 있는 것을 알 수 있다. 이 경우에는 먼저 끝 쪽 3개에 3가닥 선이 들어 있는 서보 케이블을 접속해 -, +가 수신기의 -, +에 접속하게 한 다음, D2가 스로틀에 들어가도록 접속한다(사진8). 그 옆의 D4, D5, D6, D7은 신호만 연결하면 되기 때문에 부속된 케이블 가운데 한 쪽이 3개가 들어가고 반대쪽이 각각 1개씩 들어간 커넥터 3개로 되어 있는 경우에는 그림9와 같이 사용해 각 신호와 접속한다.

사진7 MultiWii의 수신기 접속부분

사진8 먼저 이 부분에 「3선 커넥터」를 접속한다.

사진9 다음은 「한 개씩」접속한다.

MultiWii SE의 핀 배열은 다음과 같다(그림6).

STEP 3-3 드론을 위한 RC 기초지식

 MultiWii SE의 핀 배열

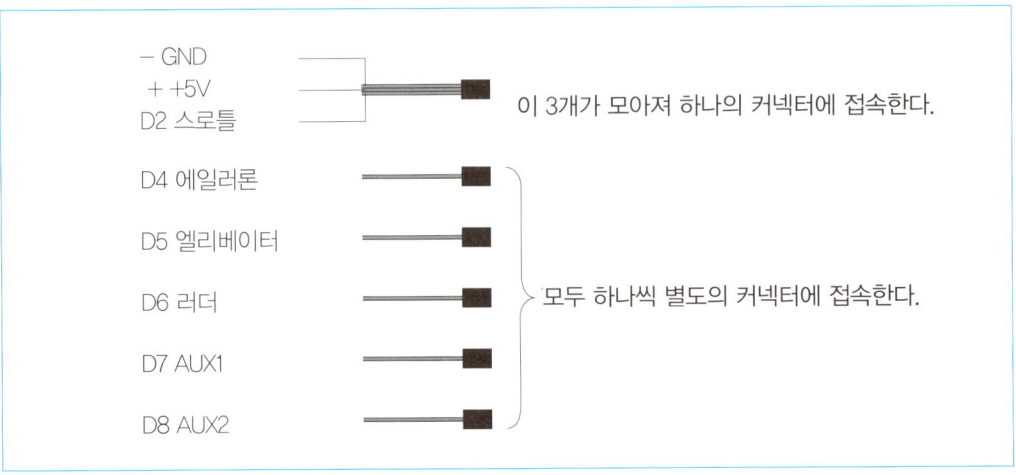

덧붙이자면, 「제각각」인 케이블이 부속되어 있지 않을 때는 사진10처럼 보통 서보 케이블을 1핀만 끼우는 방법으로 접속해도 되지만 케이블이 상당히 방해를 준다.

 보통 서보 케이블로 연결하는 경우

플라이트 컨트롤러에 따라서는 사진11처럼 어디에 무엇을 연결할지가 이름으로 적혀 있는데, 그런 경우에는 이름에 맞춰서 수신기와 접속한다(표2). 덧붙이자면, 이 사진은 HK MultiWii 328P with FTDI이다.

 접속할 기능이 적혀 있는 모습

 이름에 맞춰 수신기와 접속한다

명칭	수신기
THR	스로틀
ROL	에일러론
PIT	엘리베이터
YWA	러더

또한 사진12와 같이 각 신호(전원의 플러스마이너스와 신호)도 기판에 적혀 있는 경우가 있으므로 주의해서 관찰하도록 한다.

 S가 신호, +와 어스 마크가 전원

STEP 3-3 드론을 위한 RC기초지식

여기서 JR/후타바의 접속을 정리해 보겠다(그림7~10).

 그림7 JR일 때의 접속

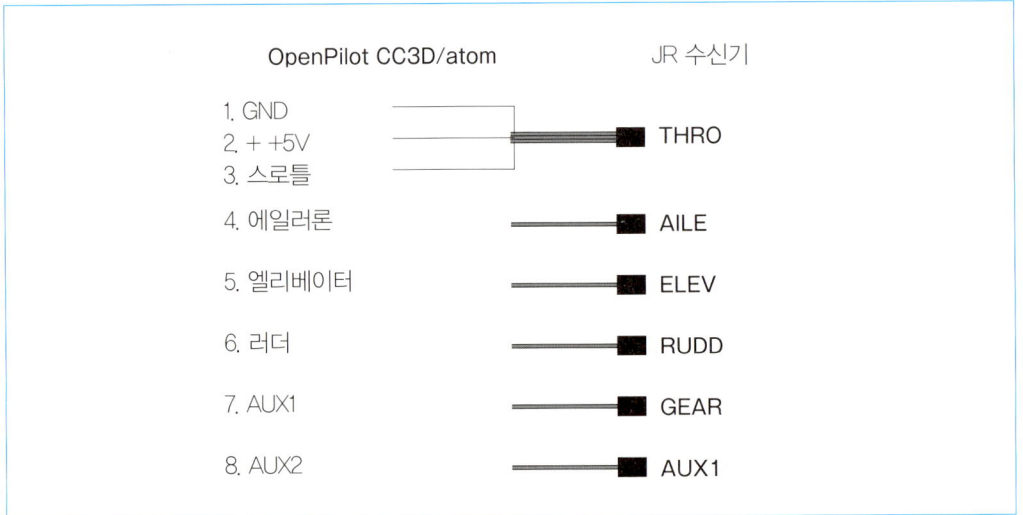

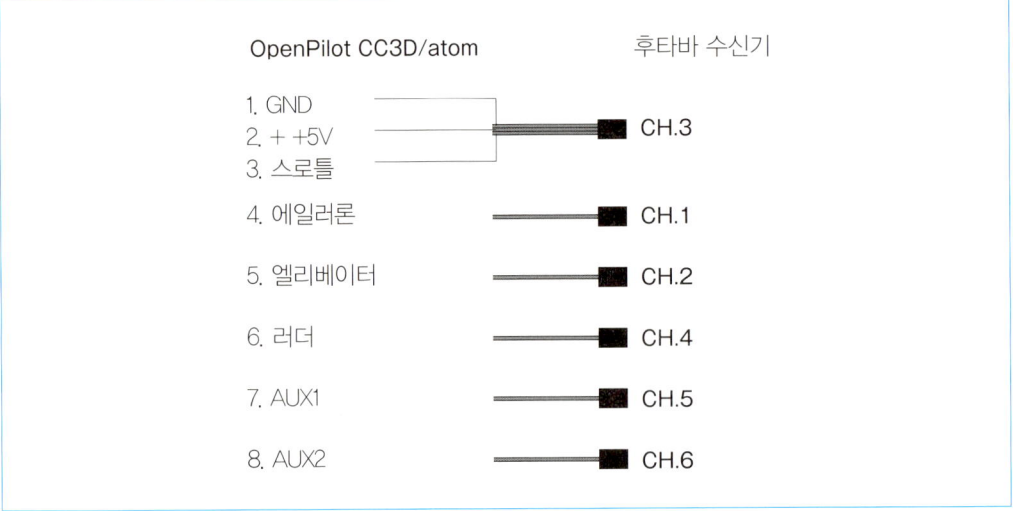

그림8 후타바일 때의 접속

그림9 MultiWii SE 2.5와 JR수신기를 사용할 경우

그림10 MultiWii SE 2.5와 후타바 수신기를 사용할 경우

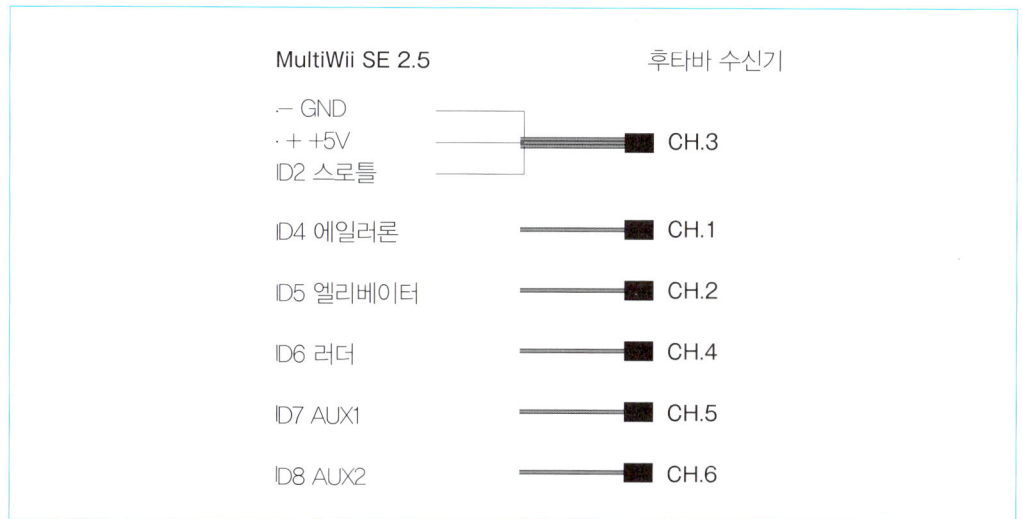

한편, AUX1/2는 플라이트 모드를 전환할 때만 사용하기 때문에 사용하기 쉬운 위치의 스위치를 접속한다. AUX1,2를 바꿔서 접속해도 문제는 없다.

STEP 3-3 드론을 위한 RC기초지식

> **주의**
>
> 이 책에서는 "보통의" 접속방법을 소개하고 있다. 이것은 PWM신호방식이라 하는 것으로, 한 가지 기능에 한 가지 선을 필요로 하는 기존방식이다. 플라이트 컨트롤러 중에는 PPM이나 버스접속방식에 대응하는 것도 있지만 여기서는 자세히 다루지 않는다.

2 | ESC의 캘리브레이션

ESC는 그대로는 사용하지 못하는 것이 많고 처음에 캘리브레이션(較正)이라는 작업이 필요하다. OpenPilot의 경우에는 셋업할 때 위저드로 작업이 이루어진다. MultiWii에서는 특수한 펌웨어를 설정해 작업할 수 있지만 이것이 꽤 번거롭기 때문에 수동으로 하는 편이 간단하다.

ESC는 모터의 속도를 제어하는 장치이지만 사실 내부는 마이크로컴퓨터의 일종이다. 이 마이크로컴퓨터에 대해 스로틀 범위를 인식시키는 것이 캘리브레이션으로서, 캘리브레이션을 올바로 설정하지 않으면 제대로 된 비행이 안 된다.

캘리브레이션 방법은 ESC 매뉴얼이 첨부되어 있을 경우에는 그것을 잘 읽고 하면 된다. 그러나 웬만한 ESC는 아래 방법으로 캘리브레이션을 할 수 있다. 한편 캘리브레이션을 하기 전에 미리 송신기의 엔드 포인트를 100%로 설정해 두도록 한다.

먼저 모터에서 "반드시" 프로펠러를 분리한다. ESC에 모터를 접속하지만 모터는 안전을 위해 프레임에 장착한 상태가 좋다. 대부분의 모터는 아웃런너 타입이기 때문에 그 쪽으로 돌려놓으면 회전했을 때 굴러다녀서 위험하다.

조종기의 송신기와 수신기를 제대로 바인드(링크)해 놓는다. ESC와 모터를 연결하고 ESC의 입력(서보 케이블)을 수신기의 스로틀 채널에 연결한다. 아직 배터리는 연결해서는 안 된다. 한편 ESC에 따라서는 캘리브레이션을 할 때 배터리의 셀 수(전압)도 설정되는 것이 있으므로 실제 기체에서 사용할 예정인 배터리를 준비하는 것이 좋다.

송신기의 전원을 넣고 스로틀 스틱을 가장 위까지 올린다. 이 상태에서 ESC에 배터리를 접속한 다음 조금 기다린다. 그러면 모터에서 소리가 날 것이다. 소리가 들리면 일단 ESC에서 배터리를 분리한다. 송신기는 그대로(스로틀 스틱이 가장 위) 놔둔다.

다시 ESC에 배터리를 연결한다. 그러면 또 모터에서 소리가 울리므로 소리가 나면 스로틀 스틱을 가장 아래까지 내린다.

가장 아래까지 내리고 조금 기다리면 소리가 나는데, 조금 전과는 소리가 다를 것이다. 예를 들면 삐리리, 삣, 삣 거리는 소리이다. 그래도 잠시 기다리면 삐~뽀~ 거리는 다른 소리가 들릴 것이다.

이 상태가 캘리브레이션이 완료되어 ESC를 사용할 수 있는 상태인 것이다. 만약 삐-뽀-거리는 소리

가 나지 않고 삐로로로~ 같은 소리가 나면 다시 스로틀을 가장 위까지 올려야 하는데, 이때 어쩌면 모터가 회전할지도 모르므로 주의하도록 한다. 가장 위까지 올렸으면 또 아래까지 스로틀을 내린다. ESC에 따라서는 이것을 몇 번이고 반복해야 프로그램이 되는 ESC도 있다.

삐~뽀~ 거리는 소리는 ESC가 기동이 끝났다는 신호이기 때문에, 천천히 스틱을 올리면 모터가 회전하기 시작하므로 부드럽게 회전하는지 확인하도록 한다.

기체를 제작하는 도중에 이것을 할 때는 동시에 모터의 회전방향을 확인해 두는 것이 좋다.

한편 ESC 가운데는 특수한 펌웨어를 가진(BL Heli나 SimonK 등) 것도 있는데, 그럴 때는 펌웨어의 매뉴얼에 따르도록 한다. 복잡한 동작을 하는 ESC 같은 경우에는 전용 프로그램 카드나 USB로 접속해 컴퓨터에서 설정하는 툴도 판매되고 있으므로 경우에 따라서는 이것들을 이용하는 것도 좋을 것이다.

3 서보 리버스

서보 모터를 사용하는 보통 RC의 경우에는 스틱을 어느 쪽으로 기울이면, 어느 쪽 방향으로 서보 모터가 회전하는지 방법을 정하는 리버스라는 설정이 있다.

우측에서 우측으로, 좌측에서 좌측으로 결정되어 있는 것이 아닌가 하고 생각할지 모르지만 기체의 구조상 서보 모터의 회전방향과 조향 방향이 반대가 되는 경우도 있기 때문에 회전방향을 반대로 하는 리버스 기능은 조종기의 중요한 기능 가운데 하나이다.

수신기에서 신호를 받아 처리하는 플라이트 컨트롤러에 있어서는 이 기능이 어느 쪽이든 괜찮지만, 플라이트 컨트롤러의 소프트웨어 상에서 전환하는 편이 간단한 경우와 송신기 설정에서 전환했을 때가 간단한 경우가 있기 때문에 실제 기체를 제작하는 과정에서 설명하겠다. 대부분의 송신기에는 사진13처럼 리버스 설정항목이 있다. 예전 송신기에서는 물리적인 스위치로 리버스를 전환하는 것이 있었지만 현재의 송신기는 대부분 이런 메뉴 방식이다.

 리버스 설정

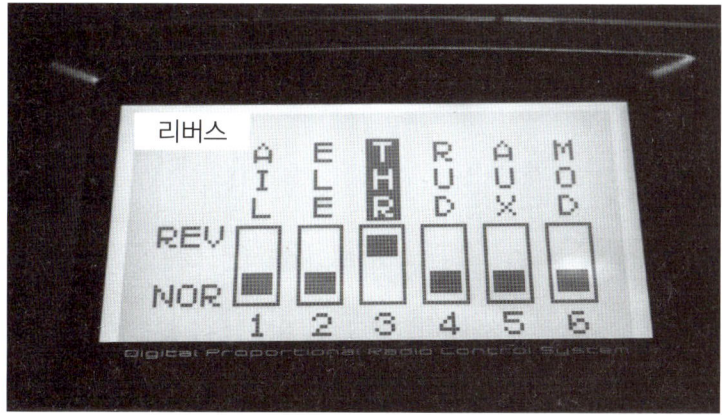

3-3 STEP 드론을 위한 RC기초지식

4 엔드 포인트

서보 모터의 『움직임 폭』을 결정하는 것이 엔드 포인트로서, 이것을 스틱을 끝에서 끝까지 움직였을 때 서보 모터가 어느 범위에서 움직이게 할 것이냐는 설정이다.

대부분의 조종기는 이 기능을 갖고 있어서 사진 같은 설정 메뉴로 되어 있다. 플라이트 컨트롤러는 수신기에서 받은 신호의 『폭』을 조정할 필요가 있기 때문에 엔드 포인트의 조정기능도 중요한 기능이다. 엔드 포인트 조정이 안 되는 조종기는 요즘은 판매되지 않는 것 같다.

 엔드 포인트 설정

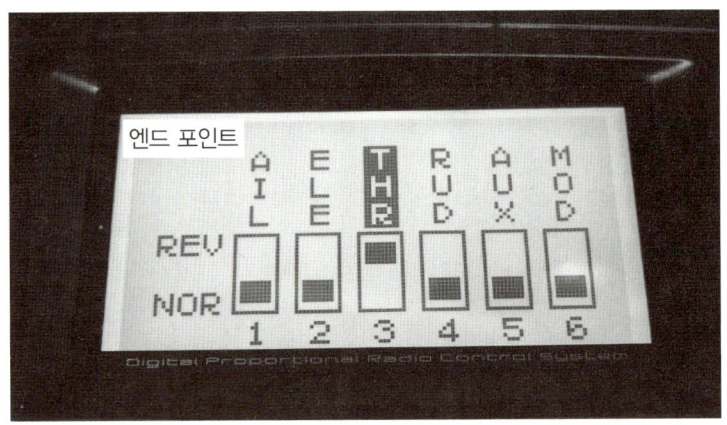

5 듀얼 레이트(D/R, DR)

듀얼 레이트 기능이란 스틱을 움직인 폭과 실제 움직임에 『차이』를 갖게 하는 기능으로서, 세밀한 조작을 하고 싶을 때는 스틱 효능을 「둔하게」, 크게 조작하고 싶을 때는 스틱 효능을 「예민하게」하는 기능이라고 생각하면 된다.

스턴트기나 헬러콥터에서는 많이 사용하는 기능이지만 여기서는 이 기능에 대해 해설하지 않는다. 조종기에 듀얼 레이트 기능이 탑재되어 있는 경우에는 작동하지 않게 설정하도록 한다.

6 믹싱

　믹싱이란 복수의 채널을 섞는 기능을 말한다. 비행기나 헬리콥터에서는 다양한 장면에서 사용하지만 멀티콥터의 경우에는 이 믹식을 플라이트 컨트롤러가 내부에서 해주기 때문에 조종기 쪽 기능을 사용하지 않는다. 믹싱기능이 탑재되어 있는 경우에는 이것을 작동하지 않게 설정한다.

　RC에서 약간 어려운 점은 조종기 기능이라고 할 수 있다. 항공물 RC 경험이 있는 사람이라면 별 어려움이 없지만 처음 보면 용어만으로도 어려움을 느낄지 모른다.

　RC의 조종기에서는 이런 기능들 외에도 다양한 기능이 탑재되어 있지만 이것들은 비행기 등과 같은 다양한 기체를 얼마나 컨트롤하느냐를 위해 탑재된 것이고, 멀티콥터에서는 사용할 필요가 없는 기능도 많이 있다. 그렇기 때문에 조종기를 구입할 때는 고급·고기능 기종보다 엔트리~미들 클래스 쪽이 멀티콥터에 더 적당하고 생각하는 것이 좋다.

STEP 3-4 플라이트 컨트롤과 기초

여기서는 플라이트 컨트롤러의 기초에 대해 설명하겠다. 구체적인 사용방법에 대해서는 기체의 제작 페이지를 참조해 주기 바란다.

1 플라이트 컨트롤러란?

플라이트 컨트롤러는 FC 또는 FCS 등으로 불린다. 역할에 대해서는 39페이지를 참조하기 바란다. 여기서는 실제 플라이트 컨트롤러와 사용법에 대해 개략적으로 설명하겠다.

일반적으로 플라이트 컨트롤러는 기체에 탑재된 컴퓨터를 말한다. 이 컨트롤러 때문에 기체가 안정되고 자동제어가 이루어진다. 컴퓨터이기 때문에 당연히 프로그램이 들어 있으며, 이 프로그램은 플라이트 소프트웨어로 불리거나 단순히 펌웨어로 불리거나 한다(그림1).

 플라이트 컨트롤이란?

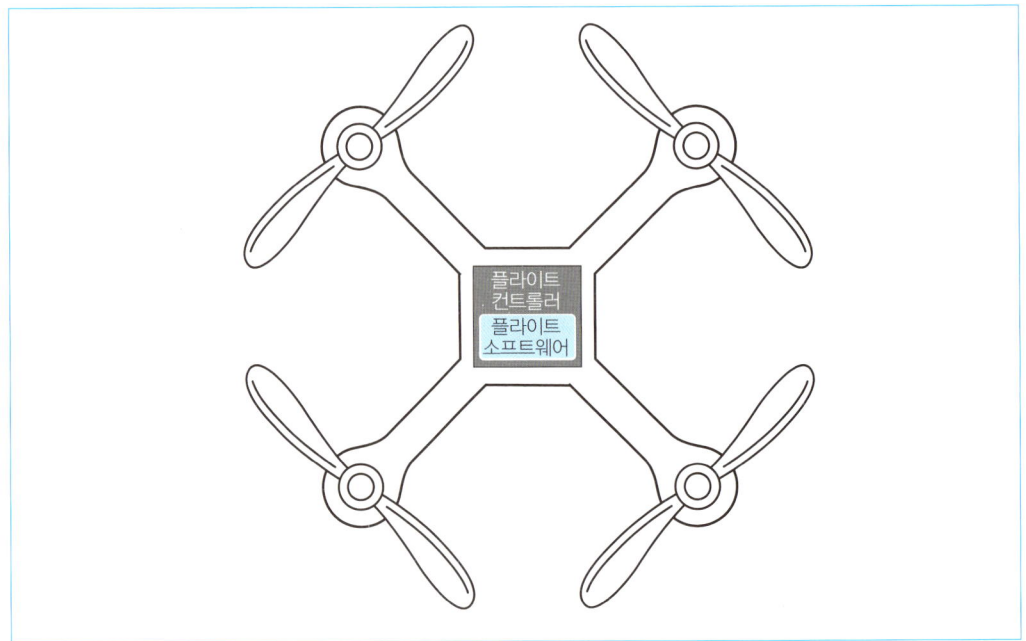

하드웨어와 소프트웨어의 조합으로 구성되어 있기 때문에 플라이트 컨트롤러용 하드웨어와, 거기에 넣어 사용하는 소프트웨어가 같은 공급원인 경우와 그렇지 않은 경우가 있다.

그렇기는 하지만 시장에서 많이 유통하고 있는 플라이트 컨트롤러는 대부분이 오픈소스 하드웨어와 오픈소스 소프트웨어의 조합이기 때문에, 이야기가 조금 까다로울 수 있으므로 익숙하지 않은 동안은 「같은 공급원」제품을 이용하는 것이 좋다.

이 플라이트 컨트롤러와 더불어 플라이트 소프트웨어를 설정하거나 기체 특성을 조정하는 소프트웨어가 있는데, 이것은 일반적으로 기체와 컴퓨터를 접속해 사용한다. 컴퓨터 쪽 소프트웨어는 Configurator(설정소프트) 혹은 GCS(Ground Control Station) 등으로 부른다.

덧붙이자면, 이런 컴퓨터용 소프트웨어에는 화면1과 같이 비행상태를 표시하는 기능을 갖춘 것이 많다. 이 기능은 텔레메트리(Telemetry)라 불리는데, 기체에서 컴퓨터로 무선으로 정보를 보냄으로서 비행 중인 기체의 상황을 보기 위한 것이다. 국내에서는 전파법 관계상 이 텔레메트리 기능을 적절하게 사용할 수단이 없기 때문에 여기서는 설명하지 않는다.

일반적으로 시리얼 통신이기 때문에 시리얼로 데이터가 보낼 수 있는 합법적인 기재를 사용하면 이 기능을 사용하는 것이 가능하다. 국내에서 가장 간단한 방법으로는 인증 받은 Bluetooth 모듈을 사용하는 것이다. 다만 거리적으로는 그다지 멀리까지 사용할 수 없다.

 OpenPilot 화면

STEP 3-4 플라이트 컨트롤과 기초

● OpenPilot

OpenPilot도 오픈소스로 개발되고 있는 플라이트 컨트롤러 시스템 가운데 하나이다. 공식사이트는 http://www.openpilot.org/이다.

OpenPilot에서 사용되는 하드웨어는 플랫폼으로 불리는데, 플랫폼에는 CC(Copter Control), CC3D(Copter Control 3D), CC3D(atom, Revolution, Revolution nano) 등이 있다. OpenPilot 사이트의 제품들은 흔히 말하는 "오피셜" 하드웨어로 판매되고 있는데(http://newstore.openpilot.org/usa/), 이유는 잘 모르겠지만 오피셜 하드웨어는 대부분 구입이 어려워 전에 발매되었던 OpenPilot Revolution nano도 순식간에 품절되었다.

현재 구입이 용이한 것은 CC3D와 CC3D nano의 호환품으로, 이것들은 시장에 많이 있다. 그래서 OpenPilot을 사용하고 싶을 때는 CC3D 또는 CC3D nano를 구입하는 것이 좋을 거라 생각한다. CC3D/CC3D nano는 기능상으로는 그다지 다양하지 않아 GPS나 기압센서를 서포트하지 않지만, 간단한 셋업으로 안정적인 기체를 만들 수 있기 때문에 초보자에게 추천하는 제품이다.

컴퓨터 쪽에서 사용하는 소프트웨어는 OpenPilot GCS라 부르는데 http://www.openpilot.org/download/에서 다운로드할 수 있다. 약간 주의가 필요한 것은 최신 GCS, 15.05 – BANANA SPLIT은 CC3D/CC3D atom에서는 사용할 수 없기 때문에 이것들을 사용하려면 직전 버전인 RELEASE – 15.02.02를 사용해야 한다는 것이다.

설치는 간단해서 다운로드한 인스톨러를 실행만 하면 된다. 지금 상태에서는 한국어를 지원하지 않기 때문에 영어로 인스톨해야 한다(화면2). 도중에 OpnePilot용 디바이스 드라이버의 인스톨이 진행되므로 (화면3, 4) 드라이버도 정확하게 설치하기 바란다.

 영어로 인스톨한다.

 드라이버가 인스톨되었다.

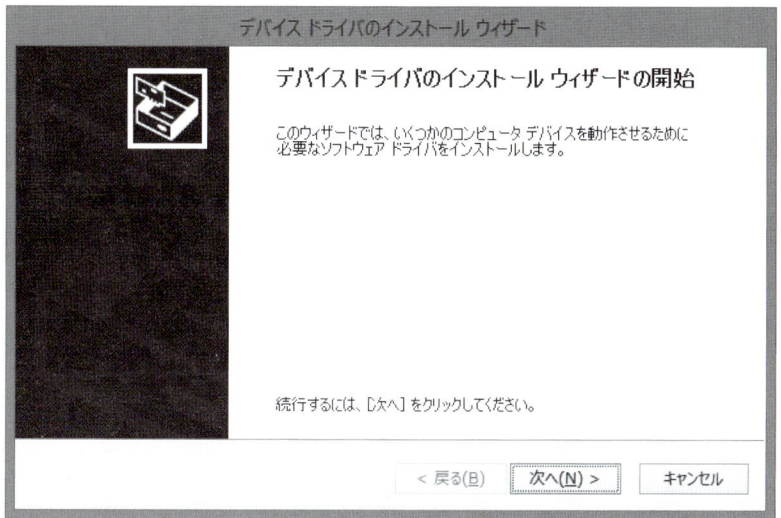

 드라이버가 인스톨되었다.

　기본적으로 OpenPilot GCS는 올인원 타입의 소프트웨어이기 때문에 모든 작업을 GCS 안에서 할 수 있다. 기체나 조종기의 셋업도 위자드 형식으로 간단히 할 수 있으므로 제3장을 참조해 사용해 보기 바란다.

　OpenPilot GCS는 컴퓨터에 접속된 플라이트 컨트롤러를 자동으로 검출해 적절하게 동작하기 때문에 특별히 이렇다 할 트러블은 없다. 다만 기체의 세세한 데이터를 수동으로 설정했을 경우에 드물게 그때까지 설정한 정보가 사라지는 경우가 있다. 그 때문에 설정을 변경하기 전에는 현재 정보를 백업해 놓는 것이 안전하다. 백업은 GCS의 File 메뉴에서 "Export UAV Settings"을 실행하면 된다(화면5). 백업한 정보를 되돌리려면 "Import UAV Settings"을 사용한다.

STEP 3-4 플라이트 컨트롤과 기초

 설정 데이터의 백업 방법

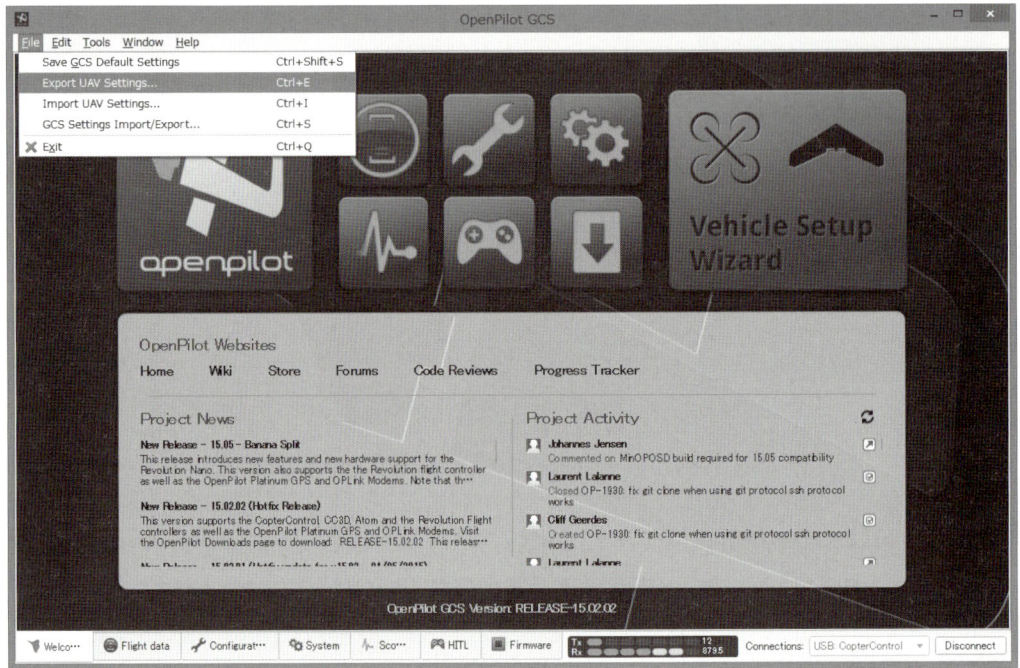

- MultiWii

MultiWii는 아마도 가장 알려진 플라이트 컨트롤러용 소프트일 것이다. 이것도 오픈소스로 개발되고 있다. 대응하는 하드웨어/플랫폼도 많이 있는데 현재 상태에서 표준적으로 사용되고 있는 하드웨어로는 CRIUS MultiWii SE, CRIUS All In One Pro(AIOP) 등이 있다.

기본적으로 MultiWii는 아두이노+각종 센서로 구성되어 있다. 파생된 하드웨어도 많아서 초보자는 조금 알기가 어려울지 모르겠다. 예를 들면 사진1은 플라이트 컨트롤러의 기판 자체가 기체의 프레임을 하고 있는 초소형 쿼드콥터로서, 이 기체도 MultiWii가 베이스이다. 완성품으로 시판되는 멀티콥터에서도 MultiWii를 베이스로 한 것이 꽤 많은 것 같다.

사진1 초소형의 MultiWii 베이스 기판

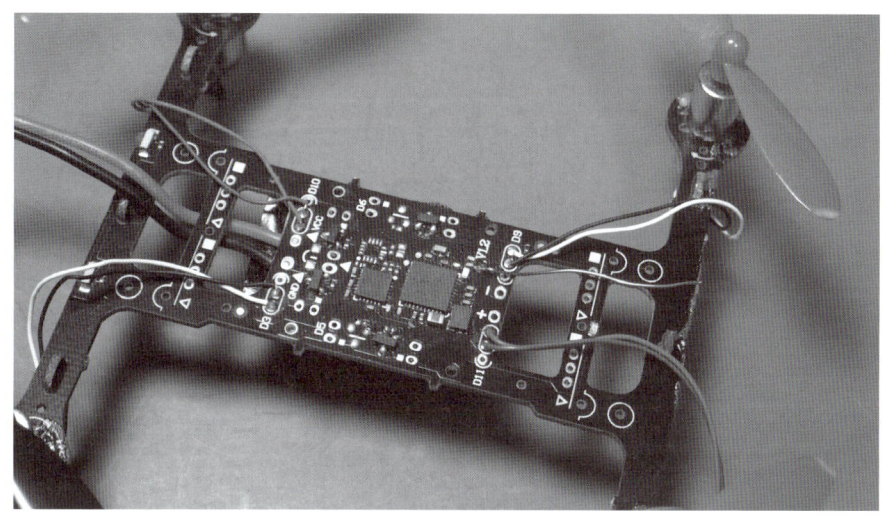

아두이노 베이스이기 때문에 약간 아두이노 지식이 필요하다. 예를 들면 기체 정보의 설정, 펌웨어 컴파일은 아두이노의 개발환경인 아두이노 IDE 상에서 컴파일/전송할 필요가 있으며, 펌웨어를 넣으려면 FTDI USB 시리얼 변환 어댑터가 필요하다.

MultiWii계통을 사용하기 위해서는 먼저 아두이노 IDE가 필요하므로 http://www.arduino.cc/en/Main/Donate에서 다운로드해 설치하도록 한다(기부를 하는 화면이 나타나는데 "JUST DOWNLOAD"를 클릭하면 무상으로 다운로드된다). 이 책을 쓰는 시점에서의 최신판은 1.6.5인데, 특정 하드웨어에 따라서는 이것보다 더 오래 된 버전을 사용해야 하는 경우가 있으므로 주의하기 바란다. 어느 버전의 아두이노 IDE를 사용할지는 컨트롤러 설명을 잘 읽고 결정하면 된다. 이전 버전의 아두이노 IDE는 http://www.arduino.cc/en/Main/OldSoftwareReleases#00xx에서 다운로드할 수 있다.

앞서의 설명처럼 펌웨어 설정, 컴파일, 전송은 이 아두이노 IDE에서 작업한다. 하지만 그 다음의 조정에서는 MultiWiiConf로 부르는 소프트웨어를 사용해야 한다. 이 소프트웨어는 실행환경으로 Java를 필요로 하기 때문에 사전에 Java를 설치해둘 필요가 있다(http://java.com/ko/).

Java에는 32bit판과 64bit판이 있는데, 사용하는 환경에 맞는 것을 설치하면 된다. 이것은 MultiWii의 설정 소프트웨어, MultiWiiConf가 Processing(http://processing.org/)로 불리는 Java 베이스의 화면처리 소프트웨어를 사용하고 있기 때문이다.

한편 Windows 7에서 MultiWiiConf를 실행하려고 했을 때 「javaw.exe가 발견되지 않는다」는 에러가 떠

STEP 3-4 플라이트 컨트롤과 기초

서 기동이 안 되는 경우는 Java에 대한 PATH변수가 올바로 설정되지 않았을 가능성이 있다. 이때는 먼저 javaw.exe가 있는 위치를 찾아(C:\Program Files(x86)\Java\jre.1.8.0_45\bin등), 시스템의 프로퍼티 화면에서 상세설정 탭을 열고 [환경변수] 버튼을 클릭해 시스템 환경변수의 Paht를 편집한다. 그리고 현재의 내용 마지막에 세미클론(;)에 이어 조금 전의 패스를 추가한다(예:C:\Program Files(x86)\Java\jre.1.8.0_45\bin). 이렇게 설정하면 기동을 하게 될 것이다.

이런 환경을 설정한 상황에서 MultiWii의 소프트웨어를 다운로드한다. 다운로드는 http://code.google.com/p/multiwii/에서 하면 된다. 이 책을 집필하는 시점에서의 최신버전은 2.4이지만, 사용하는 하드웨어에 따라서는 이전 버전을 요구하는 경우도 있으므로 주의하기 바란다. 한편 MultiWii의 소프트웨어는 따로 인스톨할 필요 없이 다운로드한 파일을 클릭만 하면 적절한 위치에 깔린다.

MultiWii에서 작업하는 것이 약간 번잡하므로 설명해 두도록 하겠다.

먼저 플라이트 컨트롤러의 하드웨어와 기체, 수신기 등에 펌웨어를 맞추기 위해서는 아두이노 IDE를 사용해 프로그램을 편집한다. MultiWii의 소프트웨어를 클릭하면 화면6처럼 MultiWii와 MultiWiiConf 두 가지 폴더가 있는데, 이 가운데 MultiWii가 펌웨어 폴더이다. MultiWii 폴더 안에 화면7과 같이 "MultiWii"라는 이름으로 아두이노의 아이콘(∞) 파일이 있으므로 이것을 연다. 연 다음 화면8과 같이 아두이노 IDE가 기동하기 때문에 이것을 사용해 작업하도록 한다. 특수한 펌웨어 혹은 센서를 사용할 경우 외에는 config.h를 편집해 자신의 하드웨어나 기체에 설정을 맞추기만 하면 된다.

 MultiWii를 연 모습

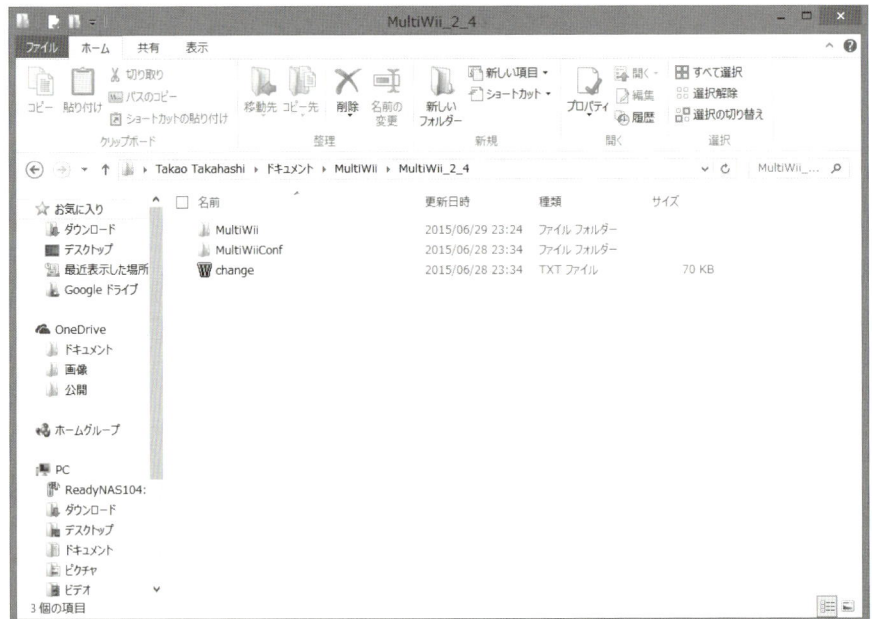

화면7 이 파일을 클릭한다.

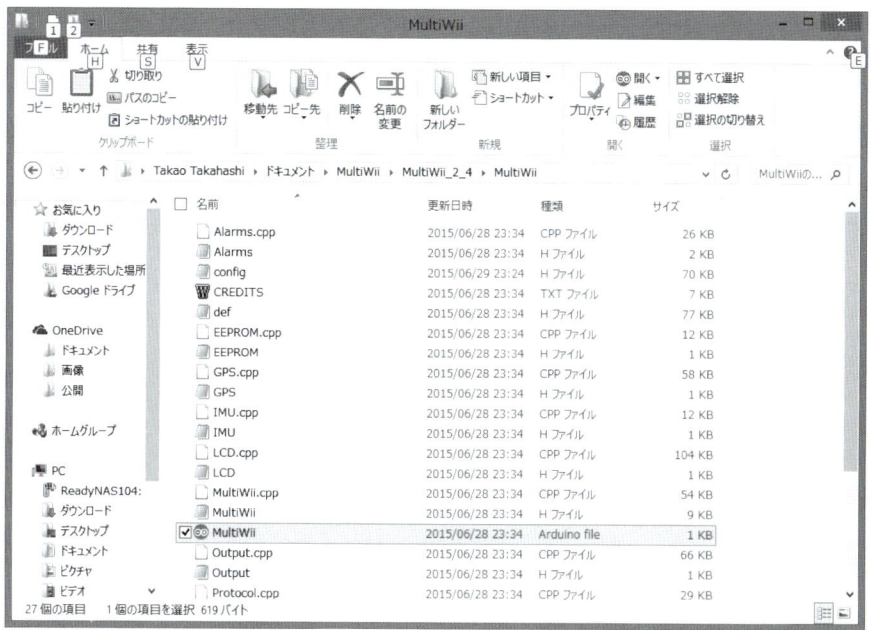

STEP 3-4 플라이트 컨트롤과 기초

 화면8 아두이노 IDE가 열린다.

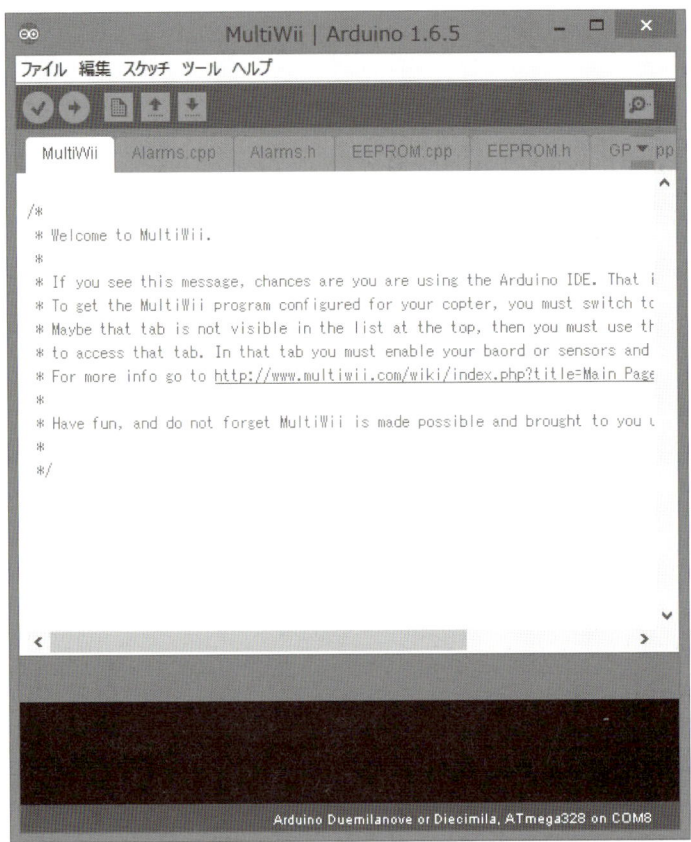

펌웨어를 컴파일할 때는 보드 종류를 선택하는데, 일반적으로는 "Arduino Duemilanove or Diecimilla"(툴→보드)에 프로세서에는 ATmega328(툴→프로세서)를 선택한다. 사용할 하드웨어가 별도 설정을 요구하는 경우에는 거기에 따르도록 한다.

하드웨어로 전송할 때는 툴→포트에서 FDTI USB 시리얼 변환 어댑터의 포트번호를 선택하고 우화살표 아이콘을 클릭한다.

흔한 트러블 가운데 하나가 펌웨어를 올바로 설정/전송했다고 생각했는데 기체가 흔들리며 제대로 날지 못하는 경우인데, 이때의 가장 큰 원인은 EEPROM이 지워지지(clear) 않았기 때문이다. 하드(보드)를 구입했을 때 어떤 펌웨어가 들어있을 때 이런 상태가 되는 경우가 많은 것 같다. EEPROM을 클리어 하려면 파일→스케치 예→EEPROM→eeprom_clear 순으로 열고 이것을 하드에 전송한다. 전송이 끝나면 하드 상에서도 실행되므로 EEPROM이 클리어된다. EEPROM을 클리어한 다음 다시 MultiWii의 펌웨어를 적용하도록 한다.

작고 쉽게 날릴 수 있는 드론을 만들어보자!

실내에서도 비행이 가능하고 비교적 조립이 간편한 소형 쿼드기를 만들어보자. 여기서는 Turnigy Micro Quad라 불리는 프레임을 사용한다. 이 프레임은 프린트 기판 기술을 사용해 제작된 기체로서, 각종 부품을 납땜을 이용해 제작할 수 있다. 전자공작 경험이 있는 사람은 쉽게 만들 수 있는 기체라고 생각한다.

처음 만드는 기체로서도 적당하기 때문에 조립방법부터 셋업까지 조금 자세히 설명하겠다. 조립부터 비행까지 일련의 흐름을 소개하므로, 이 기체를 조립하지 않고 다른 기체를 조립하려는 독자라도 한 번 쭉 읽어보기 바란다.

4

STEP 4-1 사용할 재료

아래와 같이 사용할 재료를 정리해 보았다.

> **사용할 재료**
>
> - 프레임 : 정식명칭은 "Turnigy Integrated PCB Micro-Quad V2"라고 한다.
>
> 가격 : 14달러 정도
>
> - 플라이트 컨트롤러 : OpenPilot CC3D
>
> 가격 : 25달러 정도
>
> - 모터 : Turnigy T1811-2900kv × 4
>
> 가격 : 12달러 정도 × 4
>
> - ESC : Turnigy Plush 6A × 4
>
> 가격 : 8달러 정도 × 4
>
> - 프로펠러 : 5×3 프로펠러, CW×2, CCW×2(Gemfan 5030)
>
> 가격 : CW, CCW 세트로 1.5달러, 2세트에 3달러 정도
>
> - 나사 : 2mm×9mm(M2 8mm 나사) 너트와 세트로 총16세트(20원~3천 원)
> - 배터리 : 2S 리튬폴리머 800~1,000mAh 정도
> - 수신기 : 4ch 이상인 수신기

배터리와 수신기는 갖고 있는 것 또는 다른 기체에서 사용하는 제품을 겸용하는 경우도 있으므로, 64, 67, 98페이지 등을 참조해 준비하기 바란다.

1 프레임

여기서 사용하는 Turnigy Integrated PCB Micro-Quad V2는 모두에서 설명했듯이 전자공학에 사용하는 프린트 기판 기술로 만들어져 있다. 이 프레임 키트의 내용물은 사진1과 같다. 프린트 기판을 프레임 형상으로 잘랐는데, 배선이 필요한 부위가 프린트 기판으로 만들어진 것이다. 기판색이 검기 때문에 조금 보기가 어렵지만, 잘 살펴보면 사진2처럼 패턴이 형성되어 있는 것을 알 수 있다.

이런 타입의 프레임이 좋은 점은 번잡한 배선을 간소화할 수 있다는 것이다. 물론 납땜이 안 되는 사람에게는 힘들겠지만 전자공학 경험이 있는 사람은 간단히 만들 수 있다. 다만, 약간 주의가 필요한 점으로는 인두기의 열용량으로, 패턴이 넓기 때문에 작은 인두기로는 납땜이 잘 안 되는 경우가 있다.

또 하나 주의가 필요한 것은 프린트 기판으로 만들어져 있기 때문에 비교적 연약한 기체 가운데 하나라는 점이다. 난폭하게 떨어지거나 하면 깨지거나 할 우려가 있으므로 주의하기 바란다. 깨지거나 했을 때는 에폭시 계통 접착제로 붙이면 수리는 가능하다.

사진1 프레임 키트 내용물

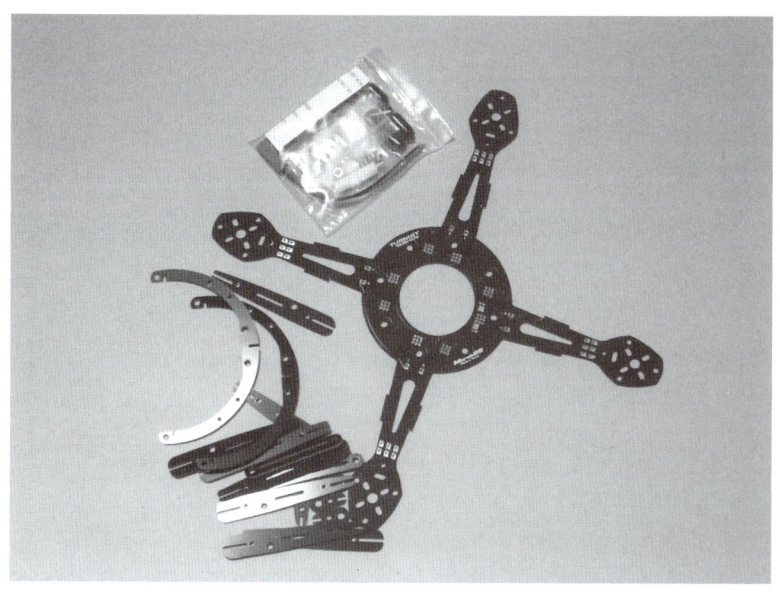

사진2 패턴이 형성되어 있다.

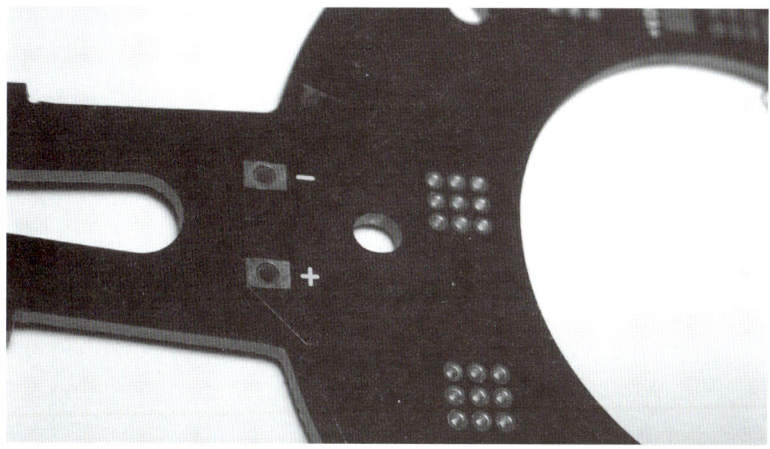

　결점이라 해야 할지 어떨지 모르겠는 것은 조금 가격이 비싸다는 점을 들 수 있는데, 간단한 조립을 감안하면 이 정도는 허용범위라고 할 수 있지 않을까.

　사실은 V2 프레임이라는 이름이 붙어 있는 것처럼 이전에는 V1이 존재했었다. V1 프레임에서는 색이 흰색이었지만 V2부터는 검어지고, 조립이 더 간단해졌다. 필자가 V1 프레임을 구입한지 3년을 더 넘었으므로 상당히 인기 있는 롱 셀러 프레임이 아닐까 한다.

　한편 이 프레임의 자매품으로 소형 헥사콥터(6로터기)도 있기 때문에 뒤에서 프레임과 모터, ESC를 구입하기만 하면 헥사콥터로 업그레이드(라고 할지 부품의 유용이라 할까)할 수도 있다.

STEP 4-1 사용할 재료

2 플라이트 컨트롤러

플라이트 컨트롤러는 OpenPilot CC3D를 사용한다. 여기서는 보통 CC3D를 사용해 설명하겠다. Atom이 아닌 보통 CC3D를 예로 들지만 CC3D Atom이라해도 취급방법만 다르기 때문에 여기서 설명한대로 세업 등을 할 수 있으므로 CC3D Atom을 사용해도 상관은 없다.

필자가 구입한 것은 사진3처럼 플라스틱 케이스에 들어 있긴 하지만 내용물은 사진4와 같이 보통 CC3D이다.

사진3 플라스틱 케이블에 들어 있는 모습

사진4 내용물은 사진처럼 CC3D이다.

약간 주의가 필요한 점으로는 CC3D 내지 CC3D Atom을 구입할 때 케이블이 부속되어 있는지 확인하는 것이다. 필자의 경험으로는 현재 상태에서 케이블이 안 들어있던 경우는 없지만 만일을 위해 확인하도록 한다. CC3D, CC3D Atom 모두 작은 커넥터를 사용하기 때문에 수신기와의 접속부분은 전용 케이블이 필요하다.

3 모터

이른바 브러시리스 모터가 필요하다. 이 프레임에 적합한 모터는 2900kV 클래스의 모터로서, 애초에 Turnigy 프레임이기 때문에 Turnigy 모터가 최적이다(kV에 대해서는 2장 참조). 지정품은 사진5의 Turnigy 1811-2900이다. 다른 모터라도 2S~3S 리튬폴리머용으로 2900kV 클래스 모터라면 사용할 수 있다.

당연한 말이지만 모터는 4개가 필요하다. 한편 프로펠러 어댑터는 모터에 부속되어 있는 것을 사용할 수 있으므로 별도로 구입할 필요는 없다.

 Turnigy 1811-2900

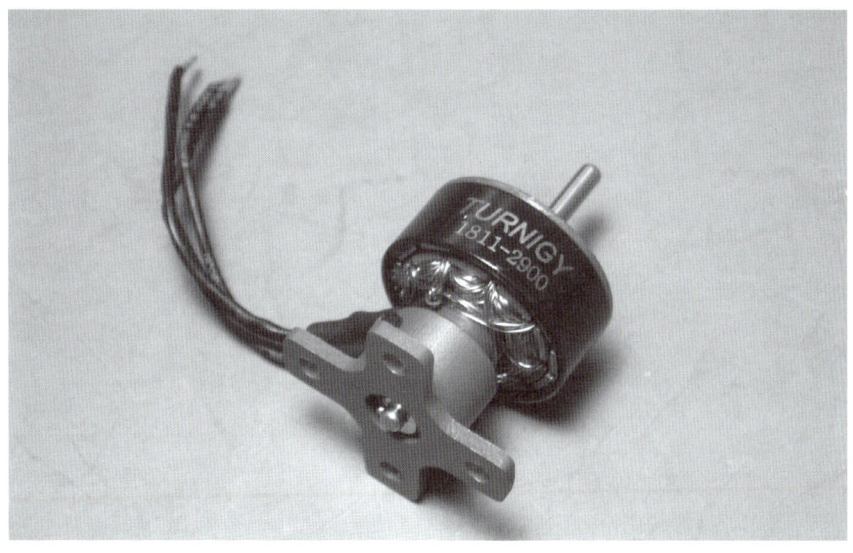

4-1 사용할 재료

4 ESC(Electronic Speed Controller)

프레임 자체가 프린트 기판이기 때문에 ESC는 지정품을 사지 않으면 잘 안 맞는 경우가 있다. 원래 지정된 ESC는 Turnigy Plush 6A라는 6A 클래스(6A=6암페어) ESC이다(사진6). 8천원 정도의 ESC이고, 고생스럽게 다른 것을 찾을 필요도 없으므로 이것을 사용하기로 하겠다. 이것도 당연히 4개가 필요하므로 잊지 말고 맞춰서 사도록 하자.

한편 이 Turnigy Plush 6A는 BEC(제3장 참조)를 탑재하고 있기 때문에 수신기나 CC3D에 전원을 공급할 수 있다.

 ESC

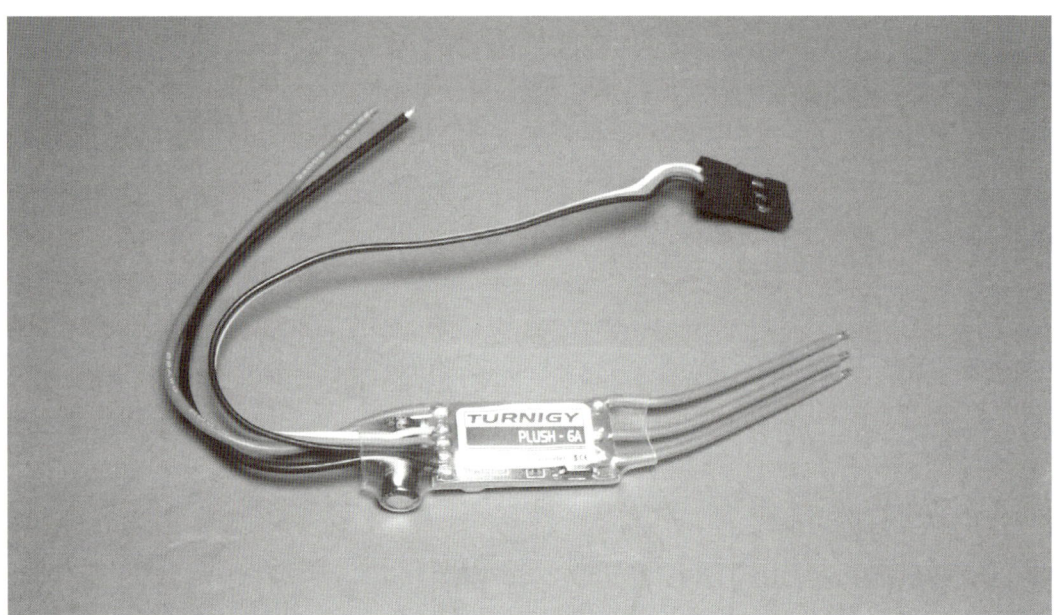

5 프로펠러

프로펠러는 프레임과 모터에 의해 결정된다. 프레임마다 권장하는 모터가 있고, 또 그 모터와 궁합이 맞는 정해진 프로펠러가 있다. 따라서 권장하는 프로펠러를 구입하도록 한다.

이번에 사용할 프레임에서는 5×3이라고 불리는 프로펠러를 사용한다(제3장 참조). 이것은 제품 품번으로 5030 등이 붙는 경우가 많은 것 같다. 필자는 사진7의 Gemfan 5030을 사용했다. 시계방향(CW)과

시계반대방향(CCW)이 2개씩 필요한데, CW와 CCW 각 2개가 1세트로 판매되는 것으로 2세트를 구입하는 것이 간단하다.

프로펠러 어댑터의 축 사이즈에 맞추기 위한 샤프트 어댑터가 부속되어 있는 것이 편리하다.

 Gemfan 5030

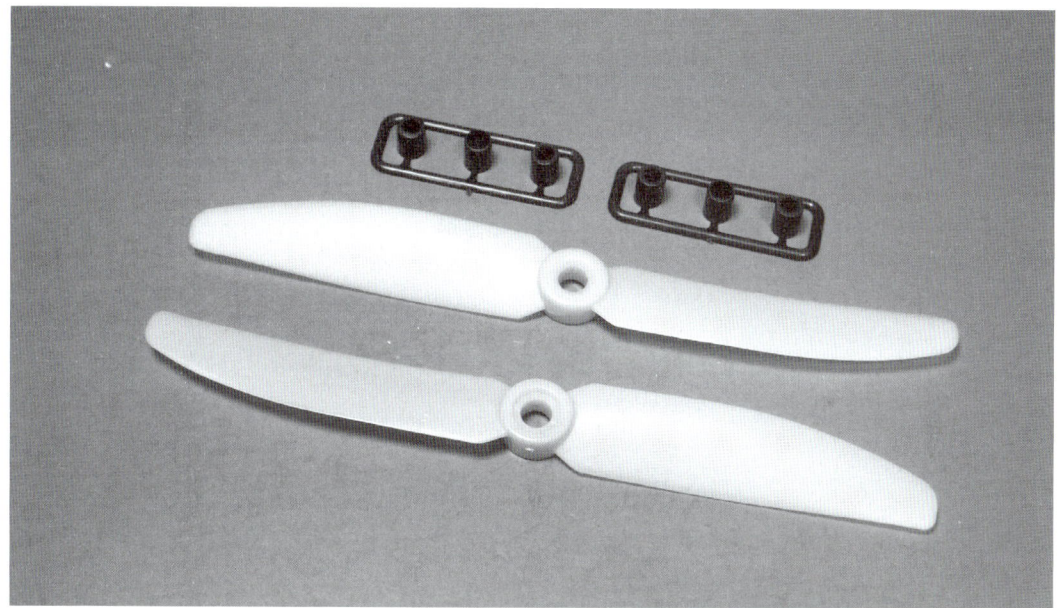

6 나사

모터를 프레임에 고정하기 위한 나사가 필요하다. 이것은 일부러 인터넷에서 구입하지 않고 대형마켓 등에서 구입하는 것이 간단할 것이다. 2mm×8mm(M2 8mm) 나사를 16개 이상 준비하면 된다. 대개 떨어뜨리면 없어지는 경우가 많으므로 조금 넉넉히 준비하도록 한다.

STEP 4-1 사용할 재료

7 배터리

배터리도 용량이 크면 클수록 좋은 것이 아니라 기체에 맞는 용량을 선택하는 것이 좋다. 용량이 커지면 배터리 중량이 늘어나기 때문에 오히려 불리하기 때문이다.

이 기체에 적합한 것은 2셀(2S) 리튬폴리머로서, 800mA~1000mA 짜리이다. 필자는 사진8의 2S 1000mA 배터리를 사용하고 있다. 이 사이즈의 배터리로 비행가능한 시간은 약 10분 정도이다.

 리튬폴리머 배터리(2S 1000mA)

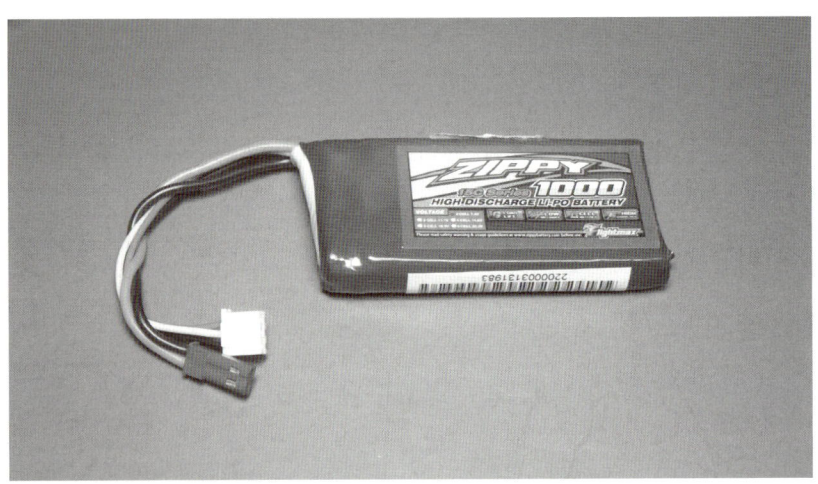

배터리를 구입할 때는 사이즈뿐만 아니라 커넥터 형상에도 주의해야 한다. 이번 프레임에는 배터리 접속용 커넥터가 부속되어 있는데, 이것은 사진9와 같은 "JST"타입이라 불리는 것이다. 그렇기 때문에 배터리도 이 JST 커넥터가 달린 것을 선택하도록 한다. 커넥터는 교환하든지 변환커넥터를 사용하는 등으로 대응하면 어떤 배터리라도 사용할 수 있지만, 배터리 커넥터 교환이나 변환 부분을 잘못 작업하면 사고의 원인이 되므로 처음에는 시판품으로 맞추는 것이 좋다.

 "JST" 타입

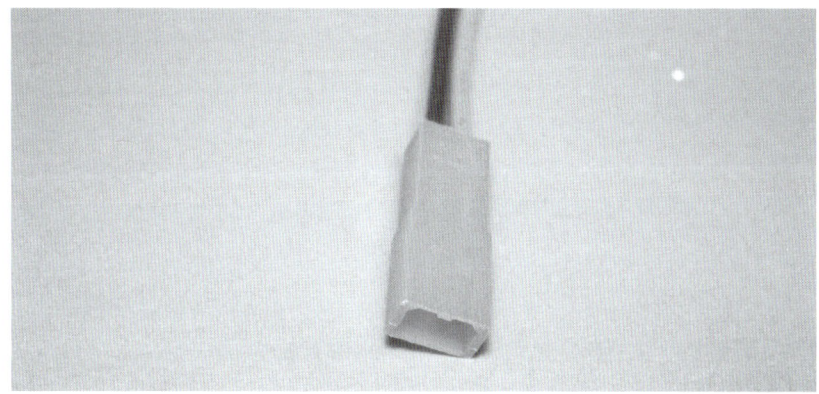

8 | 수신기

참고로 RC수신기에 대해서도 소개하겠다. 필자는 주로 JR의 DMSS 시스템을 사용하기 때문에 JR 수신기를 구입하는 것이 자연스럽지만, 이번 기체는 기체 자체가 저가이기 때문에 비교적 고가인 JR 수신기를 구입하면 가격이 비싸지기(수신기만 7~8만 원) 때문에 저가의 호환 수신기를 구입해 사용했다.

성능면에서 어떨지는 잘 모르지만 실내의 비교적 근거리에서 사용한다면 문제는 없을 것이라 판단해 사용해 보았다. 이번에 구입한 것은 사진10의 TINAX DS6라고 하는 DMSS 호환 수신기로서, 필자의 송신기와 JR GX7과는 바인드해서 올바로 사용할 수 있었다.

 TINAX DS6

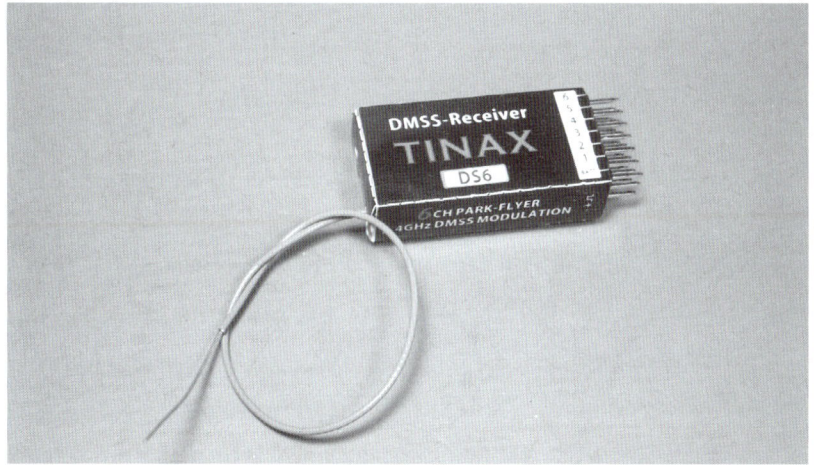

한편 이 수신기도 파워 플라이트로 불리는 근거리용 수신기이기 때문에 비행할 때는 멀리 날리지 않도록 주의한다.

이상으로 필요한 부자재가 준비되었는데, 이 외로는 결속 밴드나 양면테이프가 필요하다.

STEP 4-2 기체 조립하기

그러면 조립으로 들어가 보자.
먼저 처음에는 프레임은 조립하지 않는다.

왜 조립하지 않는지 궁금해 하지 않길 바란다.

1 | ESC를 납땜한다

먼저 ESC 배선을 하기 위해 납땜작업부터 들어간다.
　납땜을 시작하기 전에 사진1과 같이 ESC에서 나온 리드선을 조금 짧게 자른 다음 납땜으로 마무리해 놓는다. 이렇게 하면 다음 작업이 편해지므로 ESC 4개를 미리 가공해 놓도록 한다.

 리드선을 조금 짧게 자르고 납땜으로 마무리한다.

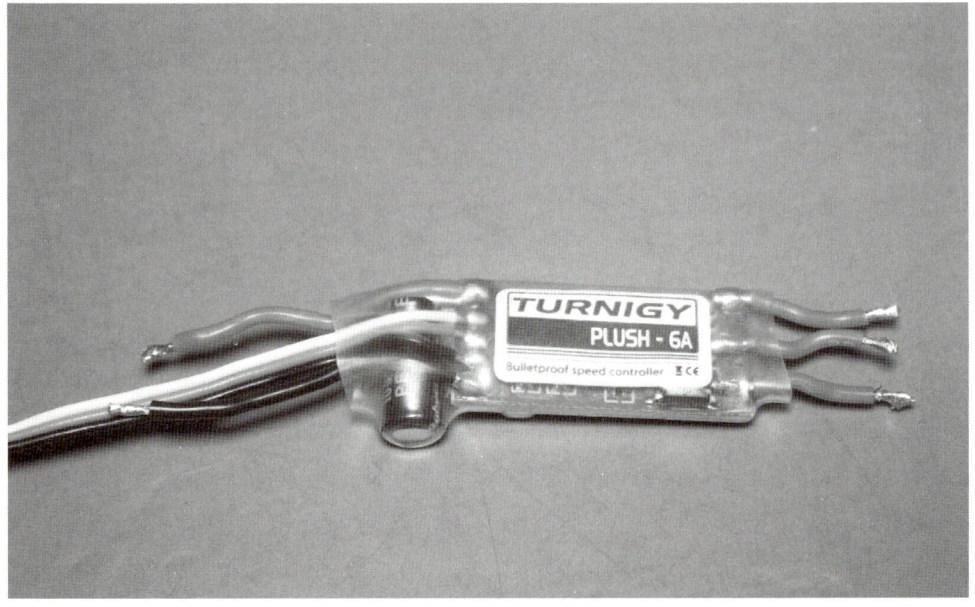

필자는 사진2처럼 먼저 ESC 전원 쪽 선부터 납땜을 했다. 붉은 리드를 기판(프레임)의 +에, 검은 리드를 −에 납땜한다.

다음으로 모터 쪽으로 연결되는 3개의 선을 납땜하는데, 사진3처럼 기체 중앙에서 보았을 때 "앞 쪽"의 패턴을 사용해 납땜한다.

납땜이 완료되면 사진4와 같이 ESC르르 소정의 위치에 오도록 맞춰준다. ESC는 고정하지 않지만 만약 고정하고 싶을 때는 쿠션이 있는 양면테이프 등으로 고정하면 된다. 고정하지 않는 이유는 나중에 설명하겠다.

 ESC 전원 쪽 선부터 납땜한다.

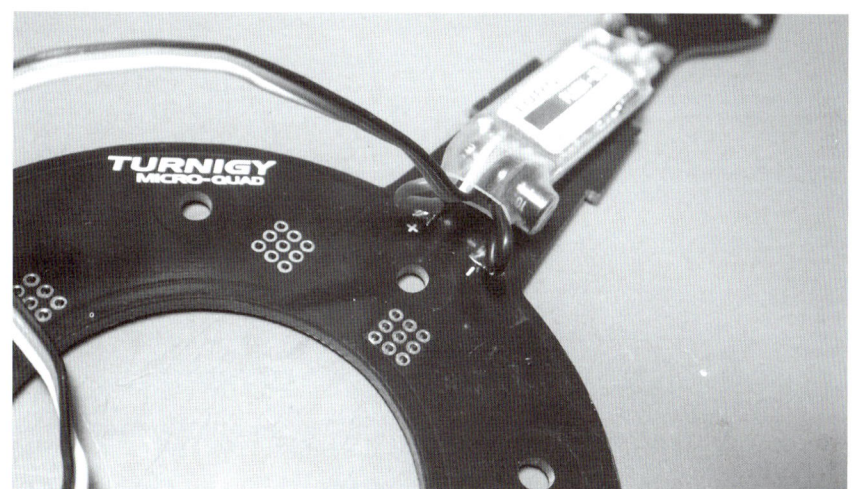

 "앞 쪽" 패턴을 사용해 납땜한다.

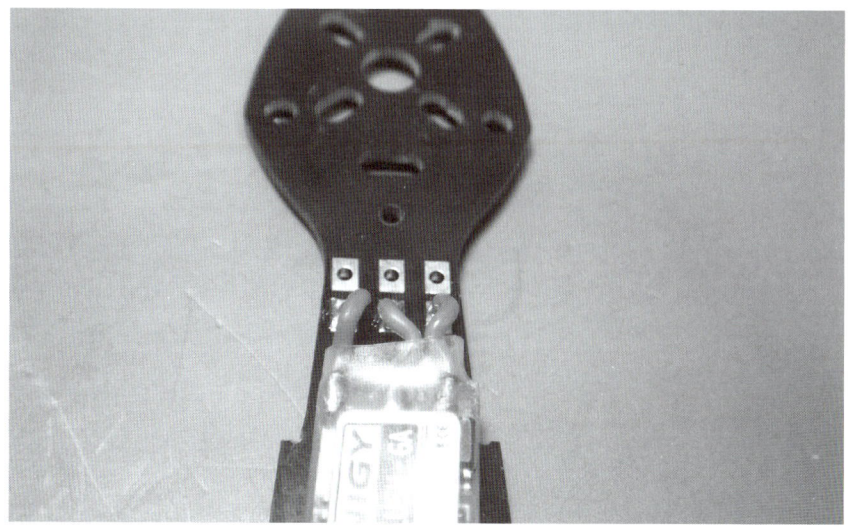

STEP 4-2 기체 조립하기

사진4 ESC가 소정의 위치에 오도록 맞춘다.

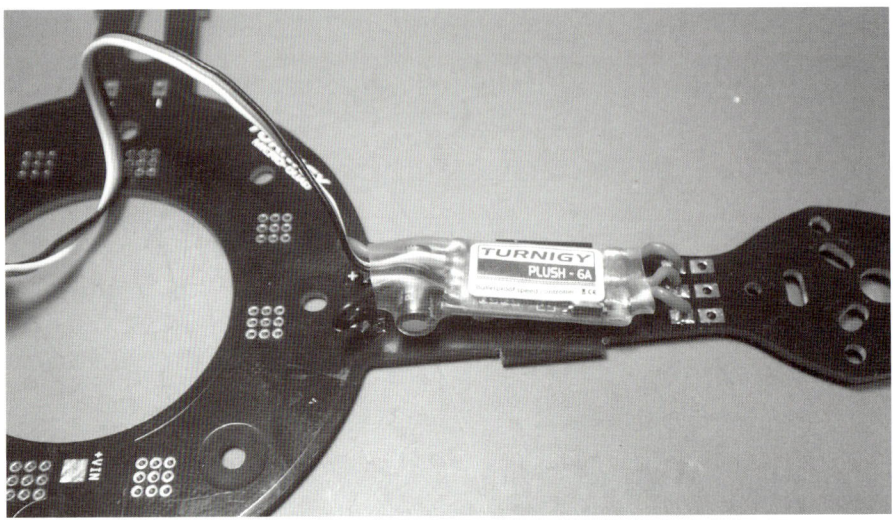

ESC는 총 4개가 있으므로 4개 모두 똑같은 방법으로 납땜하도록 한다. ESC의 납땜이 끝나면 배터리용 커넥터도 납땜해 놓는다(사진5). 이 커넥터는 프레임에 부속된 것을 사용하도록 한다.

사진5 배터리용 커넥터도 납땜한다.

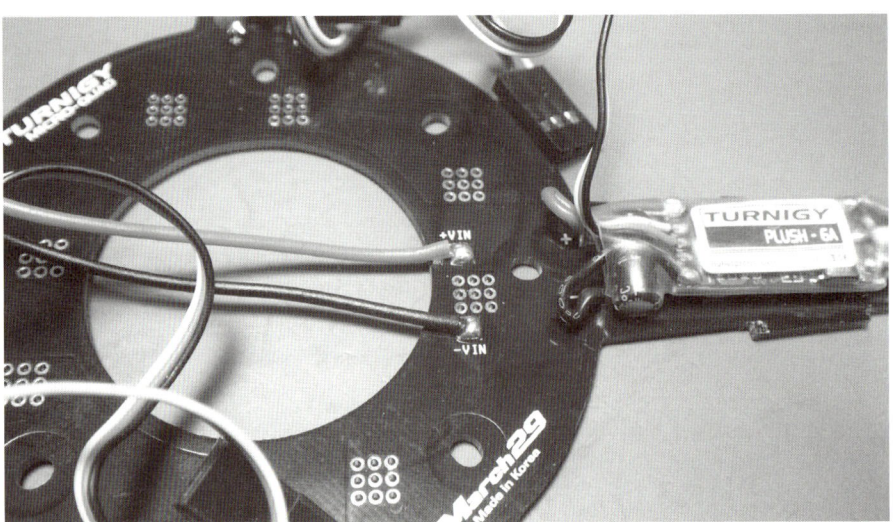

2 | 모터 장착

ESC 장착이 끝났으면 모터를 장착한다. 사진6처럼 나사로 장착하는데, 이때 모터에서 나온 선은 프레임 구멍을 통과시켜 아래쪽으로 돌아가도록 한다. 만약 모터에서 나온 선이 너무 길 때는 조금 짧게 자른 다음에 작업하는 것이 쉬울 것이다. 나사가 조그맣기 때문에 약간 불편은 하지만 4개 모터를 모두 똑같이 장착하도록 한다. 프레임 쪽 강도를 유지하기 위해 기판 쪽에는 사진7처럼 와셔를 넣는 것이 좋다.

 모터를 장착한다.

사진7 와셔를 넣는 것이 좋다..

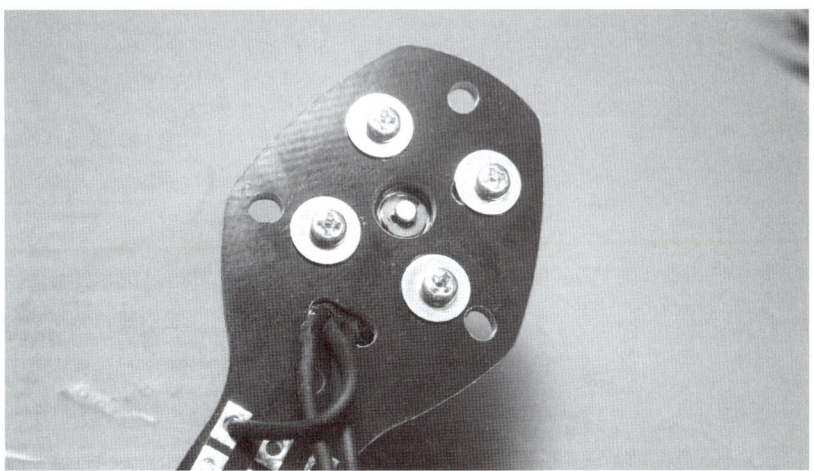

이 시점에서는 아직 모터 선을 납땜하지 않는다. 납땜작업은 마지막에 해야 하기 때문에 이 단계에서는 아직 선을 프레임에 통과시키고 나사만 조이면 된다. 또한 프로펠러도 연결해서는 안 된다. 프로펠러 연결은 나중에 해야 하므로 프로펠러 어댑터가 없어지지 않도록 잘 보관하도록 한다.

STEP 4-2 기체 조립하기

3 프레임을 조립한다

ESC와 모터 장착이 끝났으면 설명서의 그림을 따라 프레임을 조립하는데, 위로 오는 아치 형상 부분은 아직 조립하지 않는다. 작업을 할 때 방해가 되기 때문에 기체 조정까지 끝내고 나서 장착하기로 한다.

기본적으로는 끼우면 되는 방식이지만, 끼우는 것만으로는 바로 떨어지므로 접착하든지 혹은 사진8처럼 결속밴드로 조여 준다. 이 사진처럼 고정하면 프레임 안쪽으로 ESC도 고정할 수 있기 때문에 편리하다. 접착할 때는 에폭시 계통 접착제 등을 사용하도록 한다.

 접착하든지 결속밴드로 묶는다.

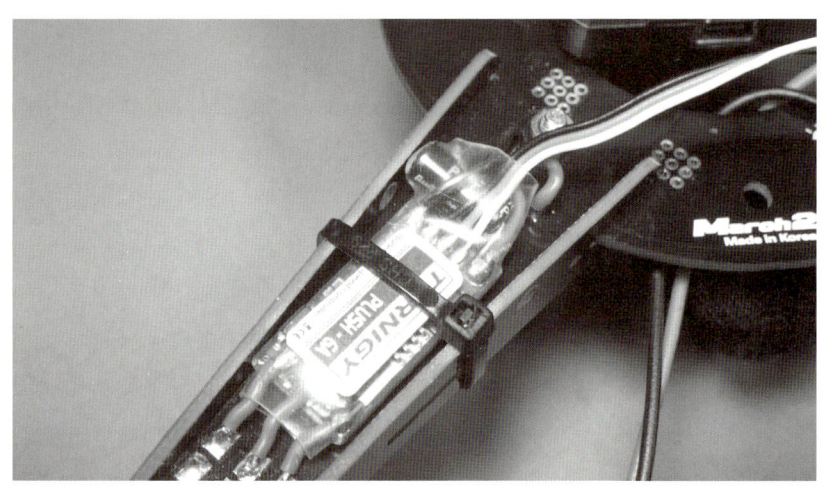

4 플라이트 컨트롤러를 장착한다

위쪽 아치 부분을 빼고 프레임 조립이 끝났으면 플라이트 컨트롤러를 장착하는데, 그러기 전에 기체의 전후좌우를 결정하기 바란다. 잘 생각하면 알 수는 있지만, 쿼드로터 기종 등과 같은 멀티콥터는 전후좌우가 헷갈리기 쉽다. 그 때문에 어디를 앞으로 할지는 스스로 결정해 둔다. 이번에는 프레임 위에 Turnigy 로고가 들어있으므로 이곳을 「앞」으로 정하겠다.

이번 사용한 플라이트 컨트롤러는 OpenPilot CC3D에 케이스를 덮는 타입이라 케이스 아래 사각 귀퉁이에 양면테이프를 붙여 사진9처럼 기체 중앙부분에 붙인다. 다만 기체중앙의 기판부분은 큰 구멍이 뚫려 있어서 사각 귀퉁이에만 붙일 수 있으므로 주의해서 고정하도록 한다. 만약 신경이 쓰인다면 작은 플라스틱 판 등을 붙여 구멍을 메우고 나서 플라이트 컨트롤러를 붙여도 괜찮을 것이다.

OpenPilot CC3D 케이스 밑의 사각 귀퉁이에 양면테이프를 붙인 다음 기체중앙에 덮는다.

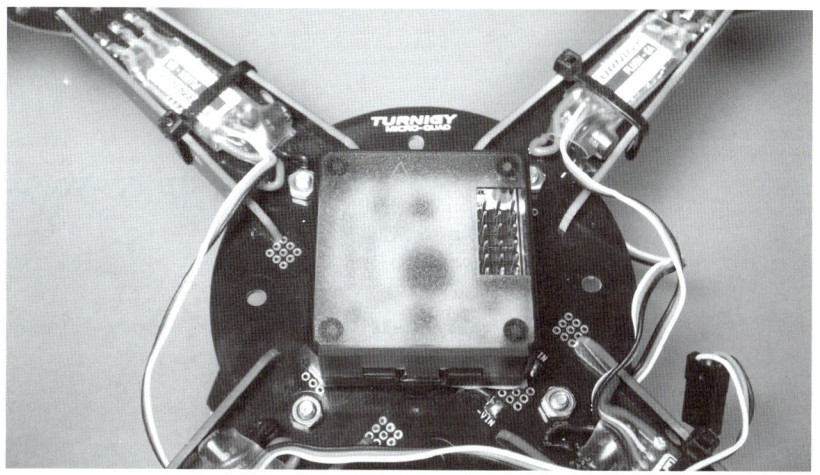

중앙의 구멍이 큰 이유는, 원래 이 프레임에서 상정했던 플라이트 컨트롤러가 45mm 타입이었는데, 최근의 35mm 타입(33CD도 이쪽이다)에는 조금 안 맞기 때문이다. 양면테이프로 고정해도 문제는 없으므로 필자 역시 별도의 방법은 취하지 않는다.

한편 고정할 때 좀 전에 정한 「앞」방향과 플라이트 컨트롤러에 붙어 있는 「앞」방향 표시 화살표를 맞추도록 한다. 사진10처럼 케이스 내지는 기판 위에 나 있는 화살표 마크가 기체의 앞을 가리키도록 붙인다. 이로서 기체의 전후좌우가 정해지는 것이다.

 화살표 마크가 기체의 앞을 나타내도록 장착한다.

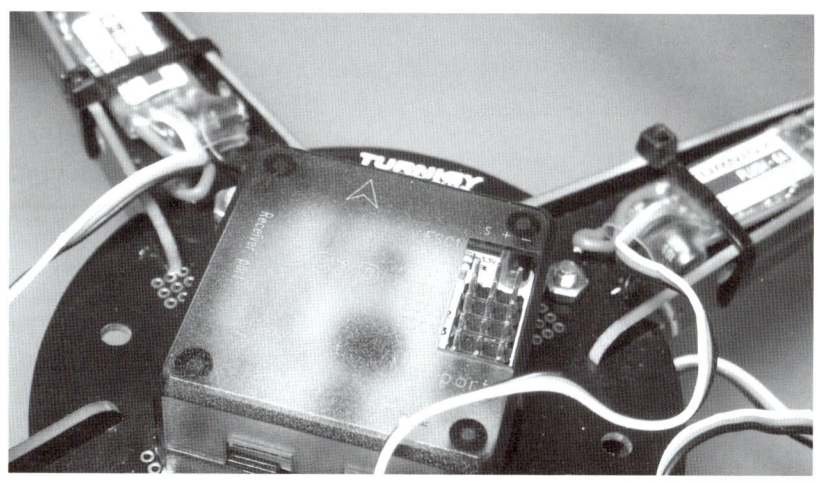

플라이트 컨트롤러가 치우지지 않고 기체 중심부에 위치하도록 장착한다. 앞서의 사진9처럼 기체중앙 부분에 위치하도록 고정한다.

STEP 4-2 기체 조립하기

다음으로 기체의 조정·시험비행을 하는 동안 작업이 편해지도록 수신기를 CC3D 케이스 위에 붙인다(사진11). 양면테이프로 붙인다고 하면 먼지 어설프다고 생각할지 모르지만 RC에서는 곧잘 사용하는 방법이다.

> **사진11** 수신기를 CC3D의 케이스 위에 붙여 놓는다.

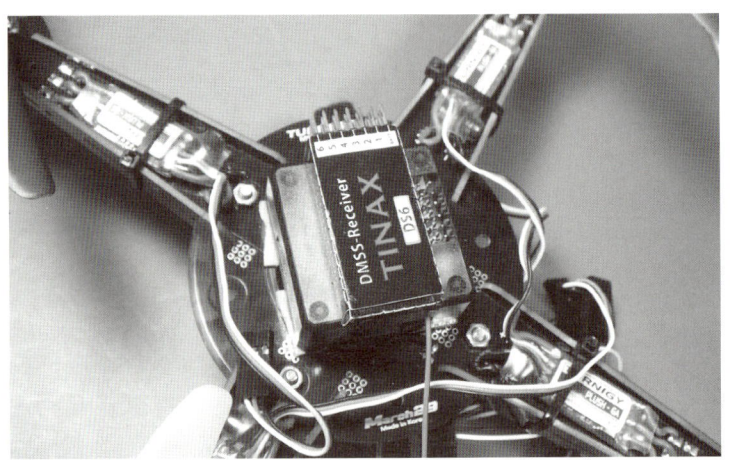

5 배선작업

기기 장착이 끝났으면 배선 작업에 들어간다. 먼저 ESC로부터의 신호 케이블(백적흑색 선)을 사진12 처럼 꽂는데, 이때 기판 또는 케이스 위의 마킹에 주의한다. S라고 표시되어 있는 방향이 신호, +로 표시되어 있는 위치에 적색 선이, - 또는 GND로 표시되어 있는 위치에 흑색 선이 들어가도록 방향을 맞춘다. CC3D의 경우에는 ESC는 1~6까지 6개 핀이 있는데, 다음 그림1과 같이 ESC를 1~4까지 접속한다.

> **사진12** ESC에서 오는 신호 케이블(백적흑색 선)을 삽입한다.

ESC를 1~4까지 접속한다.

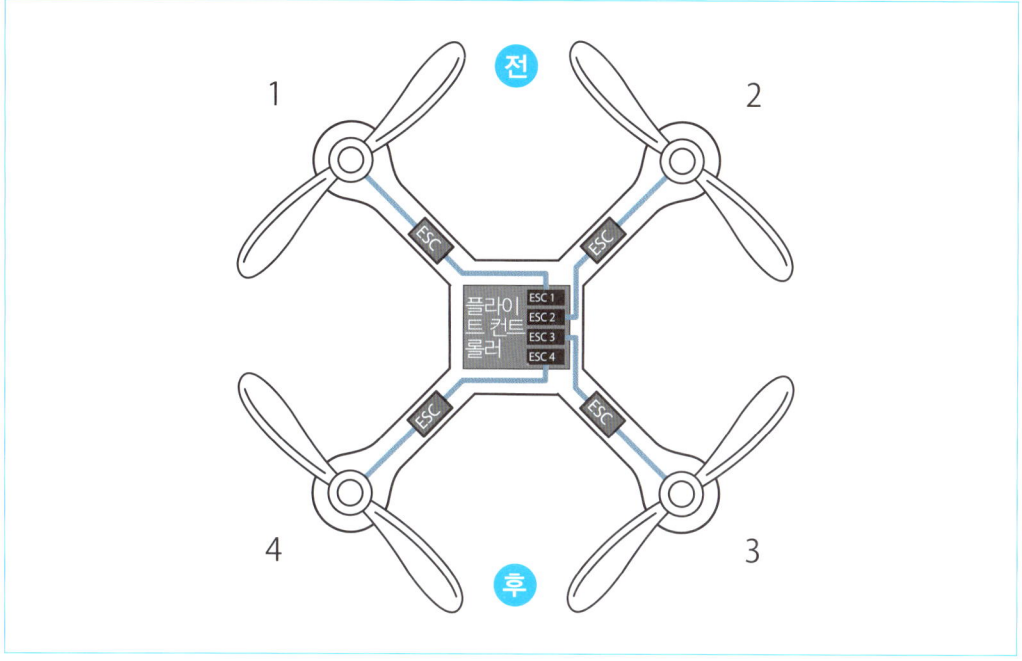

좌상을 기점으로 시계방향으로 1, 2, 3, 4로 기억하면 간단하다.

CC3D의 수신기 접속용 포트는 전용 커넥터를 사용하는데(사진13), 여기서는 부속된 전용 케이블을 삽입한다(사진14).

 수신기 접속용 포트는 전용 커넥터를 사용한다.

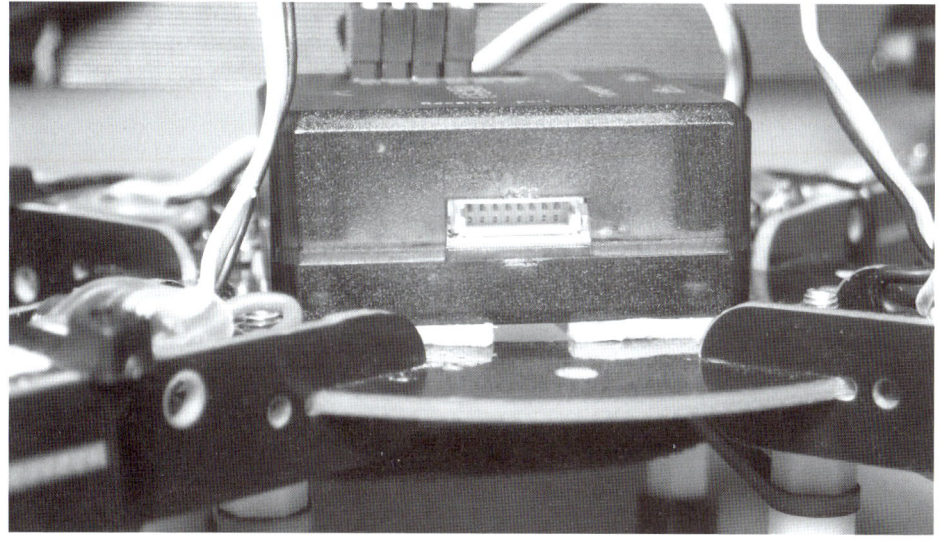

STEP 4-2 기체 조립하기

 전용 케이블을 삽입한다.

수신기 쪽 커넥터를 알기가 약간 어려울지 모른다. 백적흑색 3개 선이 들어 있는 커넥터가 하나이고 선이 한 개만 들어 있는 커넥터가 5개 있는데, 3개 선이 들어간 커넥터는 스로틀에, 그 이외의 커넥터는 각각 신호 부분에만 삽입한다.

수신기 쪽에도 S, +, -나 신호마크와 +, - 표시가 있을 것이라 생각하는데, 여기에 맞춰 먼저 3개 선이 들어간 커넥터를 스로틀에 접속하고, 그 이외의 1개뿐인 선은 각각의 신호에 맞춰 접속한다. 이번에 필자가 사용하는 호환수신기는 1이 스로틀로 되어 있기 때문에 거기에 3선 커넥터를 삽입하고, 다른 곳에는 신호만 접속한다.

그런데 어떤 것을 몇 번으로 하면 되는지 궁금해 할지 모르지만, 기본적으로 어디에 무엇을 꽂아도 나중에 조정할 수 있다. 그러므로 나중에 트러블이 일어났을 때 간단히 체크할 수 있을 정도로만 적당하게 꽂으면 된다. CC3D 쪽 커넥터를 보면 흑적백청 순서로 선이 배열되어 있는데, 흑색 쪽이 1번이므로 다음과 같이 신호선을 접속한다.

흑 → 수신기 1의 -
적 → 수신기 1의 +
백 → 수신기 1신호(스로틀)
청 → 수신기 2의 신호
황 → 수신기 3의 신호

OpenPilot GCS에서 설정할 때 그림이 나타나는데, 신호를 바꾸더라도 소프트 쪽에서 흡수할 수 있다. 하지만 여기서는 위와 같이 1~6까지 순서대로 꽂기로 한다. 그러면 사진15처럼 될 것이다. 이 접속부분에 관해서는 제2장의 수신기와 플라이트 컨트롤러의 해설을 같이 읽어주기 바란다.

 1~6까지 삽입한다.

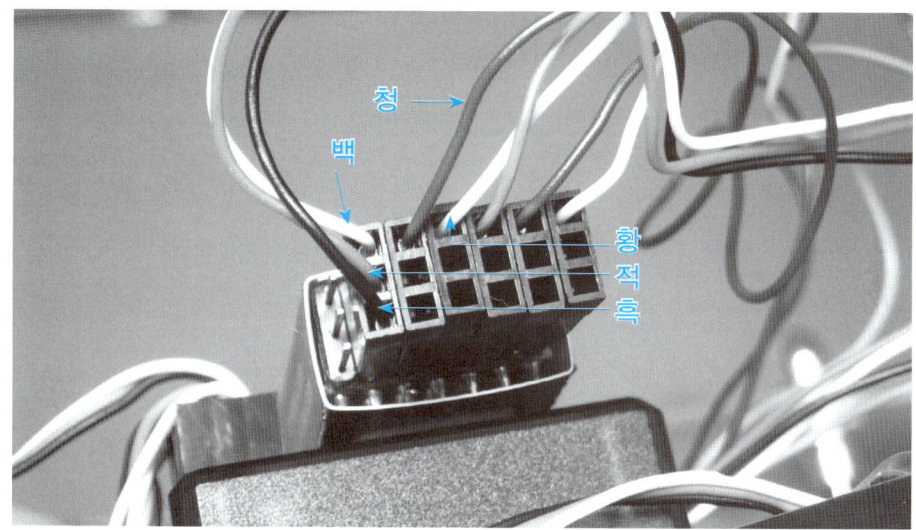

배선은 깔끔하게 정리하도록 한다. 이때 프로펠러의 선회반경 내에 배선 등이 들어와 간섭이 일어나지 않도록 주의한다. 프로펠러는 아직 연결하지 않는데, 임시로 프로펠러를 갖다 대보는 등으로 해서 선회반경을 살펴보고, 그 중에 간섭이 되는 배선 등이 없는지 확인한다.

6 OpenPilot으로 기체를 조정한다.

배선이 완료되었으면 기체 조정으로 넘어간다. OpenPilot에서의 조정은 아주 간단하다. 사전에 OpenPilot GCS를 다운로드해 설치해 놓도록 한다. 그때 OpenPilot의 드라이버도 설치된다.
또한 기체 조정을 위해 배터리도 필요하므로 잘 충전된 배터리도 준비하도록 한다.
반복해서 말하지만 프로펠러는 이 시점에서 장착하지 않는다. 다음에 장착할 것이다.
조정을 사직하기 전에 사진16처럼 모터에서 나오는 선을 프레임 패턴(패드) 구멍에 끼워놓는다. 이때 삽입하는 순서는 적당히 하고 나중에 변경한다. 덧붙이자면, 3개 선 가운데 하나만 납땜을 해 두어도 상관없다.
그 이유는 뒤에서 설명하겠다.

STEP 4-2 기체 조립하기

 모터에서 나온 선을 프레임 패턴(패드) 구멍에 삽입한다.

먼저 안정된 평평한 장소에 기체를 놓고 USB 케이블로 컴퓨터와 CC3D를 접속한다. 접속했으면 OpenPilot GCS를 열고 조정을 시작한다. Welcome 화면부터 일단 우측 위쪽의 "Vehicle Setup Wizard"를 클릭해 기동한다(화면1). 그러면 가장 먼저 역시 "프로펠러를 연결하지 말라"는 경고화면(화면2)이 나오는데 이것을 확인했으면 [Next]를 클릭해 다음으로 넘어간다.

 "Vehicle Setup Wizard"를 클릭한다.

 경고화면

다음으로 펌웨어(CC3D 보드 상의 소프트웨어)를 업그레이드할거냐는 화면3가 뜨는데, "Erase all settings"에 체크한 다음 "Upgrade" 버튼을 눌러 업그레이드를 한다. 업그레이드가 끝나면(화면4) [Next]를 눌러 다음으로 넘어간다.

 Erase all settings"에 체크한 다음 업그레이드한다.

STEP 4-2 기체 조립하기

 [Next]를 눌러 다음으로 넘어간다.

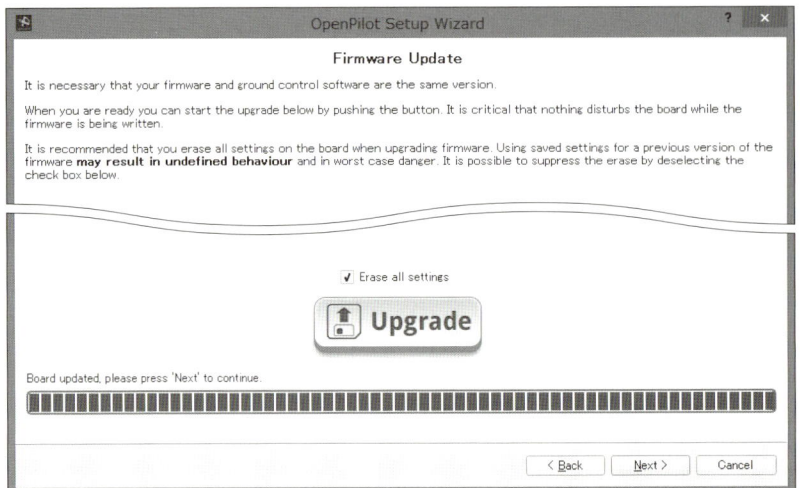

다음으로 펌웨어(CC3D 보드 상의 소프트웨어)를 업그레이드할거냐는 화면3가 뜨는데, "Erase all settings"에 체크한 다음 "Upgrade" 버튼을 눌러 업그레이드를 한다. 업그레이드가 끝나면(화면4) [Next]를 눌러 다음으로 넘어간다.

 USB 경우로 CC3D가 선택되어 있는지 확인한 다음 [Next]를 클릭한다.

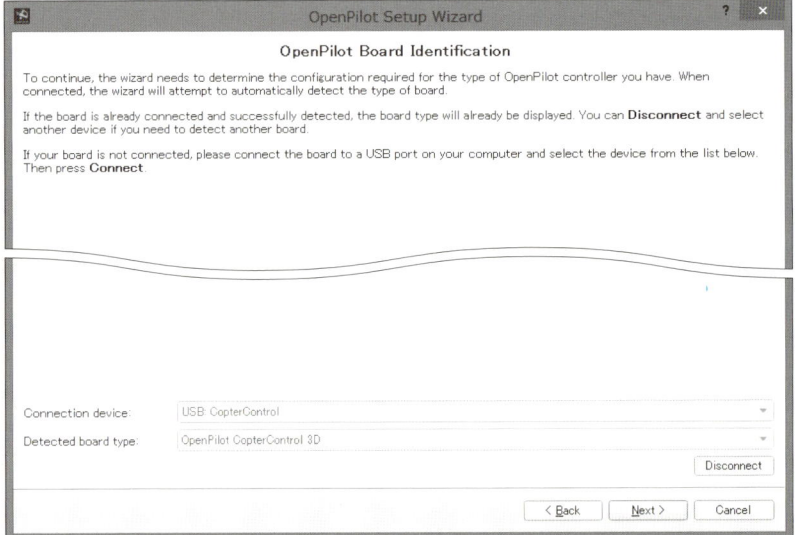

다음 화면은 보드 확인인데, 여기까지 접속해 오면서 문제가 없으면 화면5와 같이 USB 경유로 CC3D(Copter Control 3D)가 선택되어 있을 것이므로 확인한 다음 [Next]를 클릭한다.

 "PWM"을 선택한 다음 [Next]를 클릭한다.

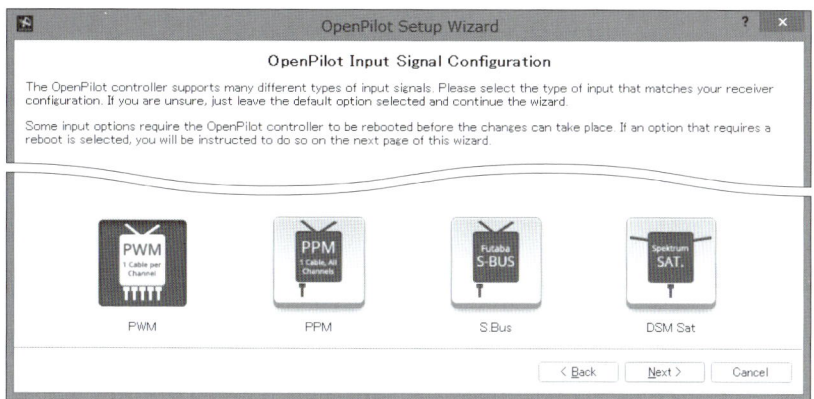

계속해서 기체 종별을 선택하는 화면7이 나오는데, 여기서 만드는 것은 쿼드콥터이므로 Multirotor(멀티로터)를 선택하고 [Next]를 눌러 다음으로 넘어간다. 다음 화면8에서 멀티로터의 종별을 선택하는데, 여기서 만드는 것은 코드 X이므로 "Quadcopter X"를 선택한 다음 [Next]를 눌러 다음으로 넘어간다.

 Multirotor를 선택하고 [Next]를 클릭한다.

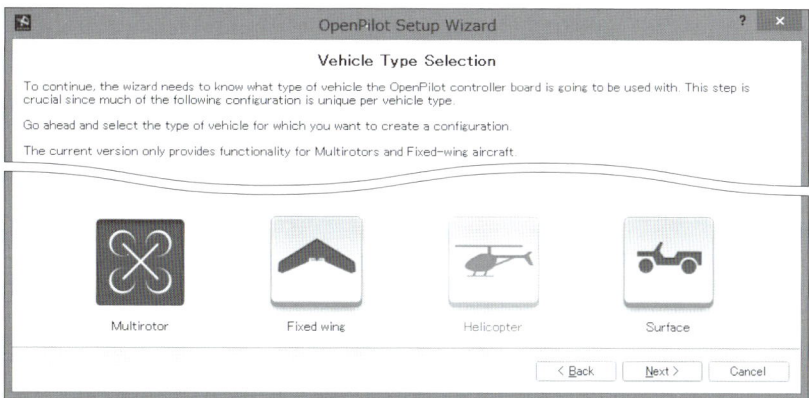

STEP 4-2 기체 조립하기

화면8 Multirotor를 선택하고 [Next]를 클릭한다.

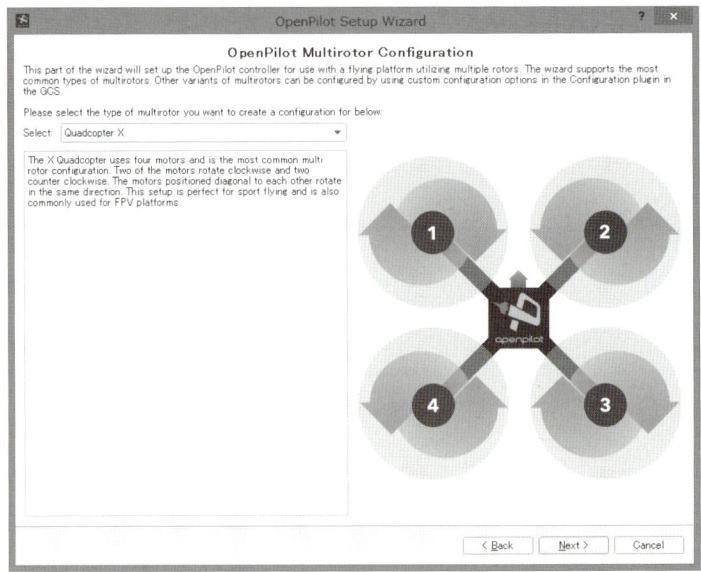

이 화면의 그림대로 CC3D의 1, 2, 3, 4가 조금 전에 접속했던 ESC(의 끝의 모터)가 되는 것이다. 이 화면 그림과 다음 그림2는 잠시 기억해 두기 바란다. 1이 시계, 2가 시계반대, 3이 시계, 4가 시계반대 방향으로 모터가 회전해서는 안 된다. 이 회전방향을 나중에 조정한다.

그림2 모터의 회전

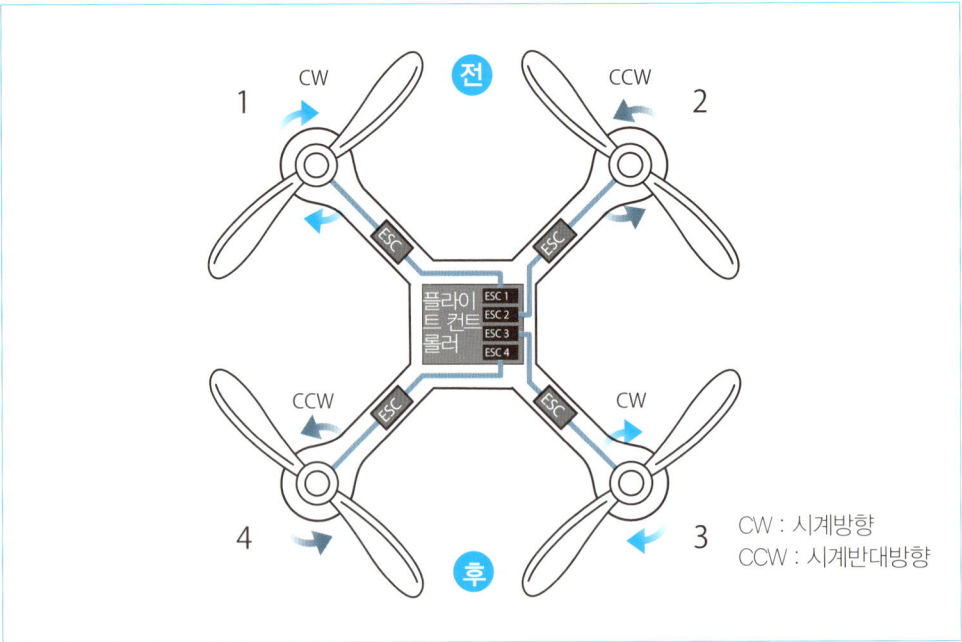

[Next]를 클릭해 다음으로 넘어가면 ESC 종류를 선택하는 화면9가 나오는데, 통상은 중앙의 "Rapid ESC"를 선택하면 무난할 것이다.

다음의 화면10에서는 지금까지의 설정 개요가 표시되는데, "CONNECTION DIAGRAM"을 클릭하면 화면11처럼 접속도가 표시된다. 이 책에서는 먼저 접속을 끝냈지만, 이 화면의 그림을 참고로 여기서 접속해도 상관이 없다.

화면9 ESC의 종류를 선택한다.

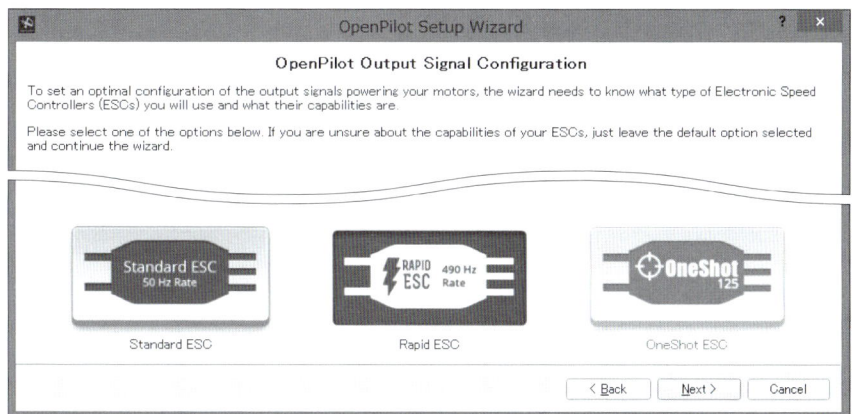

화면10 설정 개요가 표시된다. "CONNECTION DIAGRAM"을 클릭한다.

STEP 4-2 기체 조립하기

 접속도가 표시된다.

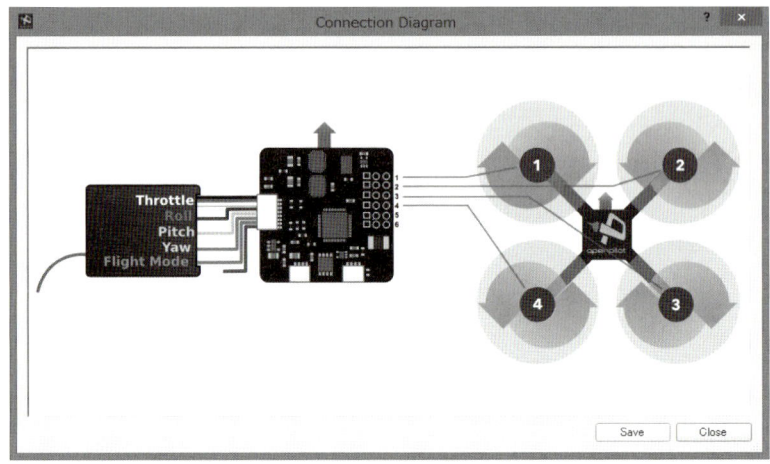

다음 화면12에서는 보드 상의 센서 조정을 할 수 있다. 기체를 평평하고 안정된 장소에 놓은 다음 "Calculate" 버튼을 클릭해 조정이 완료될 때까지 기체를 움직이지 않도록 주의한다. 완료되면(화면13) [Next]를 클릭해 다음으로 넘어간다.

다음 화면14는 ESC를 조정하는 화면으로, 이 부분이 중요해서 주의가 많이 써 있다. 몇 번 되풀이 하지만 이 시점에서 프로펠러를 장착하지 않는다. 만약 장착했을 경우에는 다음 작업으로 넘어가기 전에 모두 분리하도록 한다. 나아가 배터리도 접속해서는 안 된다. 이것을 지키지 않으면 부상을 입을 우려가 있다.

 기체를 평평하고 안정된 장소에 놓고 "Calculate"를 클릭한다.

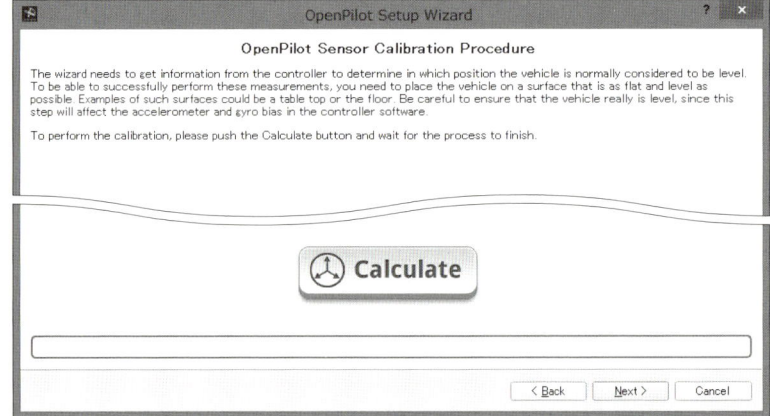

 [Next]를 눌러 다음으로 넘어간다.

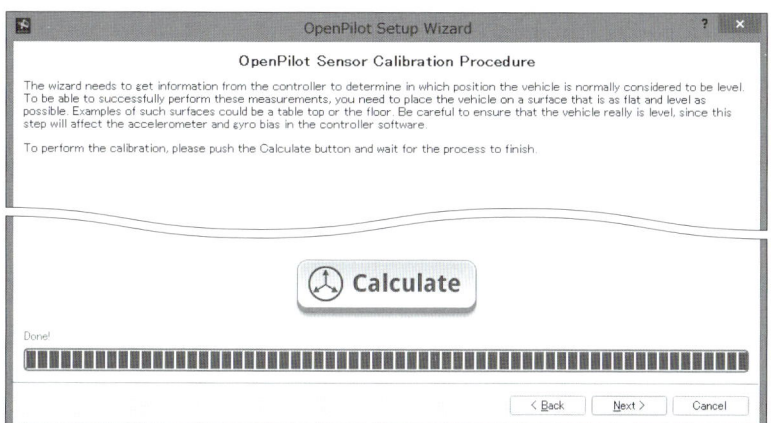

 ESC의 조정화면(프로펠러는 장착하지 말 것! 배터리도 접속하지 말 것!)

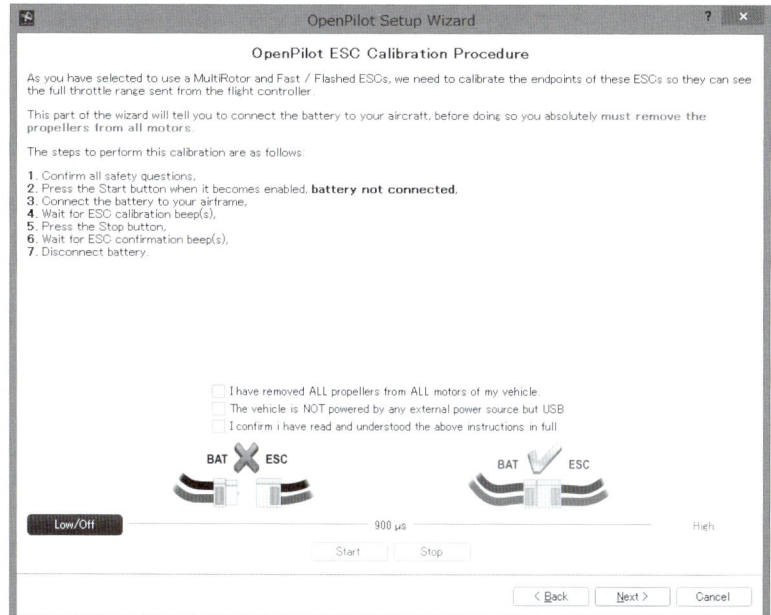

STEP 4-2 기체 조립하기

중앙화면 아래쪽에 체크 박스가 있는데, 이 의미는 다음과 같다.

☐ 모든 프로펠러를 모터에서 전부 분리했다.

☐ 기체의 전원은 USB에서만 공급되고 있다(배터리는 접속되지 않았다).

☐ 모든 주의를 읽고 정확히 이해했다.

다 확인했으면 체크를 한다. 3개 모두 체크했으면 중앙 아래에 있는 [Start] 버튼을 클릭한다(화면15).

 체크 박스의 내용을 확인한 다음 [Start] 버튼을 클릭한다.

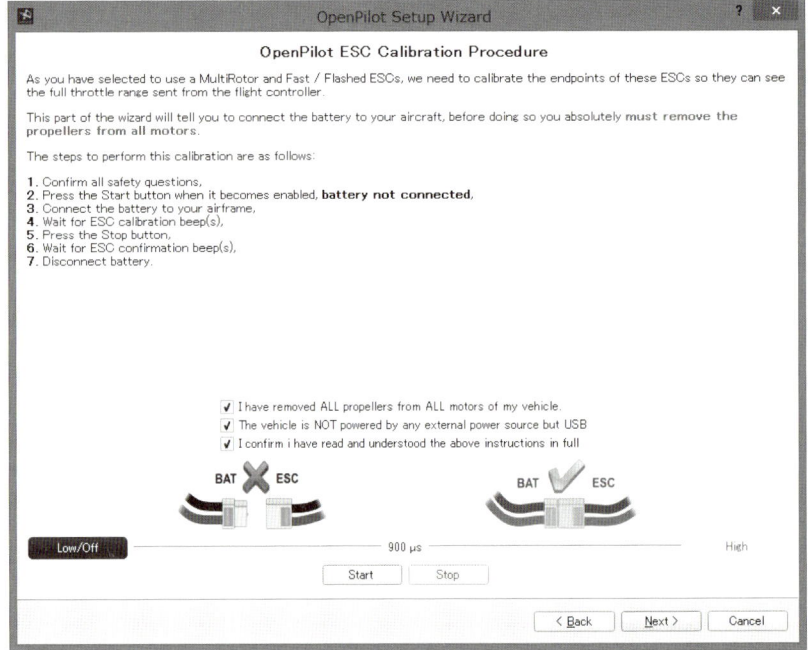

클릭하면 화면16과 같이 [High] 쪽이 빨갛게 되고 배터리를 연결하도록 지시가 나타나므로, 이 시점에서 배터리를 접속한다. 그리고 잠시 기다리면 모터에서 소리가 나는데, 그 가운데 「도레미파솔」같은 소리가 울린 다음 삐~, 삐삐, 삐삐삐 거리며 울리고 나서 이것을 반복한다(Turnigy Plush의 경우이다). 같은 패턴이 반복되는 것을 확인했으면 [Stop]을 클릭해 화면17의 지시에 따라 배터리를 분리한다. 끝났으면 [Next]를 눌러 다음으로 넘어간다.

화면16 [High] 쪽이 빨갛게 변하고, 배터리를 연결하라는 지시가 나온다.

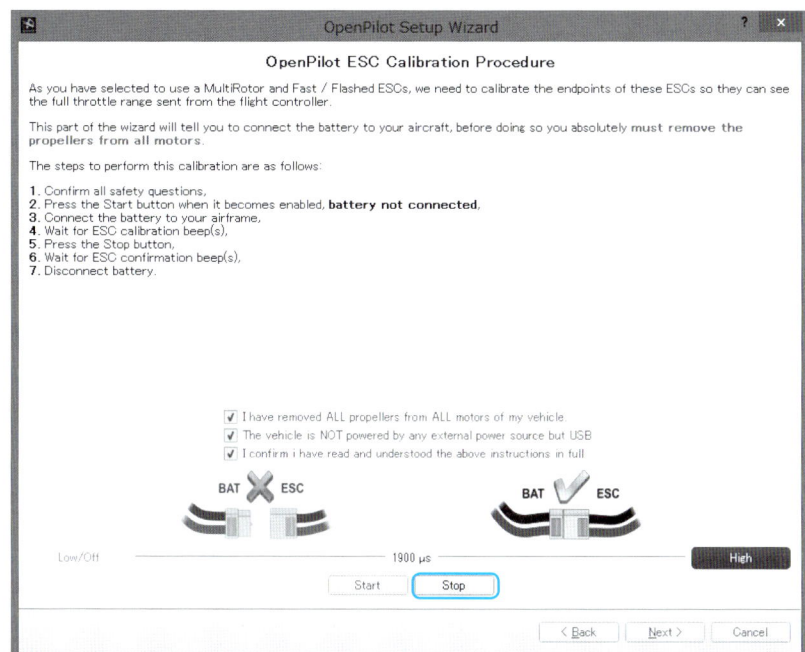

화면17 [Stop]을 클릭하고 지시에 따라 배터리를 분리한다.

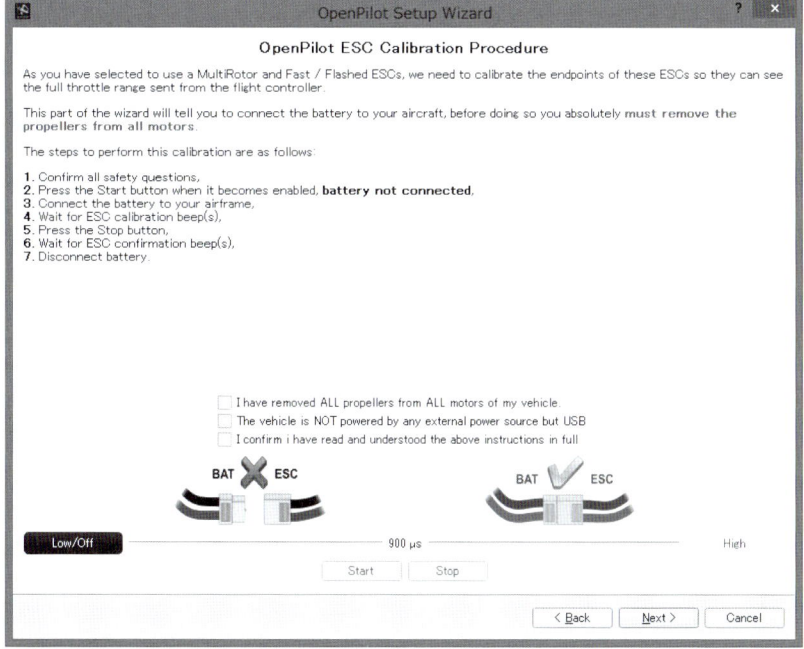

STEP 4-2 기체 조립하기

다음 화면18부터는 모터 출력을 조정하는데, 여기서도 다시 프로펠러를 분리하라는 지시가 있다. 앞서의 그림과 똑같은 그림으로 모터의 회전방향이 지시되어 있으므로 이것을 다시 확인하고 나서 [Next]를 클릭해 다음으로 넘어간다.

 프로펠러를 모두 분리한 다음 확인 후 [Next]를 눌러 다음으로 넘어간다.

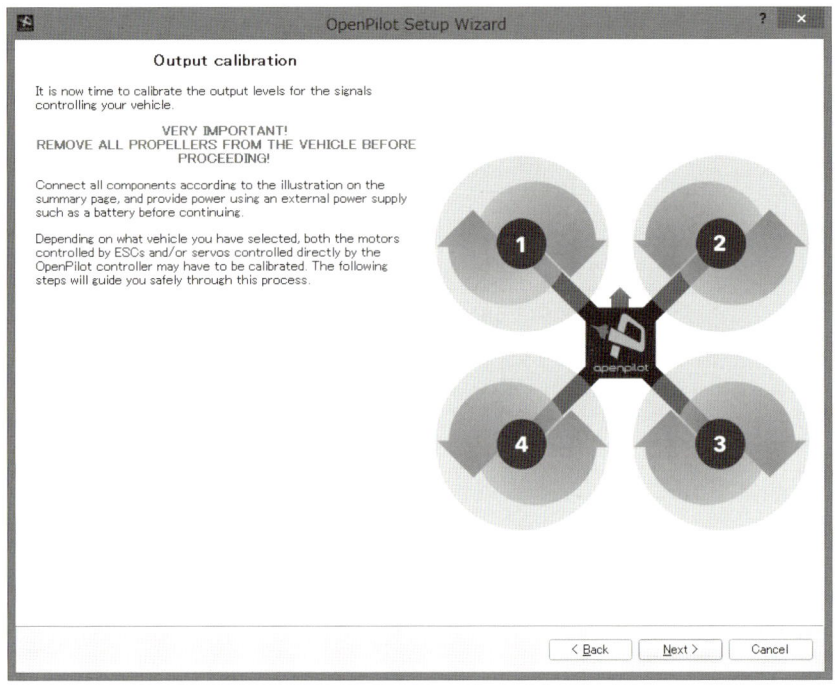

다음 화면19에서는 1번 모터, 즉 좌상 쪽 모터를 조정한다. 이 단계에서는 배터리를 접속한다. 화면의 [Start] 버튼을 클릭한 다음 위쪽 슬라이더를 조금씩 우측으로 이동시킨다. 갑자기 크게 이동시키면 안 된다. 필자와 똑같은 부품을 사용하고 있을 경우라면 1140 부근 위치에서 모터가 회전할 것이다. 천천히 안정적으로 회전하는 위치에 도달했으면 모터가 회전하는 방향을 확인한다. 회전방향이 화면과 똑같이 1번의 시계방향이라면 문제가 없지만, 만약 반대방향(시계반대방향)으로 회전하는 경우에는 일단 [Stop]을 클릭해 회전을 멈춘 다음, 기판의 뒤쪽에서 삽입한 모터의 배선 가운데 2개를 바꾸도록 한다. 예를 들면 다음과 같다(그림3).

화면19 필자와 똑같은 부품을 사용하고 있다면 1140 부근 위치에서 모터가 회전할 것이다.

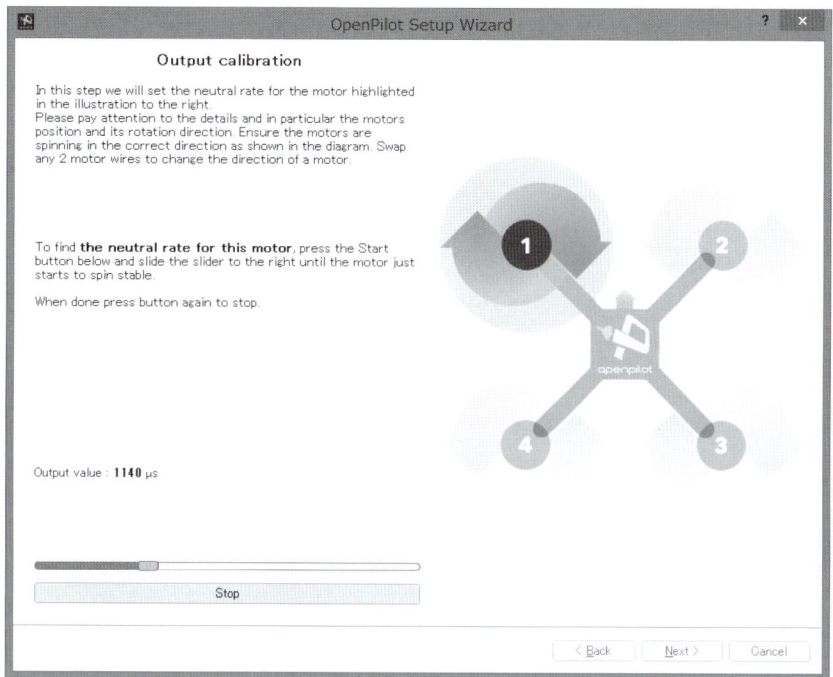

그림3 [Stop]을 클릭해 회전을 멈춘 다음, 기판 뒤쪽에서 삽입한 모터의 배선 가운데 2개를 바꾼다.

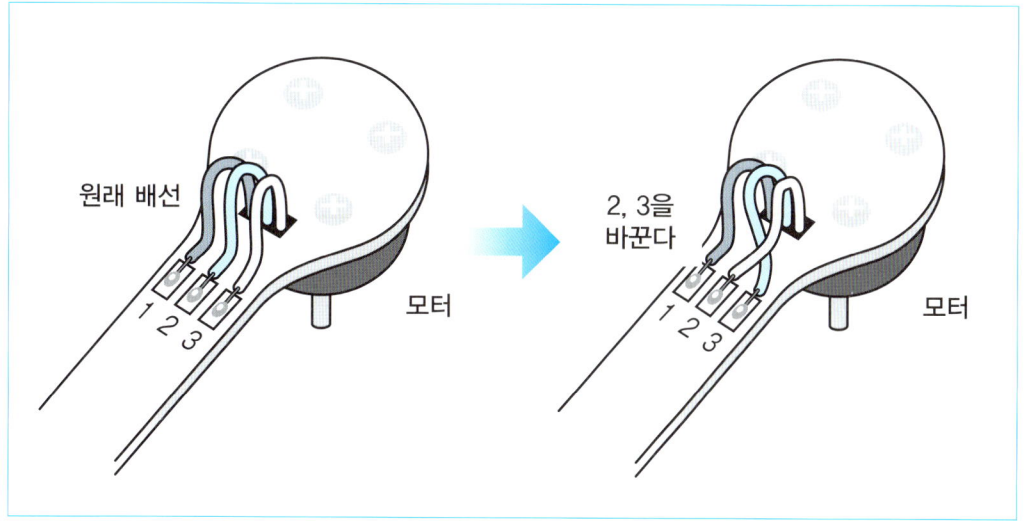

STEP 4-2 기체 조립하기

그러면 회전방향이 반대가 되기 때문에 이것이 올바른 접속위치가 되는 것이다.

만약 모터가 회전하지 않는 경우에는 삽입방법에 문제가 있어서 회로에 접속하지 않은 것이므로 일단 슬라이더를 왼쪽 끝으로 되돌리고 나서 [Stop]을 클릭한 다음, 배터리를 분리하고 모터의 선을 정확하게 다시 삽입하고 나서 다시 시도해 본다.

모터의 선을 단단하게 납땜한 것이 아니라 급하게 돌리면 위험하므로 기준으로 슬라이더를 1200까지 높여도 회전하지 않을 경우에는 접속이 나쁘다고 봐야 한다.

이 작업을 1~4까지 모든 모터에서 하도록 한다. 1과 3이 시계방향, 2와 4가 시계반대방향으로 회전하도록 조정했으면 [Next]를 클릭해 화면20에서 "Current Tunig"이 선택되어 있는지 확인한 다음 [Next]를 클릭해 다음 화면21로 넘어간다. 화면21에서 "Save"를 클릭해 지금까지의 설정정보를 CC3D에 적용한다. 다음은 화면22의 Transmitter Setup Wizard로 바뀐다.

 "Current Tunig"가 선택되어 있는 것을 확인하고 [Next]를 클릭한다.

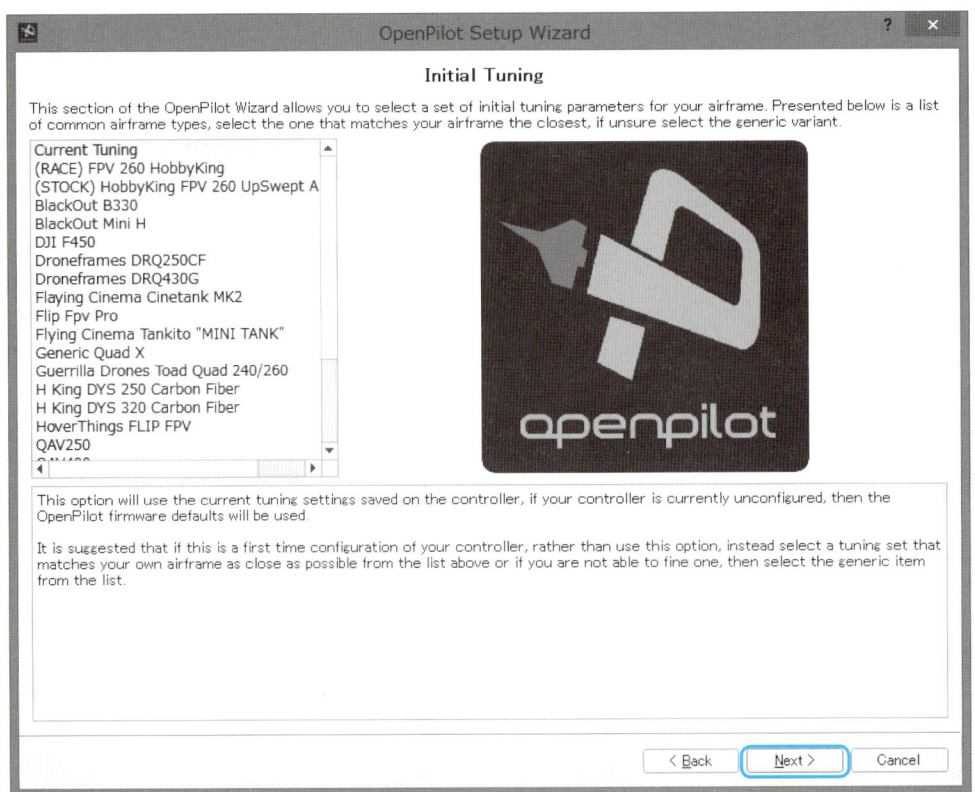

 "Save"를 클릭해 지금까지의 설정정보를 CC3D에 적용한다.

 Transmitter Setup Wizard

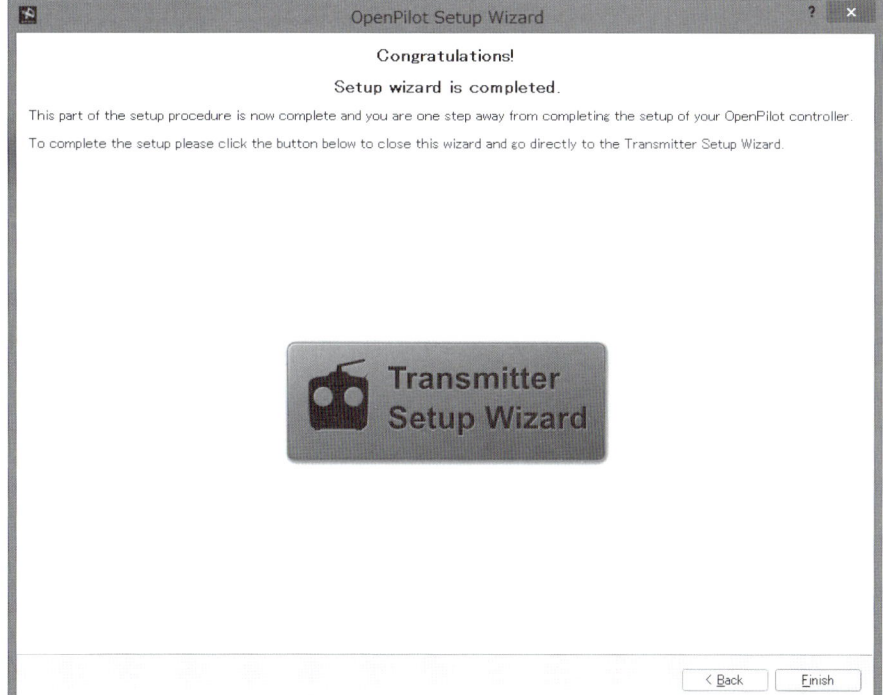

STEP 4-2 기체 조립하기

여기서부터는 송신기와 수신기 사이를 설정한다. 송수신기 간 바인드 설정이나 송신기 설정은 사전에 올바로 설정되어 있는 것으로 전제한다.

일단 배터리를 분리하고 송신기의 스로틀 스틱을 가장 낮춘 상태로 하고 나서 송신기 전원을 넣는다. 그런 다음 다시 기체에 배터리를 연결한다. 준비가 되었으면 바로 앞의 Transmitter Setup Wizard를 클릭해서 시작한다. 시작을 하면 화면23의 다이얼로그가 나온다. 이것은 『안전을 위해 항상 암드(armed) 하지 않는 모드가 된다』는 의미이다. 암 모드에 대해서는 뒤에서 설명하겠다.

 메시지가 표시된다.

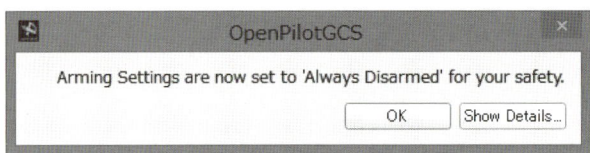

[OK]를 클릭하면 화면24와 같이 Wizard가 시작되므로 [Next]를 클릭해 다음으로 넘어간다. 먼저 조종기 선택화면(화면25)이 나오는데, 필자의 경우는 멀티콥터를 사용할 때 헬리콥터용이 아니라 비행기용을 사용하기 때문에 위의 "Acro"를 선택한다.

다음으로 조종기 모드를 선택하는데, 필자는 모드2 조종기를 사용하기 때문에 Mode2를 선택한다 (화면26).

 [Next]를 클릭해 다음으로 넘어간다.

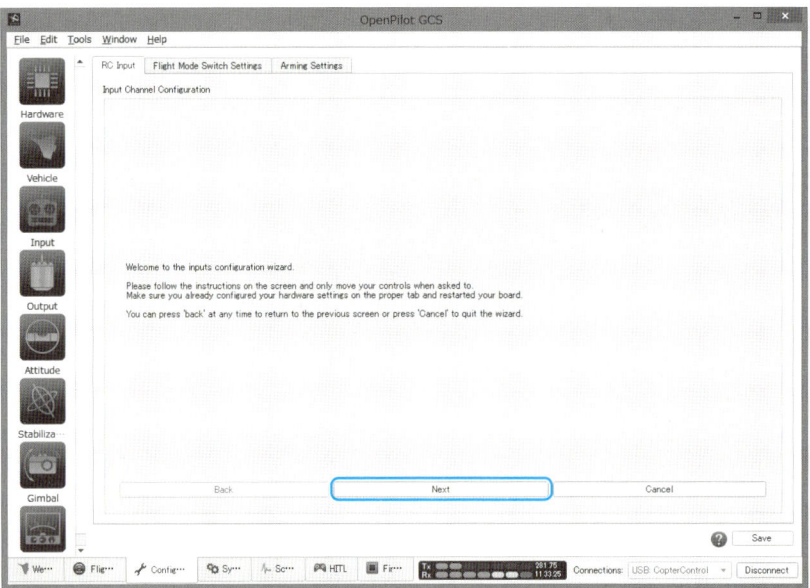

화면25 사용하는 기종에 맞춘다(필자의 경우는 "Acro")

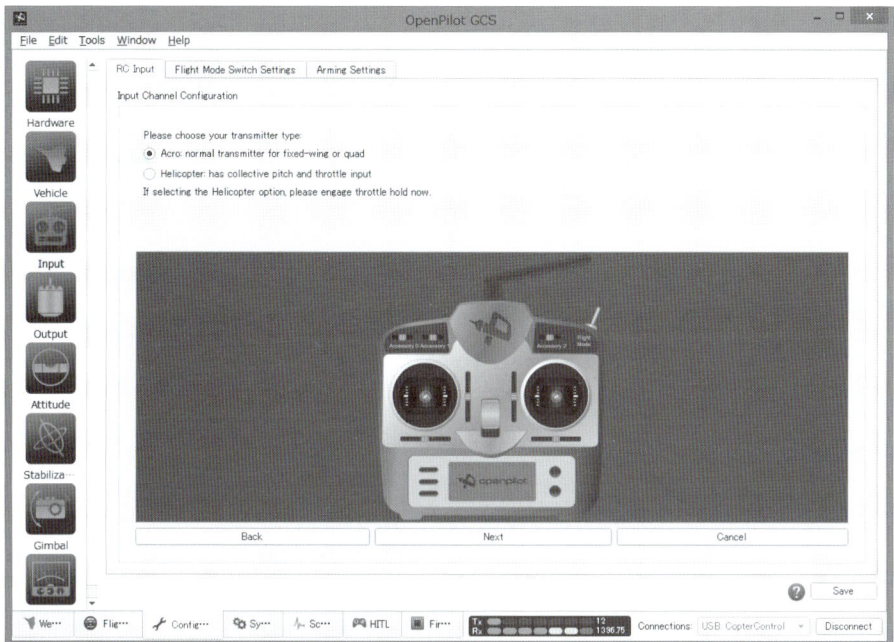

화면26 조종기의 모드를 선택한다.

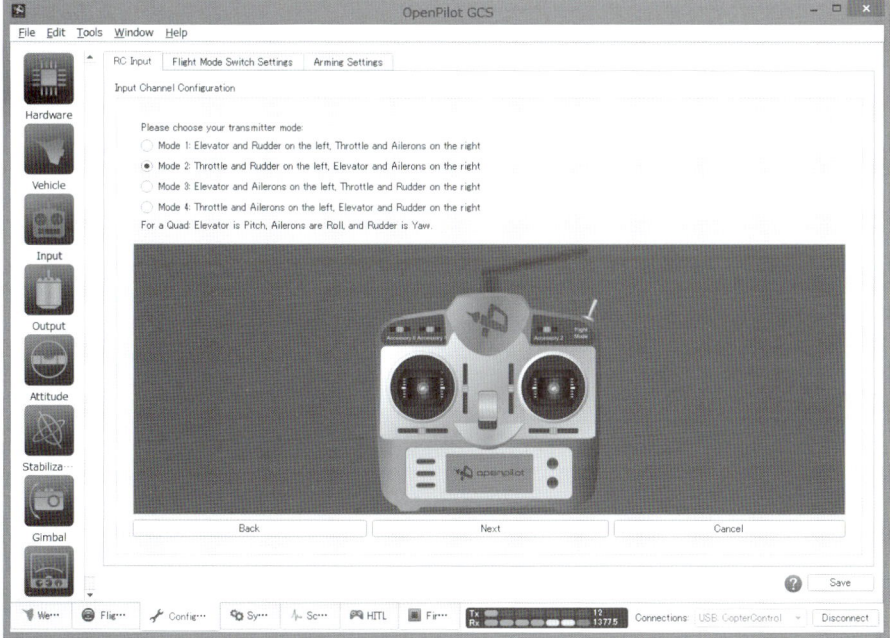

STEP 4-2 기체 조립하기

다음 화면27은 어느 스틱이 어느 조작을 담당하게 할 것인지에 대해 설정하는 화면으로서, 먼저 스로틀을 지정한다. 이 지정방법은 아주 간단하다. 화면상에서 송신기의 일러스트 상의 스틱이 움직이므로 화면의 움직임에 따라 화면에서 움직이고 있는 스틱과 같은 스틱을 실제 송신기로 움직이기만 하면 된다.

 화면에 맞추어 스틱을 조작한다.

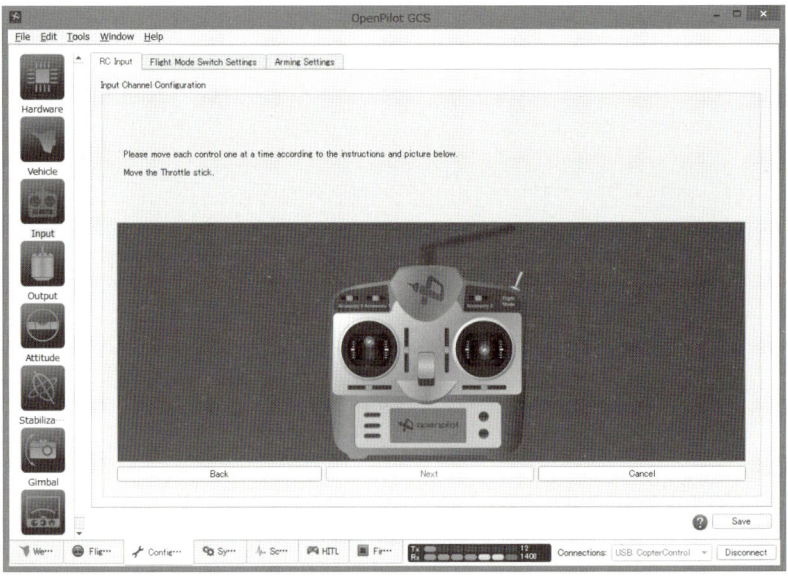

이 조작에서 어느 스틱을 조작하면 CC3D의 어디로 연결되어 있는지 인식할 수 있다. 스틱의 4가지 조작 모두에 대해 이 설정을 해주면 화면28과 같이 플라이트 모드 스위치를 조작하지 말라는 화면으로 바뀐다. 플라이트 모드 스위치를 몇 번 톡톡 움직이면 인식된다. 플라이트 모드의 스위치가 인식되면 기타 스위치(AUX1, AUX2 등)를 조작한다.

 플라이트 모드 스위치를 조작하지 말라는 화면

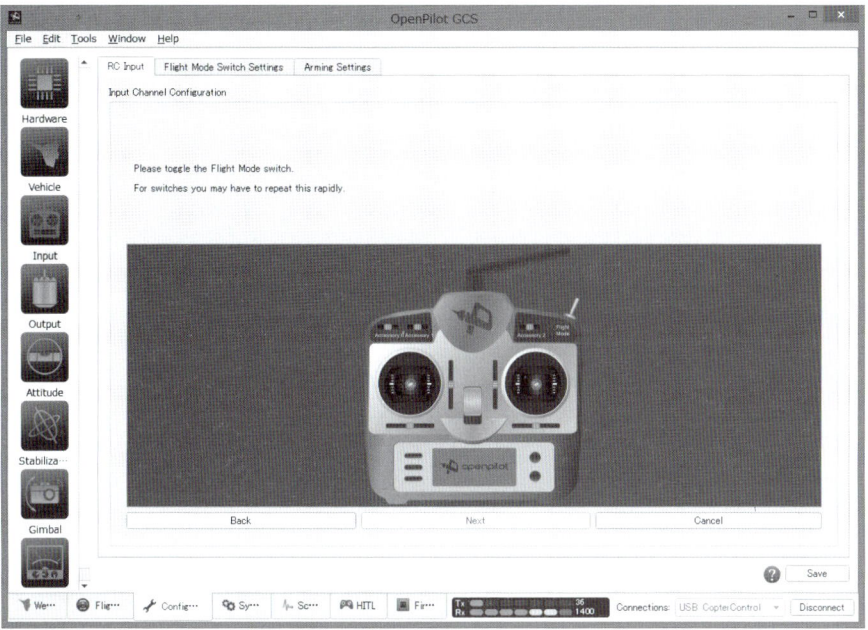

　몇 번 정도 조작하면 자동으로 인식이 되는데, 이번에 사용하는 수신기는 6ch 타입이라 스틱4ch, 플라이트 모드, AUX1 6ch밖에 사용할 없기 때문에 이것들을 설정했으면 [Next/Skip]을 클릭해 다음으로 넘어간다. 화면29 표시가 나타나면 모든 스틱을 중립 위치(스로틀도 포함)에 놓는데, 플라이트 모드의 스위치가 3단식이라면 중간위치에, AUX종류는 어느 쪽으로든 기울인 다음 그 상태에서 [Next]를 클릭한다.

STEP 4-2 기체 조립하기

 모든 스틱을 중심에 놓는다.

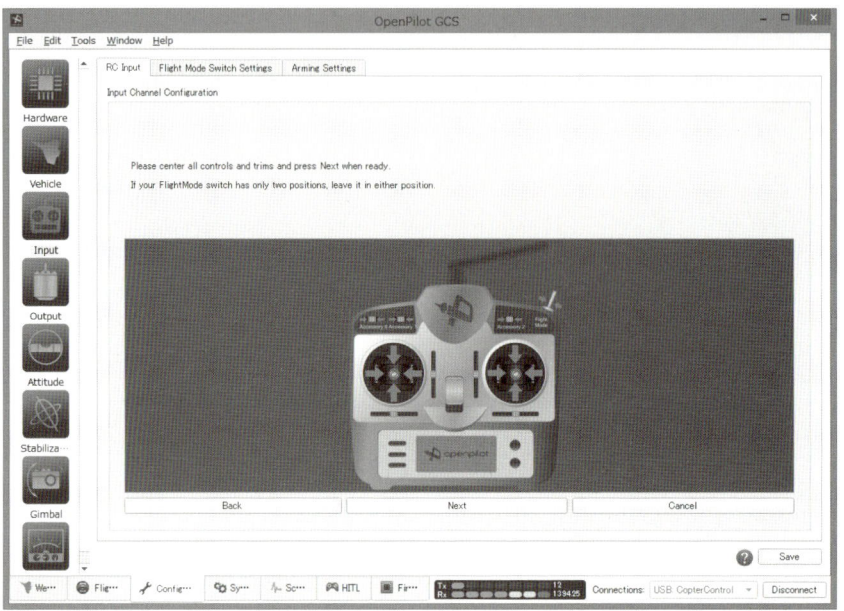

다음 화면30에서는 표시 상에서 스틱 종류가 심하게 움직이고 있을 것이다. 이 상태에서는 모든 스틱을 최소~최대 위치까지 움직이는데, 플라이트 모드 스위치나 AUX 스위치 종류도 모두 조작한다. 잠시 동안 조작하고 있으면 자기가 하고 있는 조작과 화면상의 조작이 일치해질 것이다. 일치했으면 [Next]를 눌러 다음으로 넘어간다.

다음 화면31에서는 송신기 조작과 화면 표시가 일치하고 있는지 확인한다. 들고 있는 수신기에서의 조작이 화면상으로 정확히 반영되는지 아닌지 확인한다. 예를 들면 우측 체크를 오른쪽으로 움직였는데 화면상에서는 왼쪽으로 움직이는 경우는 위쪽 체크 박스의 "Roll" 위치에 체크를 해준다. 이것이 서보 리버스 설정에 대응한다. JR 조종기의 경우, 통상은 Roll, Yaw 모두 리버스로 설정되어 있지만, 송신기 쪽에서 리버스로 설정하고 있으면 이 화면에서는 설정할 필요가 없으므로 주의하기 바란다.

 모든 스틱을 최소~최대 위치까지 움직이는데, 플라이트 모드 스위치, AUX 스위치 종류도 모두 조작한다.

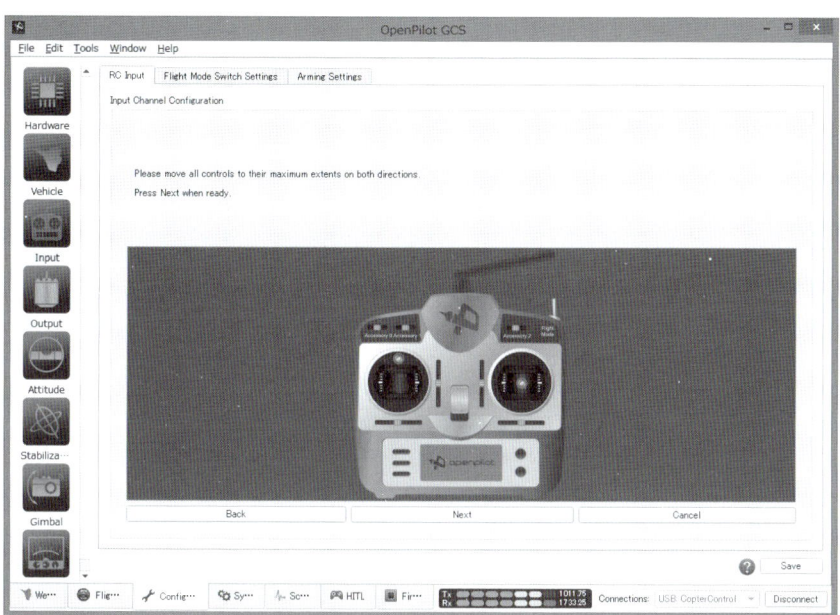

화면31 송신기 조작과 화면 표시가 일치하는지 확인한다.

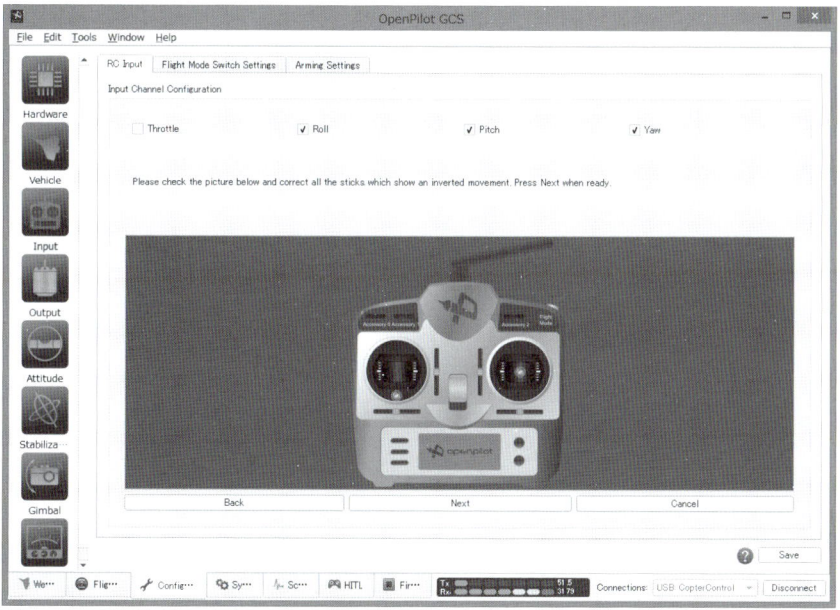

STEP 4-2 기체 조립하기

동작을 확인했으면 [Next]를 눌러 종료한다. 마지막 설정은 Arm(암) 설정이다. 필자는 이 Arm 모드의 경우 러더 스틱 좌(左)를 좋아해서 화면32와 같이 "Yaw Right"를 선택하고 있다. Arming Timeout은 기체가 방치(스로틀이 가장 아래)되었을 경우에 몇 초가 지나면 Arm을 해제할 것이냐는 설정으로, 디폴트 30초가 적당하다고 생각한다.

 필자는 아래와 같이 설정했다.

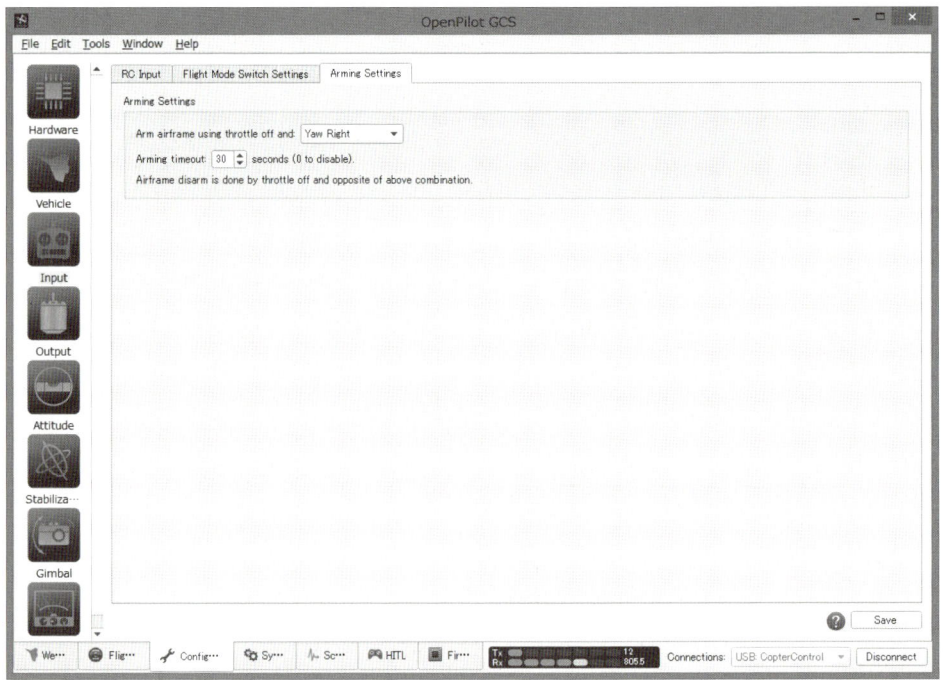

이상으로 송신기 설정은 완료되었으므로, 우측 하단에 있는 [Save]를 클릭해 설정내용을 CC3D에 적용하고 종료한다. 이것으로 모든 설정이 완료되었다.

설정이 완료되었으므로 배터리, USB 모드 분리한다. 모터의 회전방향도 결정했으므로 모터의 선을 납땜하는 것으로 기체 마무리도 끝이 난다.

7 플라이트 모드를 확인한다

OpenPilot GCS에서 확인해야 할 항목이 하나 있다. 기체의 안정화에는 몇 가지 방법이 있는데, 이 방법을 통상은 "플라이트 모드"로 전환한다. 이 전환할 때의 거동을 확인하는 것이다.

OpenPilot GCS를 시작해 아래의 Configuration 탭을 열고 왼쪽의 Input(송신기) 아이콘을클릭한다. 그러면 입력(RC) 설정화면으로 바뀌는데 위쪽의 Flight Mode Switch Settings 탭을 연다. 화면33과 같이 표시되므로 송신기 전원이 들어가 있으면 플라이트 모드로 설정한 스위치를 전환해 본다. AUX 등과 같이 2포지션밖에 없는 스위치의 경우에는 위쪽의 Pos.1과 Pos.2 위치에서 좌측 슬라이더가 전환될 것이다. 3포지션인 플라이트 모드 스위치의 경우는 1, 2, 3 사이에서 전환될 것이다. 자신의 송신기 스위치를 전환했을 경우에 어느 모드로 바뀌는지 잊지 않도록 한다. 좀 전의 화면은 필자의 송신기 화면을 예로 든 것이므로 Pos.1, 2, 3이 유효하게 되어 있다.

 플라이트 모드의 설정

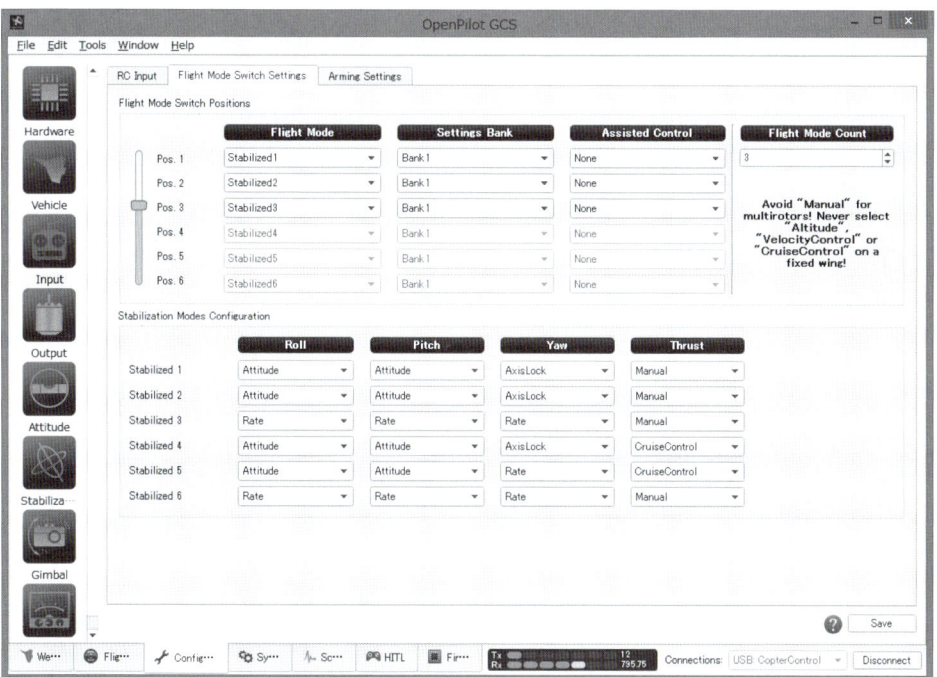

STEP 4-2 기체 조립하기

이 화면을 보는 방법은 스위치가 어느 위치(Pos.)에 있을 때 어느 플라이트 모드를 사용할 것이냐는 의미로서, 디폴트에서 1, 2, 3이라면 각각 Stabilized 1, 2, 3으로 할당되어 있을 것이다. Stabilized 각각에 대응하는 것이 아래 부분으로, 예를 들면 Stabilized 1이라면 우측의 Roll, Picht가 Attitude로, Yaw가 AxisLock이 되어 있을 것이다. 처음 비행할 때는 이 플라이트 모드1(Stabilized 1)을 사용한다.

플라이트 모드에 대해서는 59, 248페이지에서도 상세히 설명하고 있으므로 참고하기 바란다.

OpenPilot의 경우에는 Attitude가 자세를 안정화시키는 방법으로, 이 모드에서는 비행이 상당히 쉽기 때문에 초보자는 이 모드를 사용하는 것이 좋다.

잘못해서 플라이트 모드 스위치를 전환해버려 갑자기 제어하지 못하게 되는 상황을 방지하기 위해서는 하단부의 Stabilized 항목 모두를 Roll과 Pitch는 Attitude, Yaw는 AxisLock로 해두면 안심이 된다.

8 | 프로펠러를 장착한다

드디어 프로펠러를 장착할 차례이다. 프로펠러를 장착할 때는 시계방향, 시계반대방향이 틀리지 않도록 회전방향에 주의해야 한다. 프로펠러 방향을 보는 방법은 92페이지를 참고하기 바란다.

이번에 사용한 모터는 사진17과 같은 타입으로, 이것은 프로펠러를 고정하는 동시에 모터 축을 삽입해 고정하는 타입이다. 소형 기체의 모터에서 많이 사용되는 모터이다. 사진18처럼 먼저 모터 축에 장착하는 부품을 삽입하고 다음으로 컬러를 넣은(사진19) 다음, 프로펠러를 끼운다. 이때 프로펠러 구멍과 프로펠러 어댑터 크기가 맞지 않으므로 사진20처럼 샤프트 어댑터를 넣어 조정한다. 마지막으로 위쪽 너트 부분을 끼운(사진21) 다음 단단히 조인다. 끝 부분에 나 있는 구멍에 가느다란 금속 봉을 넣어서 돌리면 단단히 조여진다.

 프로펠러 어댑터

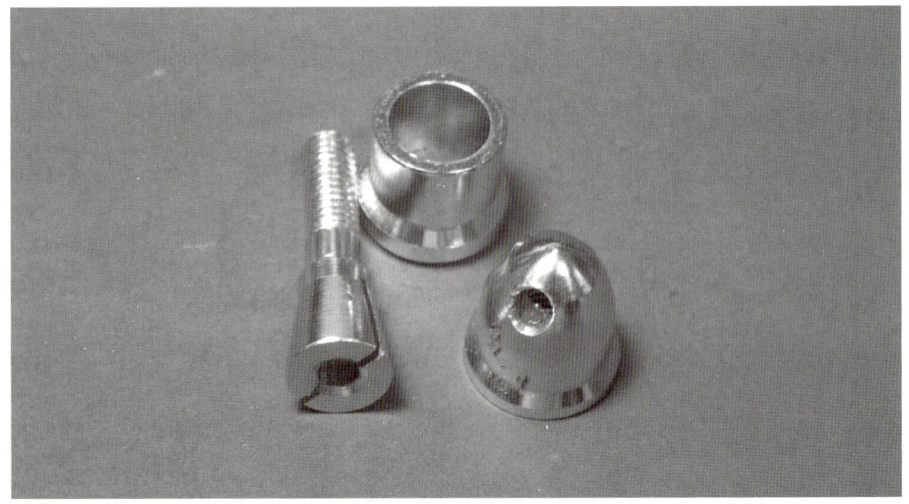

사진18 모터 축에 장착 어댑터를 삽입한다.

사진19 컬러를 넣고 프로펠러를 끼운다.

STEP 4-2 기체 조립하기

 샤프트 어댑터를 넣고 조정하다.

 마지막으로 위쪽 너트 부분을 끼우고 단단히 조인다.

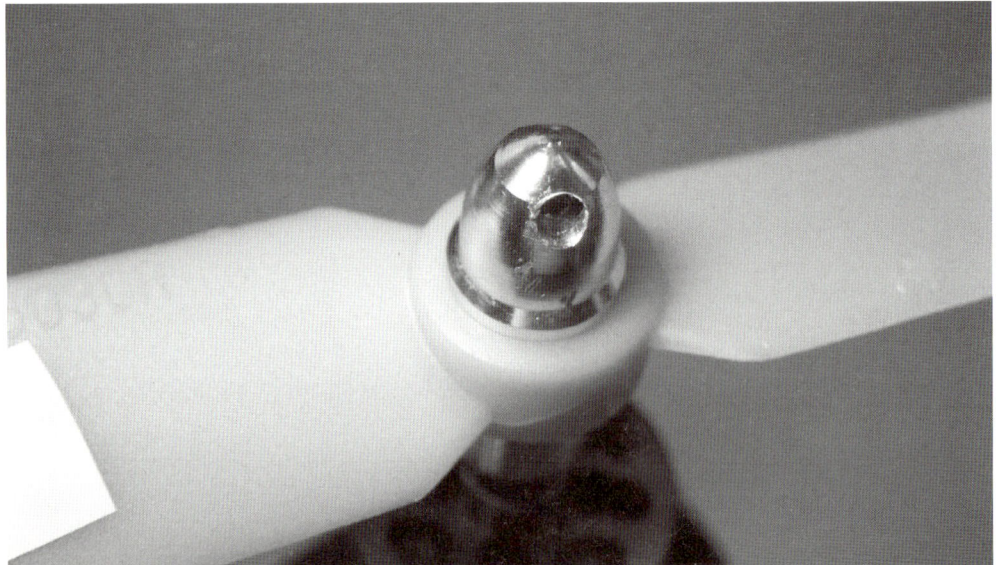

9 배터리를 고정한다

드론을 띄우기 전의 마지막 작업은 배터리를 고정하는 것이다. 배터리가 고정되어 있지 않으면 당연한 말이지만 날릴 수 없다.

배터리는 고정이라고는 하지만 양면테이프 등으로 붙이면 충전할 때마다 분리해야 하는 번거로움이 있으므로 일반적으로는 링 고무 등으로 고정하는 방법을 많이 사용한다. 필자의 경우에는 사진22처럼 기체 밑면(바닥)에 매직테이프로 고정하는 방법을 사용했다.

 배터리를 매직테이프로 기체 밑면(바닥)에 고정했다.

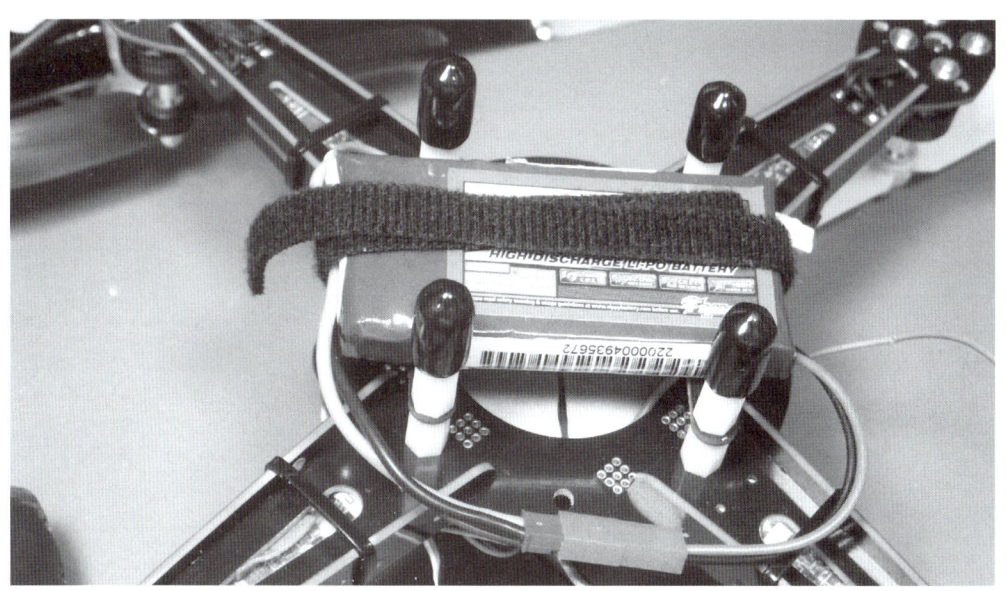

배터리는 단단히 고정하면서도 분리가 쉬워야 한다는, 언뜻 모순적인 고정방법이 필요하다. 간단히 분리되게 장착해 놓으면 비행 중에 배터리 위치가 어긋나면서 기체의 균형이 틀어져 조작하기가 어려워지므로 주의해야 한다.

최종적으로는 사진23처럼 위쪽 아치부분을 장착해 완성한다. 수신기는 양면테이프로 붙이고, 길이에 여유가 있는 케이블 종류는 결속밴드로 고정해 비행할 때 방해가 되지 않도록 한다.

STEP 4-2 기체 조립하기

 위쪽 아치부분을 장착해 완성한다.

사이즈가 더 큰 드론을 만들어보자!
~F330 Glass Fiber Mini Quadcopter~

제3장의 Micro Quad는 소형이라 날리기가 쉬운 기체이지만, 조금 더 큰 기체를 만들고 싶을 때도 있을 것이라 생각한다. 또한 프린트 기판에 납땜하는 것이 서투를 경우에는 전통적인 X 타입의 쿼드기를 만들어 보는 것도 좋을 것이다.

여기서 소개할 것은 F330 등의 이름으로 판매 중인 330mm 사이즈의 쿼드 프레임을 사용한 것이다.

한편, 플라이트 컨트롤러 조정 등과 같은 기본적인 작업은 제3장을 참고해 주기 바란다. 여기서는 기체 제작방법을 소개하겠다.

STEP 5-1 사용할 재료

아래와 같이 사용할 재료를 정리해 보았다.

> **사용할 재료**
>
> - 프레임 : F330 Glass Fiber Mini Quadcopter Frame 330mm
> 가격 : 9달러 정도
> - 플라이트 컨트롤러 : OpenPilot CC3D
> 가격 : 25달러 정도
> - 모터 : Turnigy D2822/17 Brushless Outrunner 1100kv×4
> 가격 : 9달러 정도×4
> - ESC : Turnigy Plush 19amp Speed Controller×4
> 가격 : 12달러 정도×4
> - 프로펠러 : 7×4.5 프로펠러, CW×2, CC2×2
> 가격 : 개당 2달러 정도
> - 배터리 커넥터 : 배터리에 적합한 것
> - 배터리 : 3S 리튬폴리머 1,000~1,800mAh 정도
> - 수신기 : 4ch 이상인 수신기

배터리와 수신기는 갖고 있는 제품이나 혹은 다른 기체의 제품을 사용하는 경우도 있으므로 76, 80, 117페이지 등을 참조해 준비하면 된다.

1 프레임

여기서 사용할 프레임은 여러분도 어디선가 본 적이 있는 타입일지 모른다(사진1).

더 잘 알려진 것은 이것보다 더 큰 사이즈의 F450으로, 지금도 항공촬영 등에서 자주 볼 수 있다. F450은 실내에서 날리기에는 너무 크다. 그런 면에서 보면 F330도 실내에서 날리기에는 상당히 큰 기체이다.

이 타입에는 Integrated PDB라 부르는 전원분기가 기체의 기판을 이루고 있는 타입과 그렇지 않은 타입이 있다. 여기서는 기판이 아닌 타입을 사용한다.

입문용으로는 조립하기 쉬운 기체 가운데 하나이지만 결점이라면 스마트하지 않은 스타일과 중량이 조금 나간다는 정도일 것이다. 실제로 들어보면 알 수 있지만, 프레임 중량이 꽤 나가는 편이다.

좋은 점은 무엇보다 저렴하다는 점과 날리기 쉽다는 점이다. 실내에서 날리기에는 무리가 있지만 사이즈, 중량 모두 어느 정도 나가기 때문에 안정적인 비행이 가능하다.

사진1 「흔히 보는」X 프레임

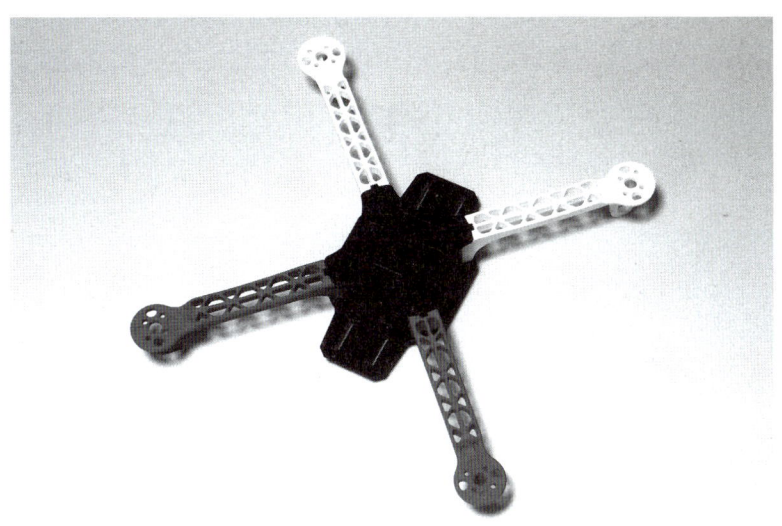

2 플라이트 컨트롤러

플라이트 컨트롤러는 제3장과 마찬가지로 OpenPilot CC3D를 사용한다. 상세한 것은 앞 장을 참조하기 바란다.

만약 MultiWii를 사용하고 싶을 때는 제5장을 참조해주기 바란다. 중앙의 "데크" 부분이 평평하고 넓기 때문에 각종 컨트롤러를 탑재하기 쉬운 기체이다.

3 모터

이 프레임에 적합한 모터는 1100kV 클래스의 모터이다. 다만 프레임이 28클래스(28mm)의 모터 타입으로 만들어졌기 때문에 28클래스 모터를 사용한다. 프레임 자체가 크기 때문에 모터도 커지는 것이다. 이번에 선택한 것은 Turnigy D2822/18 타입이다(사진2). 모터에 결선용 커넥터가 달려 있기 때문에 ESC와 쉽게 접속할 수 있다.

STEP 5-1 사용할 재료

 28클래스 모터

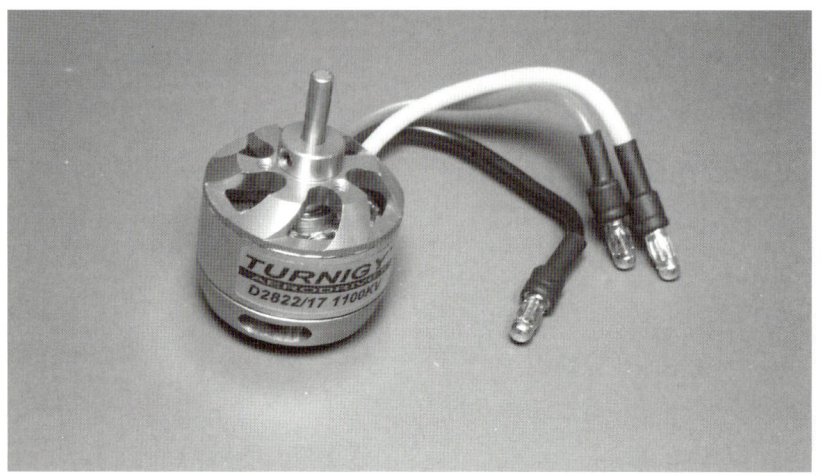

프로펠러 어댑터는 모터에 부속되어 있는 것을 사용할 수 있으므로 별도로 구입할 필요는 없다.

프레임 쪽 두께가 상당히 나가기 때문에 모터 고정용 나사는 모터에 부속된 것을 사용하지는 못하지만, 프레임에 부속된 나사로 고정하면 된다.

4 ESC(Electronic Speed Controller)

ESC는 전에 대형 기체를 만들던 때 갖고 있던 것이 있어서 Turnigy Plush 25A를 사용했다. 이 모터는 조금 너무 크다고 생각한다. 새로 구입하려면 15~20A 클래스의 BEC가 내장된 ESC가 좋으므로 Turnigy Plush인 경우는 18A가 적합하다.

갖고 있던 것을 사용했기 때문에 사진3은 25A짜리 ESC이므로 주의하기 바란다.

이번 프레임은 전원배분기능이 없기 때문에 ESC에 대한 배분부분만 어떻게든 자력으로 배선해야 하는 상황이다. 이 부분만큼은 애써주기 바란다.

기본적으로 ESC 4개와 배터리 커넥터를 병렬로만 접속하면 된다. 필자는 사진3과 같이 만들어 보았다. 배터리 쪽 커넥터가 XT60이기 때문에 XT60 커넥터를 달았다.

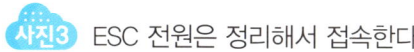 ESC 전원은 정리해서 접속한다.

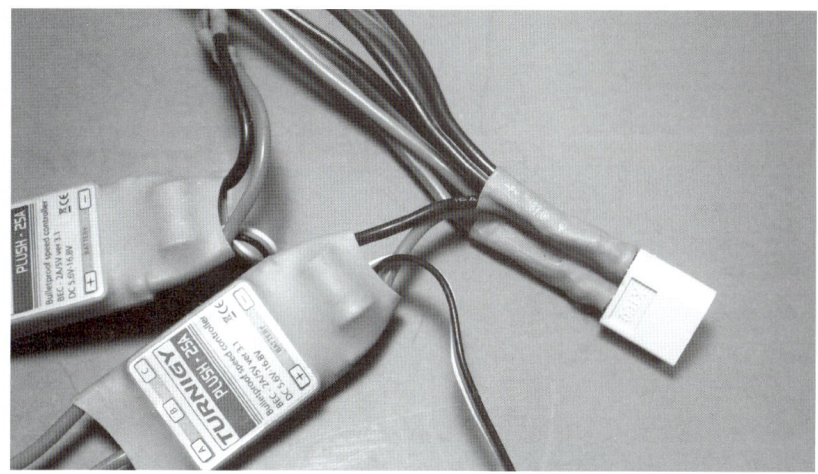

5 | 프로펠러

이번 기체는 사이즈가 크기 때문에 모터도 커져 kV값이 낮은 모터가 된다(kV에 대해서는 3장 참조). 회전수가 낮기 때문에 그 만큼 프로펠러가 커진다. 이 기체에 필요한 프로펠러는 7인치 크기이다. 단, 7인치 사이즈를 사용할 수 있는 것은 전압이 높은 3S 배터리를 사용하는 경우로서, 2S 배터리를 사용할 경우에는 더 큰 프로펠러인 8인치를 필요로 하지만 여기서는 3S 배터리 사용을 전제로 7인치를 준비했다.

기본적으로 7×4.5~7×5 사이즈의 프로펠러를 사용한다. 필자는 날개가 3개(3엽)인 타입을 선택했다(사진4). 필자의 개인적인 기호 때문인데, 이런 타입의 프레임에는 3엽이 어울릴 것 같아서이다. 일설에는 2엽과 비교해 3엽 쪽이 안정적이라는 주장도 있다. 하지만 3엽은 밸런스를 잡기가 힘들어 꺼려하는 사람도 적지 않다.

2엽 타입을 사용할 경우에는 거의 동일 사이즈인 7×4.5나 7×5짜리 프로펠러를 사용하기 바란다. 이번에도 쿼드기종이므로 CW와 CCW를 각각 2개씩 준비했다.

 3엽 프로펠러

STEP 5-1 사용할 재료

6 | 배터리

이번 기체에는 3셀(3S) 배터리를 사용하는데 용량은 1,000~1,800mAh 정도가 적당하다. 기체 중앙부분의 공간이 크다는 점과 기체 자체가 크기 때문에 비교적 큰 편인 배터리를 탑재할 수 있다.

7 | 배터리 커넥터

ESC와 배터리를 연결하기 위해 필요하지만 사용하는 배터리에 맞는 것을 준비해야 한다. 필자는 사용하고 있는 배터리가 XT60 커넥터를 사용하고 있었기 때문에 XT60 타입 커넥터를 사용했다.

이런 사이즈의 기체 같은 경우는 XT60계통이나 딘즈T 타입이 적합하다. JST의 소형 커넥터는 이 기체에 적합하지 않다.

8 | 수신기

수신기는 제4장이나 5장을 참조해 본인 것을 탑재하도록 한다. 필자는 JR의 DMSS 호환 수신기를 탑재하고 있다.

이상으로 필요한 부자재가 갖추어졌는데, 이밖에는 결속밴드나 양면테이프가 필요하다. 대부분 고정은 결속밴드로 충분하다.

STEP 5-2 기체 조립하기

기체 조립은 비교적 간단하다. 순서대로 설명해 나가겠다.

1 | 프레임을 조립한다

매뉴얼에 따라 프레임을 조립하기 바란다. 조립이라고 하지만 중앙 플레이트 부분에 각 암을 장착하기만 하면 된다. 암 부분은 일체성형이기 때문에 아주 간단하다.

2 | 모터를 장착한다

모터는 프레임의 일정한 위치에 장착하기만 하면 된다(사진1, 2). 이 프레임은 원래 28사이즈(직경 28mm)의 모터용으로 만들어졌기 때문에 장착이 간단하다.

 모터를 장착한다.

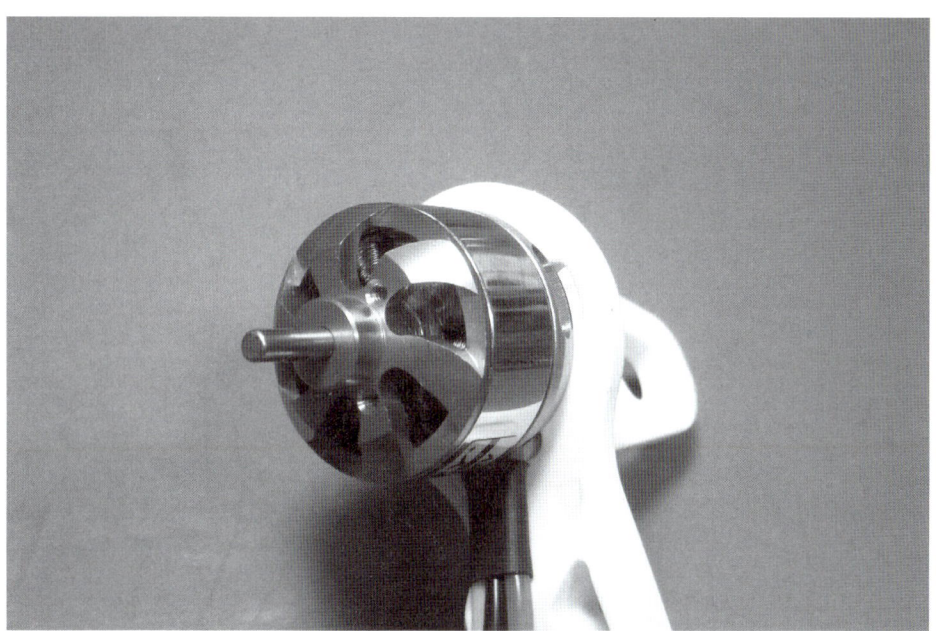

STEP 5-2 기체 조립하기

 밑에서 나사로 고정한다.

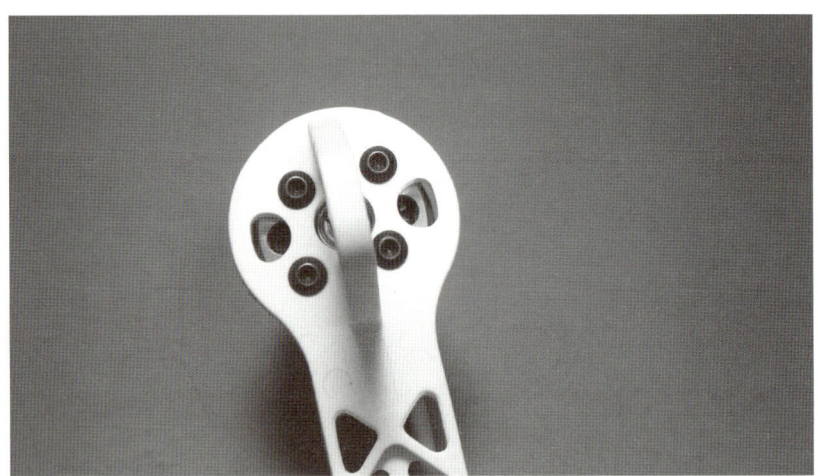

3 | ESC를 장착한다.

ESC는 미리 전원 쪽 배선을 해 놓는다. 그 다음은 각 암에 장착하기만 하면 되는데, 사진3처럼 결속밴드로 고정하도록 한다. 암 부분의 면적이 꽤 넓기 때문에 간단하다.

 ESC는 아래와 같이 고정한다.

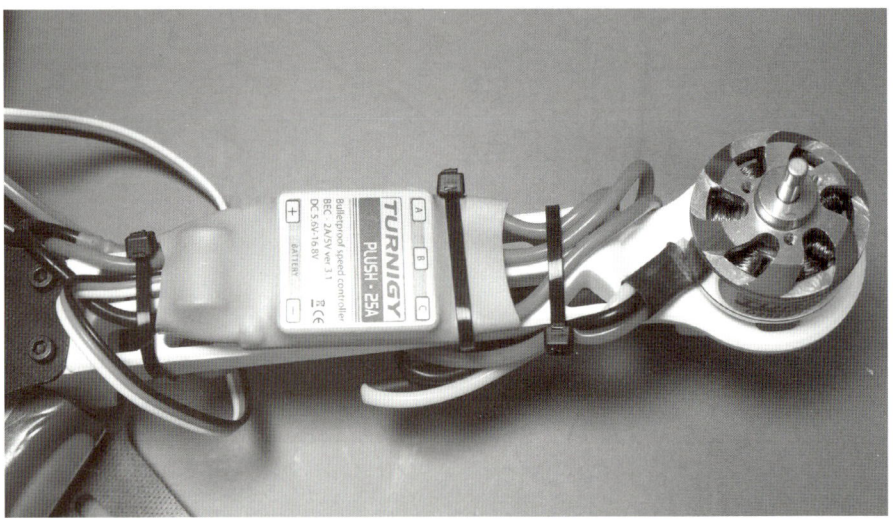

4 플라이트 컨트롤러를 장착한다

사진4와 같이 중앙 플레이트 부분에 플라이트 컨트롤러를 장착한다. 필자는 케이스가 딸린 CC3D를 사용하고 있기 때문에 이것을 양면테이프로 고정했다.

당연하지만 이때는 기체의 앞뒤를 결정하고, 앞 방향으로 플라이트 컨트롤러의 화살표 방향을 맞추고 기체 중앙에 컨트롤러가 위치하도록 고정한다. 수신기는 사진처럼 빈 공간에 장착하면 된다.

사진4 플라이트 컨트롤러와 ESC를 연결한다.

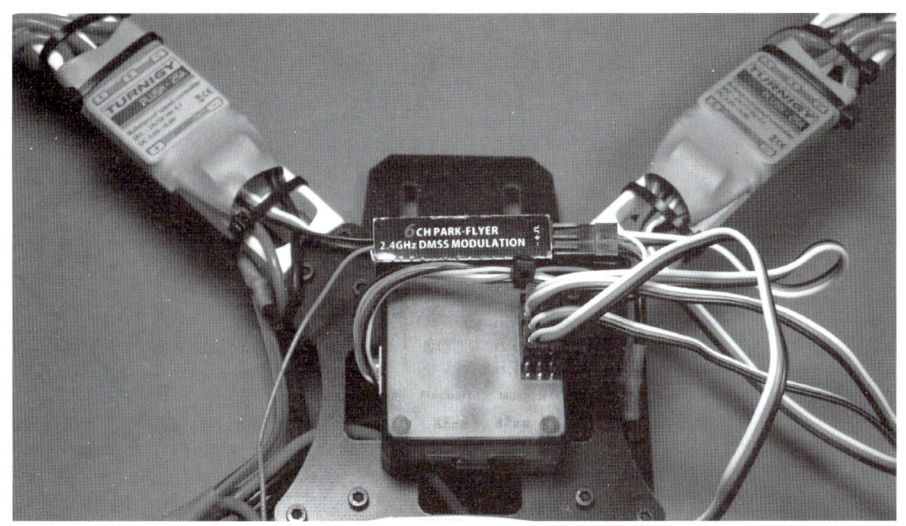

STEP 5-2 기체 조립하기

5 | 배선작업

기기 장착이 끝났으면 배선을 한다. 먼저 ESC로부터의 신호 케이블(백적흑색 선)을 CC3D에 배선하는데, 그림1과 같은 배치에 따라 각각 ESC를 접속한다. CC3D의 1~4에 접속한다(그림1).

 ESC를 접속한다.

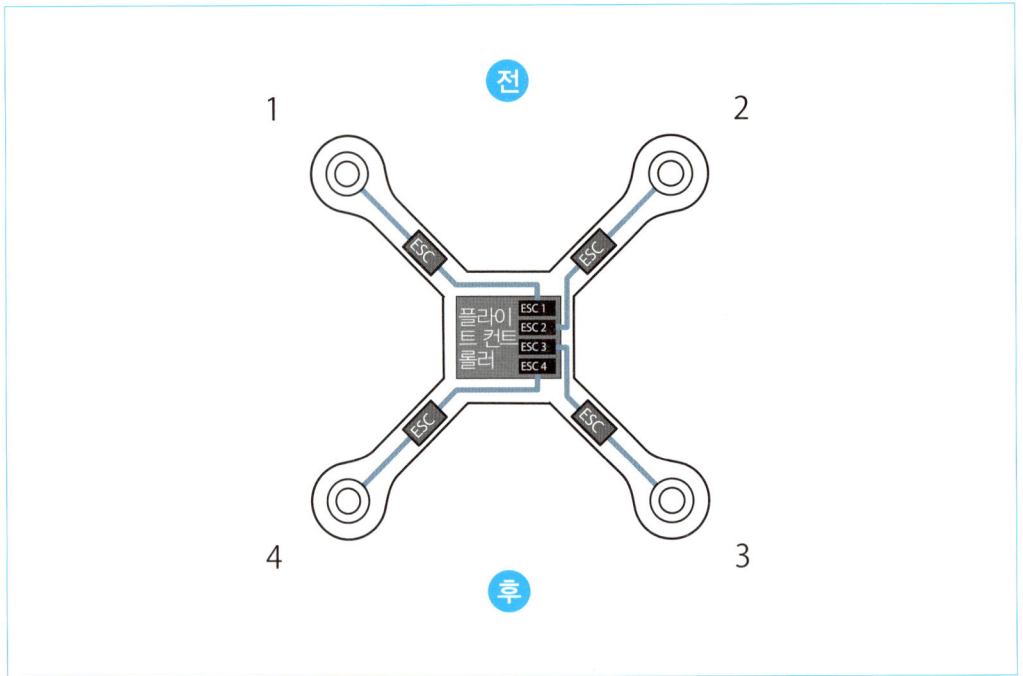

CC3D와 수신기 사이의 배선은 제4장을 참조하기 바란다.

6 | 기체를 조정한다

기체 조정방법은 제3장과 동일하므로 3장을 읽고 조정하면 된다.

7 | 프로펠러를 장착한다

프로펠러는 비행 직전에 장착하는 것이 안전하다. 이 정도 사이즈의 기체에 트러블이 일어나면 상당히 무섭기도 하려니와 실제로 부상도 당한다. 모터에 부속된 프로펠러 어댑터로 고정할 수 있지만, 7인치 사이즈의 프로펠러 정도 되면 구멍 지름도 크기 때문에 프로펠러에 부속되어 있는 축 사이즈 조정용 어댑터를 넣어 고정하도록 한다.

그런데 3엽 프로펠러의 밸런스를 조정할 때(기본적인 프로펠러 밸런스는 81페이지 참조) 요령을 알아두면 간단하다.

먼저 첫 번째로 가장 무거운 날개를 찾아낸다. 가장 무거운 날개를 찾았으면 그 날개를 기억해 둔다. 왜냐면 그 날개에는 밸런스 조정용 실을 붙일 필요가 없기 때문이다.

가장 무거운 날개를 기준으로 다른 날개에는 실을 붙여 무게를 조정해 나간다. 이렇게 3개의 무게를 다 조정한다. 종종 일어나는 일이 2개의 날개가 같은 무게일 뿐만 아니라 나머지 1개가 가벼운 경우인데, 그럴 때는 가벼운 쪽 1개에만 무게조정 실을 붙인다.

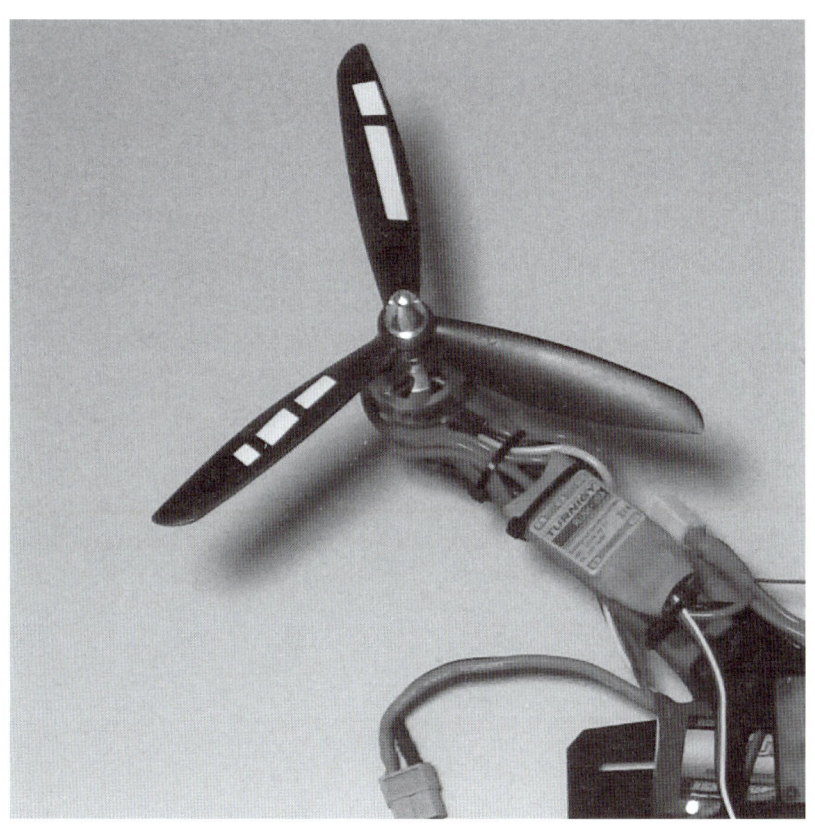

STEP 5-2 기체 조립하기

8 | 배터리를 고정한다

배터리는 중앙의 플레이트 아래쪽에 고정한다. 고정은 매직테이프 등으로 묶어주는 스타일이 좋다.

기체가 완성되면 사진5와 같은 모습이 된다. 그런데 기체의 전후좌우를 분간하기가 어려워 보인다. 그 때문에 암은 색이 다른 것을 2개씩 구성하는 것인데, 깜빡하면 틀리는 경우가 종종 있다.

 완성한 기체 모습

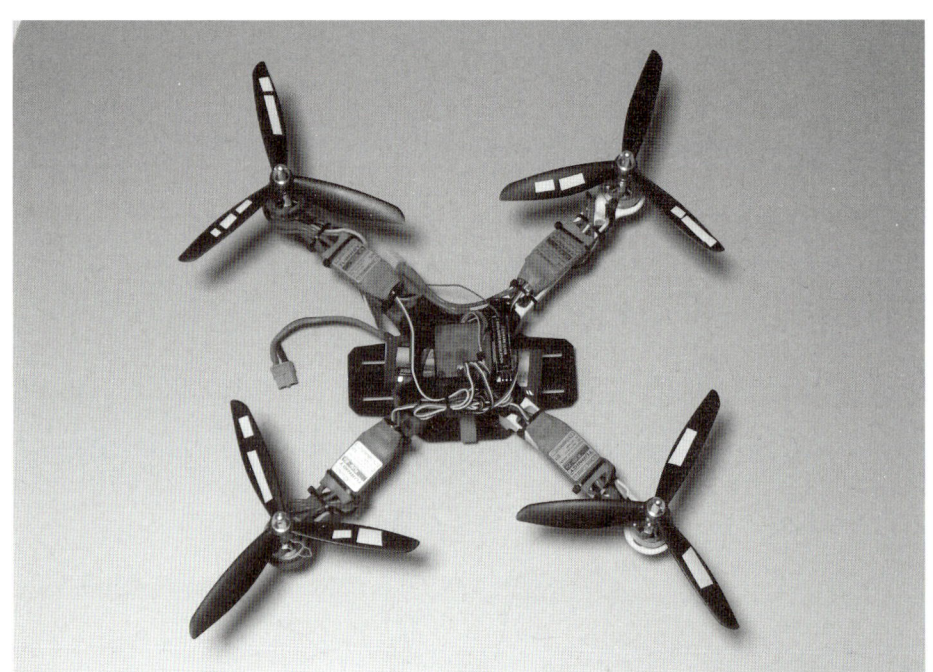

멋진 드론을
만들어보자!
~H-King Excalibur 220mm Quad-Copter~

다음으로 조금 「멋진 스타일」의 기체를 만들어 보기로 하자. 최근에 유행하는, 250클래스 레이서로 불리는 기체이다. 단순한 X형이 아니기 때문에 보기에도 멋있고, 다양한 기기를 탑재할 수 있는, 여유 있는 사이즈를 하고 있다.

6

STEP 6-1 사용할 재료

최근 해외에서 유행 중인 기체가 250 Class FPV Racer라 불리는 FPV기종이다. 국내에서의 FPV(First Person View, 제1장 칼럼 참조)는 전파적인 제약이 많아서 비행하기 어렵기 때문에 FPV기종을 만드는 것은 아니지만, 이 클래스의 기체는 비교적 작고 만들기도 쉬울 뿐만 아니라 띄우기도 쉬워서 입문용으로 적합하다(사진1).

사진1 H-King Excalibur 220mm Quad-Copter with PDB Composite Kit

사용할 재료

- 프레임 : H-King Excalibur 220mm Quad-Copter with PDB Composite Kit

가격 : 27달러 정도

- 플라이트 컨트롤러 : MultiWii SE 2.5

가격 : 4만 ~ 5만 원 정도

- 모터 : DYS 1306-2300KV BX × 2세트

가격 : 18달러 정도 × 2

- ESC : Turnigy Multistar 10A V2 ESC With BLHeli and 2A LBEC × 4

또는 Turnigy Plush 10A ESC × 4

가격 : 7달러 정도 × 4

- 프로펠러 : 5×3 프로펠러, CW×2, CCW×2(Gemfan 5030)

가격 : CW, CCW 세트에 1.5달러, 2세트에 3달러 정도

- 배터리 커넥터 : 사용할 배터리에 맞는 것
- 배터리 : 2S 또는 3S 리튬폴리머 800~1,300mAh 정도
- 수신기 : 4ch 이상인 수상기

배터리와 수신기는 갖고 있거나 또는 다른 기체의 제품을 사용하는 경우도 있으므로 64, 67, 73, 98 페이지 등을 참조하기 바란다.

1 프레임

여기서 다루는 프레임은 H-King Excalibur 220mm Quad-Copter with PDB Composite Kit라는 제품으로, 제3장에서 설명한 Micro X와 마찬가지로 프린트 기판 기술로 만들어진 기체이다. 각 ESC에 전원을 배분하기 위한 PDB(Power Distribution Board)가 기체에 조립된 타입이다. 키트 내용은 사진2처럼 되어 있다.

 프레임 키트 내용

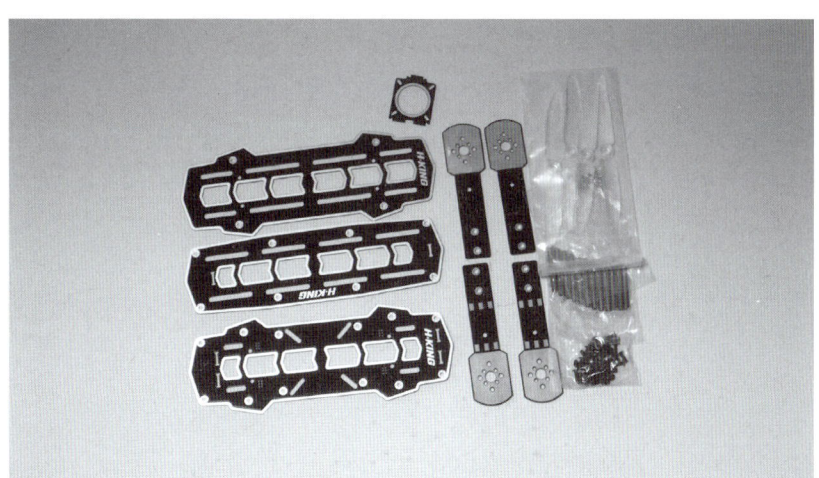

뒤에서 설명하겠지만, 이 기체는 모터에 대한 배선부분이 그다지 좋은 레이아웃이라고 할 수 없고 ESC 쪽 전원배분만 사용할 수 있기 때문에 이것과 같은 기체를 구입하지 않아도 된다. 같은 사이즈 가운데 프린트 기판 식이 아닌 프레임은 "SLICK 220mm Quad-Copter Composite Kit"라는 이름으로 17달러 정도하므로, ESC 쪽 배분배선이 귀찮지 않다면 이 기체를 선택해도 상관없을 것이다.

무엇보다 이 클래스의 기체는 종류도 많고 똑같은 프레임이 많이 팔리고 있기 때문에 비슷한 프레임을 선택해도 상관없다.

FPV기종을 만드는 것은 아니지만 이 프레임을 선택한 이유 가운데 하나는, 말하자면 2층 건물 같은 프레임 구조를 하고 있어서 평평한 부분의 면적이 상당히 넓기 때문에 나중에 GPS 등과 같은 기능을 탑재하기가 편리하기 때문이다.

그런데 이 프레임이 250 Class FPV Racer치고는 의외로 무겁다. 재료적으로 어쩔 수 없는 부분이 있지만 역시 레이서라는 이름에 어울리는 것은 카본 기종밖에 없다는 생각도 해본다.

STEP 6-1 사용할 재료

2 플라이트 컨트롤러

이 기체에서는 MultiWii SE 2.5를 선택해 보았다(사진3). 비교적 저렴하고 MultiWii계열의 입문에 최적이기 때문이다. 만약 앞으로 GPS 등의 센서를 탑재해 보고 싶을 때는 MultiWii SE 2.5보다 CRIUS MultiWii All In One Pro를 사용해 보는 것이 좋을 것이다. 추가적인 확장성이 아주 뛰어나다.

MultiWii에도 파생 기종이 여러 가지 있지만 이번에 예로 든 것은 CRIUS MultiWii SE 2.5이다. 2.0에서도 거의 똑같이 사용할 수 있으므로 2.0도 상관없다. 한편 다른 MultiWii 호환 컨트롤을 사용할 경우에는 주의가 필요한데, 이것은 뒤에서 얘기하겠다.

MultiWii AIOP를 사용할 경우의 설정방법에 대해서는 105, 238페이지를 참고해 주기 바란다.

사진3 CRIUS MultiWii SE 2.5

3 모터

이 기체에서도 브러시리스 모터를 사용하는데, 이 사이즈의 기체에서 많이 사용하는 것이 사진4의 DYS 모터로서, 이번에 사용하는 것은 1306-2100kV이다. 앞서의 재료 리스트에 2세트로 표기했는데, DYS의 이런 타입의 모터는 사진으로도 알 수 있듯이 색상만 다른 캡 같은 것이 딸려서 2개가 1세트로 되어 있다.

이것을 2세트 사면 쿼드용 4개가 되는 것이다.

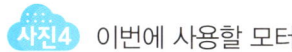 이번에 사용할 모터

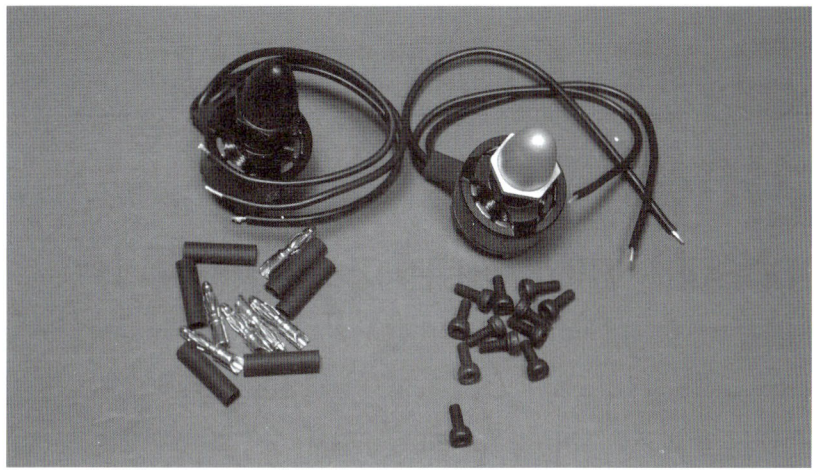

이 타입의 모터는 프로펠러 어댑터 없이 모터 축 자체가 프로펠러 어댑터를 겸하고 있다. 그 때문에 나사 부분에 따라 회전방향이 정해져 있는데, 사진4의 캡 같은 부분이 프로펠러 고정용 나사이다. 흑색이 시계반대방향(CCW), 은색이 시계방향(CW)으로 회전하도록 만들어져 있기 때문에 회전시키려는 방향을 그 방향에 맞추지 않으면 안 되므로 주의해야 한다.

4 | ESC(Electronic Speed Controller)

이번에 BEC를 탑재하고 비교적 싼 ESC로 고르다 보니 또 Turnigy의 ESC가 되어 버렸다. 모터에 대응하기 위해 10A 클래스의 ESC가 필요하다.

이번에 산 ESC에는 BL Heli로 불리는 펌웨어가 적용된 것이다. 이 캘리브레이션 방법에 대해서는 뒤에서 설명하겠다. 이것이 번거럽다면 보통 Turnigy Plush 10A 등을 구입하는 것이 좋을 것이다.

5 | 프로펠러

이번 프레임에서도 프레임은 5×3으로 불리는 것을 사용한다(제2장 참조). 이것도 Gemfan의 5030을 선택했다.

이번 프레임 키트에는 프로펠러 4개가 들어 있었다. 그 때문에 프로펠러를 사지 않아도 괜찮기는 하지만, 비행하다가 깨지는 경우도 적지 않으므로 스페어로 사두는 것도 바람직하다.

STEP 6-1 사용할 재료

6 | 배터리 커넥터

배터리 접속용 커넥터가 필요한데 빅 테일이라 불리는, 커넥터에 케이블이 붙어 있는 것을 준비하는 것이 간단하다. 사용할 배터리에 맞는 커넥터를 준비하도록 하는데, 필자는 XT60 타입(제3장 참조)을 사용하고 있다

7 | 배터리

이 프레임은 기체 사이즈가 비교적 크다는 점과 아래쪽의 「다리 안쪽」이 상당히 넓기 때문에 폭넓은 사이즈의 배터리를 매달고도 비행할 수 있다. 또한 이번 선택에서는 모터, ESC 모두 3S 배터리를 사용할 수 있어서 배터리 선택지로는 2S나 3S를 고를 수 있지만, 기체 전체적인 중량이 꽤 나가기 때문에 3S 배터리를 권장한다. 2S를 사용하면 비행이 조금 더디지 않을까 하는 생각이다. 프로펠러를 약간 크게 하면 저회전에서는 띄울 수 있지만 유감스럽게 이 프레임의 경우에는 본체와 간섭을 일으키므로 5인치까지의 프로펠러밖에 사용하지 못한다.

8 | 수신기

이번 수신기는 후타바6KA의 세트품, R3006SB를 예를 든다. 후타바 수신기 경우의 접속방법을 소개하겠다.

이상으로 필요한 부품들을 갖추게 되는데, 이 외로는 결속밴드나 양면테이프 등의 재료가 필요하다.

STEP 6-2 기체 조립하기

먼저 프레임 자체부터 조립한다. 프레임 아래쪽에 해당하는 부분은 2개의 플레이트로 구성되며, 모터의「팔」부분을 이 2개의 플레이트 사이에 끼우는 식으로 조립해야 하므로 주의가 필요하다. 더불어 천저에 해당하는 플레이트를 고정하는 기둥의 고정나사가 아래 2개의 플레이트 사이에 들어가므로 순서에 맞게 주의하면서 조립하도록 한다. 한번 가조립하고 나서 완전히 고정하는 것이 좋다.

PDB를 하고 있다고는 하지만 사진1 부위의 레이아웃이 그다지 좋다고는 할 수 없어서 모터를 여기에 장착해 배선하기는 어렵기 때문에 ESC와 모터 사이는 커넥터로 접속하기로 했다.

 ESC 장착 부분

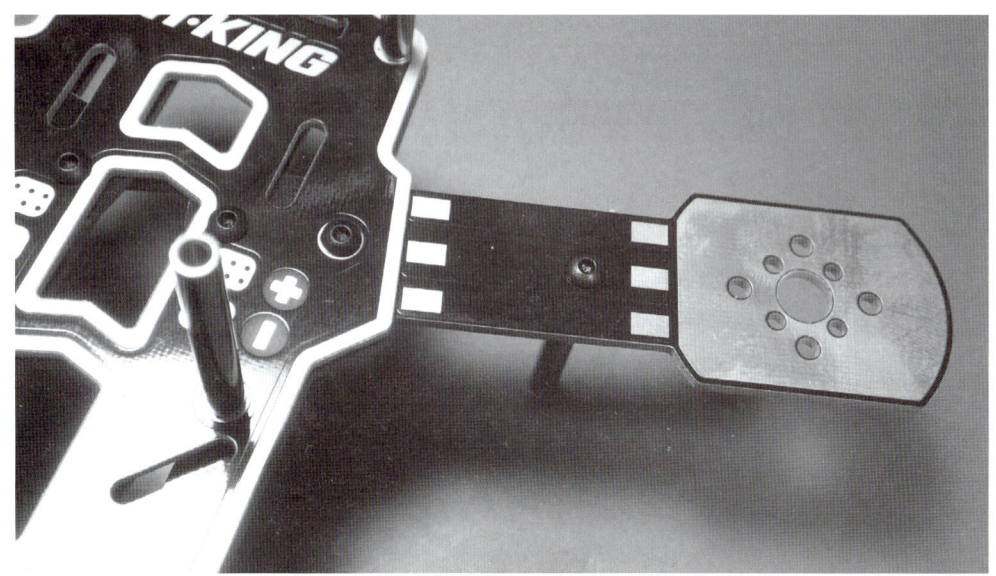

1 | ESC 장착

전원(배터리) 쪽에 접속하는 ESC는 프레임 패턴을 이용한다. 다만 이 패턴이 4군데 밖에 없으므로 1군데는 ESC와 배터리용 커넥터를 납땜한다(사진2). 이 기체는 약간 큰 배터리를 사용할 예정이므로 XT60 커넥터를 장착해 보았다(사진3).

STEP 6-2 기체 조립하기

 배터리 커넥터도 납땜한다.

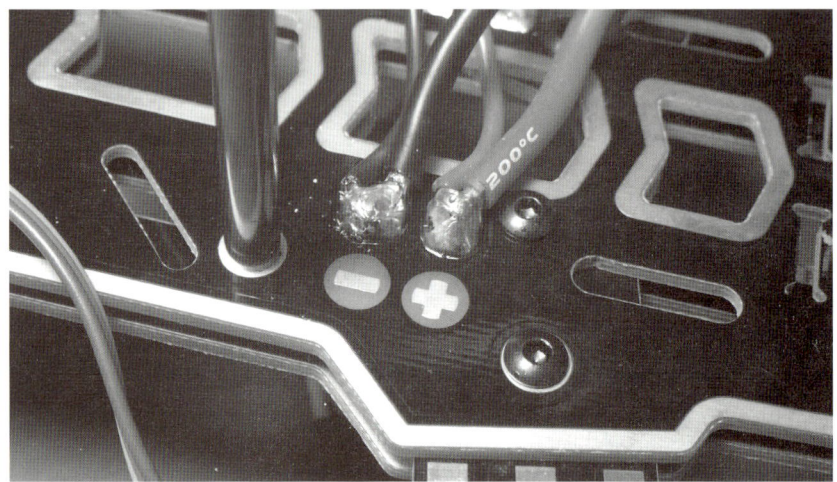

 XT60 커넥터를 사용했다.

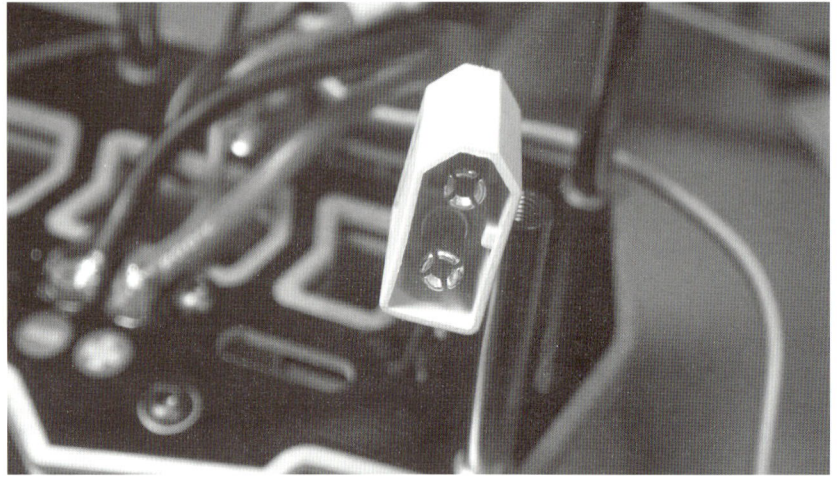

　Turnigy Plush의 경우에는 커넥터가 안 딸려 있기 때문에 기체 쪽 패턴을 이용하든가 모터 선을 직접 납땜하는 식으로 접속한다. 단, 이 시점에서는 모터의 회전방향을 결정하지 않았으므로 임시접속 상태로 한다.

2 │ 모터를 장착한다

모터를 장착하기 전에 모터에 부속된 커넥터를 납땜해 둔다. 사진4와 같이 모터 1개당 3개의 커넥터를 납땜한 다음 수축(shrink) 튜브를 꽂아준다. 이것을 4개 모터 전부 똑같이 작업해야 한다.

 모터에 커넥터를 가공해 놓는다.

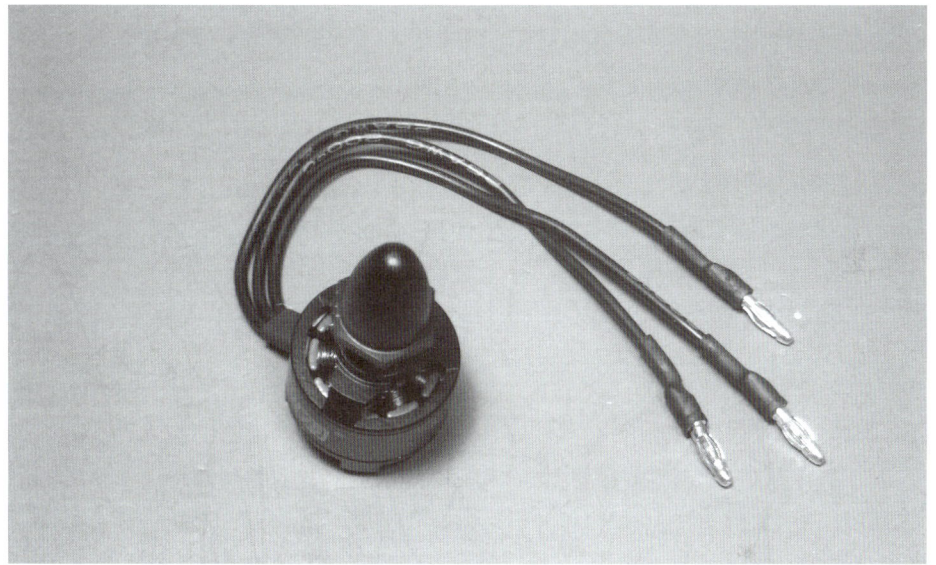

다음으로 모터를 장착하도록 하는데, 이 DYS 모터는 회전방향이 정해져 있기 때문에 장착위치에 주의해야 한다. 회전방향은 모터 자체에 표시되어 있는 마킹을 보든지, 프로펠러 장착 나사로 판단하면 된다. 기체에 장착할 위치는 다음 그림1과 같으므로, 이 시점에서 기체의 앞뒤를 정해 놓는다(사실은 앞뒤가 바뀌어도 마찬가지지만).

STEP 6-2 기체 조립하기

 기체에 모터를 장착할 위치

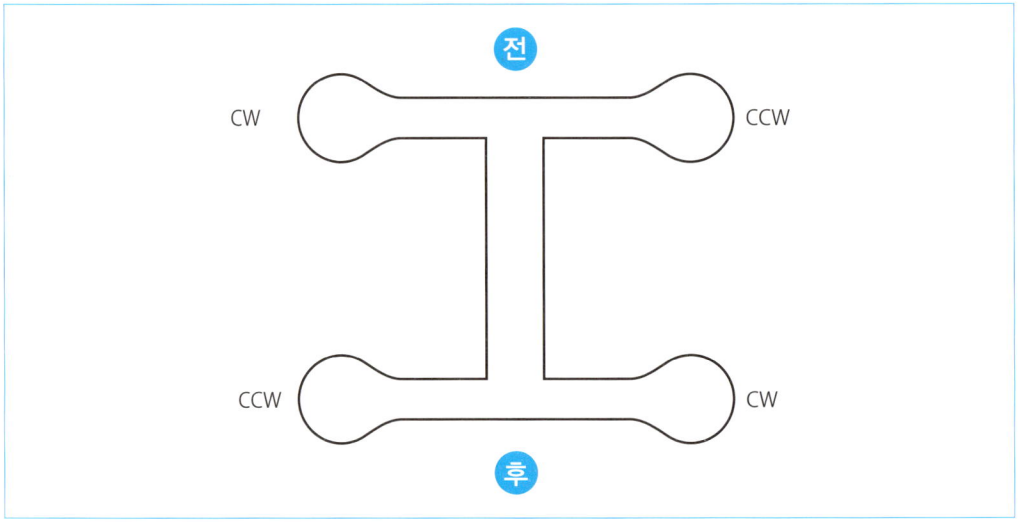

그런데 쿼드콥터의 경우, 프로펠러의 회전방향이 헷갈릴 수 있는데 잘 살펴보면 CW, CCW, CW, CCW 식으로, 회전방향이 반대가 되지 않도록 이웃하게만 되어 있다. 이 책에서 사용하는 플라이트 컨트롤러, OpenPilot CC3D나 MultiWii는 기체의 좌측 앞이 시계방향(CW)이다.

모터는 소정의 위치에 모터장착 나사로 장착한다. 프레임에는 몇 종류의 모터용 구멍이 뚫려 있는데, 사진5의 위치를 사용해 장착하면 된다.

 부속 나사로 밑에서 고정한다.

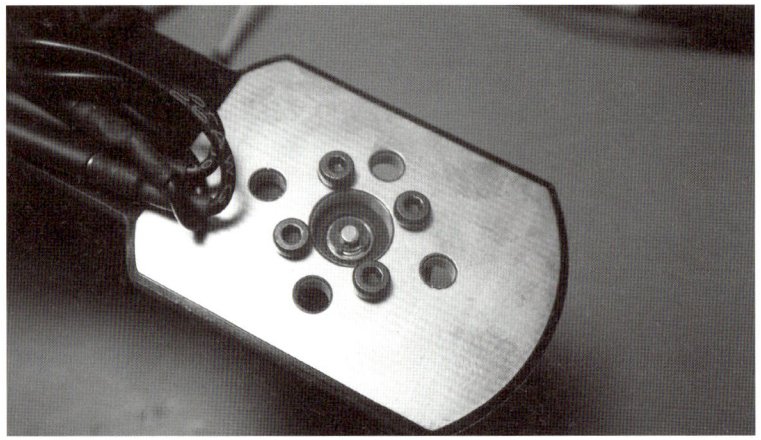

　ESC와 모터를 장착했으면 이 단계에서 ESC의 캘리브레이션을 해준다. 이 시점에서는 프로펠러를 장착하지 않는다. 더불어 프로펠러 고정용 나사도 분리해 놓는 것이 안전하다. 역회전시키면 나사가 날아가는 경우가 있다. 이 나사는 은색이 정(우) 나사, 흑색이 역(좌) 나사이므로 장착과 분리할 때는 주의하기 바란다. 좌 나사는 왼쪽으로 돌리면 조여지고, 오른쪽으로 돌리면 풀린다.

　ESC의 캘리브레이션에 대해서는 통상적인 ESC같은 경우라면 148페이지를 참고하면 된다. 이번에 사용하는 ESC의 경우는 BL Heli라 불리는 펌웨어가 적용되어 있었기 때문에 캘리브레이션이 약간 번거로웠지만 필자는 아래 순서와 같이 했다. 한편 ESC를 캘리브레이션할 때 기본 수순인 프로펠러 분리 등의 주의사항은 반드시 지키기 바란다.

　먼저 송신기를 온시키고 스로틀을 가장 위로 올린 상태로 둔다. 이 상태에서 모터와 ESC를 배선한 다음 수신기의 스로틀 채널을 연결해 놓는다.

　스로틀이 하이인 생태에서 배터리를 연결한다.

삐빠뽀, 포~, 삐삐삐삐~, 삐로로로, 삐로로로, 삐로로로

하는 소리가 나는데, 이 소리가 들리면 스로틀을 가장 아래(로)까지 내린다.

삐삐삐삐삐삐삐삐~, 삐로로로, 삐로로로, 삐로로로

하는 소리가 들리면 다시 스로틀을 하이까지 올린다.

삐로로로, 삐로로로, 삐로로로

하는 소리가 들리면 스로틀을 로까지 내린다.

뽀삐~, 삐로로로, 삐로로로, 삐로로로

하는 소리가 들리면 또 스로틀을 하이까지 올린다.

　이어서 삐뽀빠하는 소리가 들리면 스로틀을 로까지 내린다. 뽀삐~하는 소리가 나면 완료된 것인데, 이 상태에서 천천히 스로틀을 조작하면 모터가 부드럽게 회전할 것이다.

　Turnigy Plush 같은 경우는 캘리브레이션이 아주 간단하다. 스로틀이 하이인 상태에서 접속하면 삐로로로, 뺏뺏~거리는 소리가 난다. 이 상태에서 하이 위치에 있는 것이 인식되는 것이다.

　스로틀을 가장 아래까지 내리면 삐삐삐, 삐~거리는 소리가 나고 로 쪽이 인식되는데, 이러면 회전가능한 상태가 되는 것이다.

STEP 6-2 기체 조립하기

사진6 모터의 배선을 정리한다.

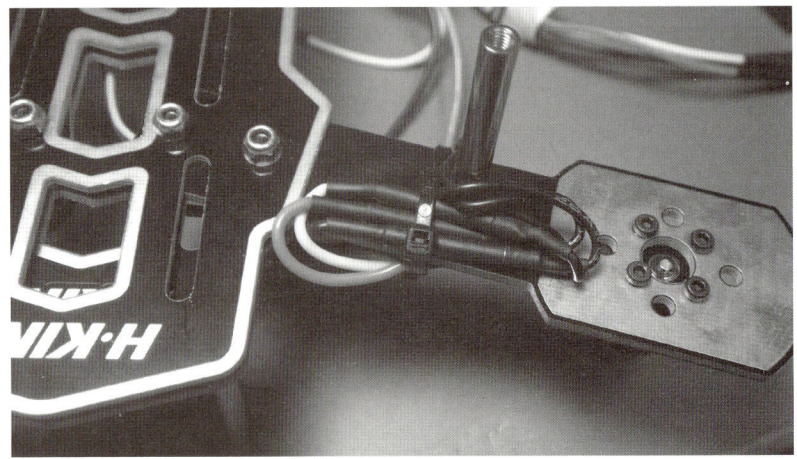

사진7 ESC로 고정한다.

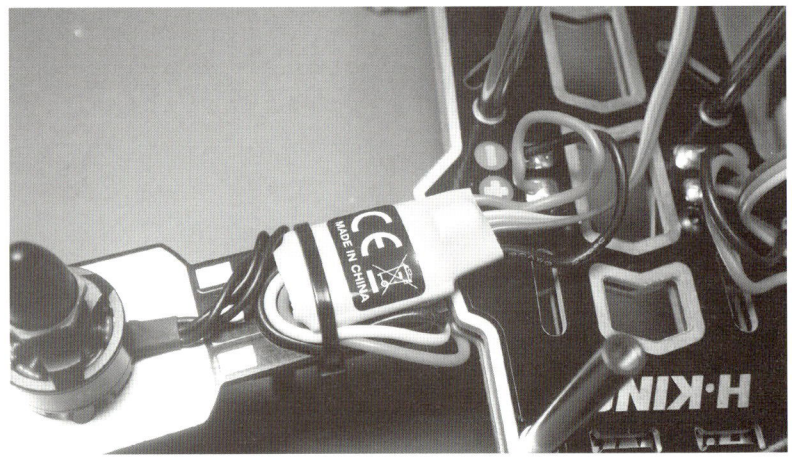

3 | 플라이트 컨트롤러, 수신기를 장착한다

이번에는 MultiWii를 사용한다. 플라이트 컨트롤러는 기체의 중앙부분에 장착한다.

플라이트 컨트롤러 상의 화살표 마크가 기체 전방을 향하도록 똑바로 장착해야 한다. 필자는 사진8처럼 양면테이프로 붙여 놓았다. 이때 조금 조심해야 할 것이 약간 두꺼운 쿠션이 있는 양면테이프를 사용해 필요에 맞춰 겹치게 붙이는 것이다. 왜냐하면 이 기체의 금색 부분은 프린트 기판과 똑같아서 전기를 통하도록 만들어졌기 때문에 플라이트 컨트롤러 아래쪽 핀 부분이 양면테이프를 뚫고 나오면 기판부분과 접촉해 쇼트가 날 수 있기 때문이다. 양면테이프를 사용하지 않고 프레임 구멍을 이용해 스페이서와

나사로 장착해도 상관없다.

수신기는 사진9와 같이 기체 후방에 양면테이프로 붙여놓았다.

 MultiWii를 고정한다.

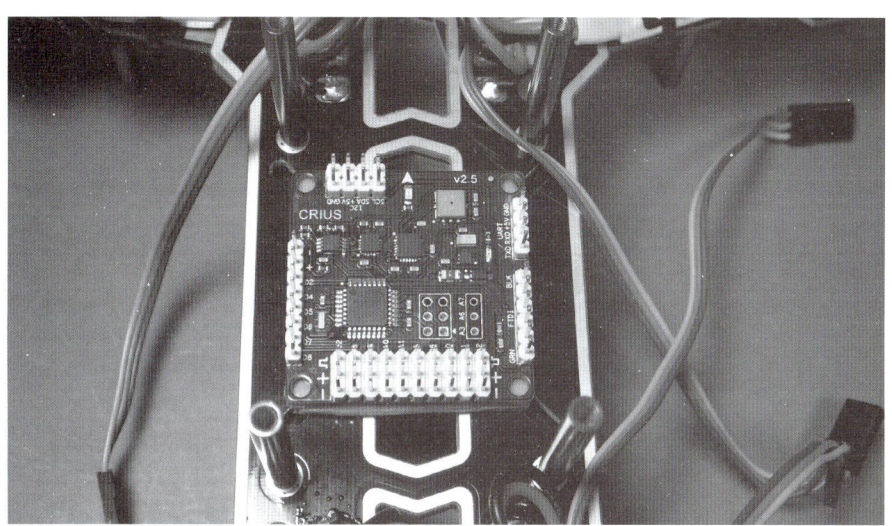

 수신기를 고정한다.

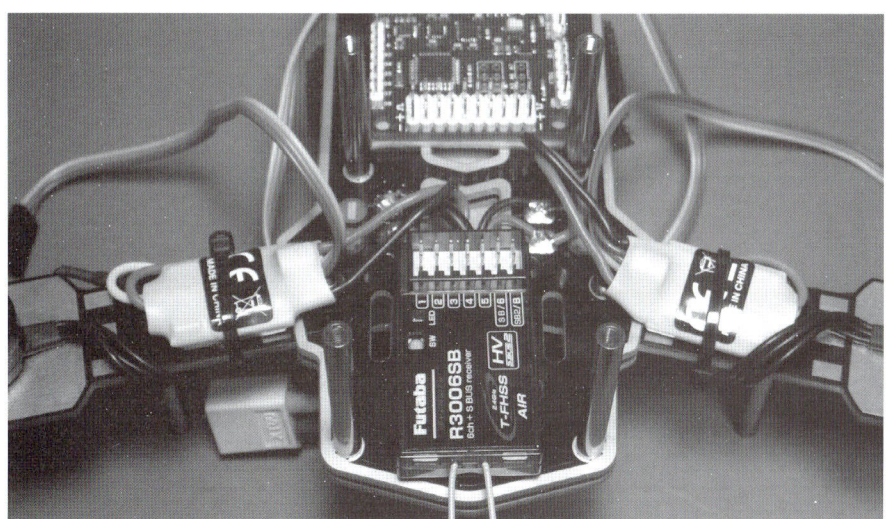

STEP 6-2 기체 조립하기

4 배선작업

기기 장착이 끝났으면 배선 작업으로 넘어간다. 먼저 ESC에서 나온 신호 케이블(백적흑색 내지는 등적차색 선)을 플라이트 컨트롤러에 접속한다.

MultiWii에 쿼드 X 로터일 때는 다음과 같은 접속이 되므로, 컨트롤러 상의 마킹에 주의하면서 삽입하도록 한다(사진10, 그림2).

사진10 ESC를 접속한다.

그림2 MultiWii의 D3, D10, D9, D11과 각 ESC를 대응시켜 접속한다.

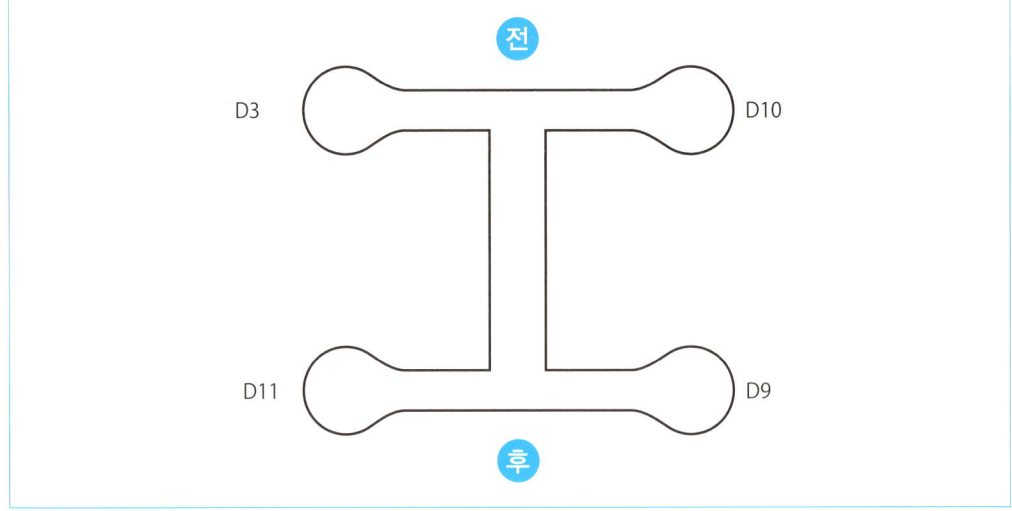

수신기와의 접속은 그림3과 같다. 후타바를 예로 든 것이므로 JR 수신기를 사용할 경우에는 123페이지를 참조하기 바란다.

 MultiWii의 D3, D10, D9, D11과 각 ESC를 대응시켜 접속한다.

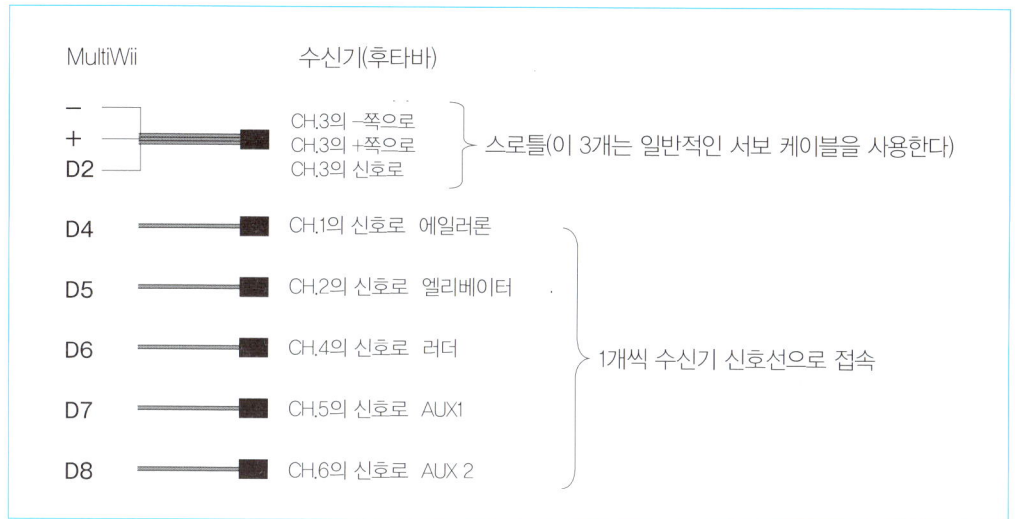

필자는 AUX1을 플라이트 모드 스위치로 설정하고 있는데, 송신기의 스위치C에 할당하고 있다.

한편 조립이 끝나도 아직 프로펠러는 장착하지 않도록 한다. 펌웨어 적용/설정할 때 폭주라도 하면 매우 위험하다.

5 펌웨어 설정과 적용

새로 MultiWii를 구입했을 경우라도 이미 펌웨어가 입력되었을 경우가 꽤 있는데, 그럴 때는 그대로 사용이 가능하다(대개는 Quad-X용으로 구성). 다만 이 입력된 펌웨어가 약간 이상한 경우도 있어서 자신의 기체에 맞지 않을 수도 있으므로 여기서는 처음부터 적용하는 방법을 설명하겠다.

먼저 132페이지 참조해 아두이노의 개발환경, JAVA, MultiWii의 개발환경을 컴퓨터에 설치한다. 이 대목이 약간 번거로운 편인데, 아두이노 개발환경에 익숙한 사람이라면 괜찮지만 아두이노를 처음 접하는 사람이라면 상당히 어려울지도 모른다. 이 번거로움을 피하고 싶지만 그럴 수는 없고, 멀티콥터는 만들고 싶은 사람이라면 OpenPilot CC3D/atom 쪽을 추천한다. 이 5장의 기체에서도 CC3D/atom을 탑재하면 사용할 수 있다.

먼저 MultiWii SE 2.5의 경우에는 직접 컴퓨터와 연결할 수 없기 때문에 FTDI USB 시리얼 변환 어댑터를 매개로 접속한다. 5V용 FTDI가 필요하다. 필자가 확보한 MultiWii는 사진처럼 핀이 서 있는 타입이기 때문에 FTDI 쪽에 핀 소켓을 달아 사진11처럼 옆에서 연결하도록 했는데, 이렇게 하면 기체를 조립한 다음에도 접속할 수 있어서 편리하다.

STEP 6-2 기체 조립하기

사진11 FTDI USB 시리얼 변환 어댑터를 사용해 컴퓨터와 연결한다.

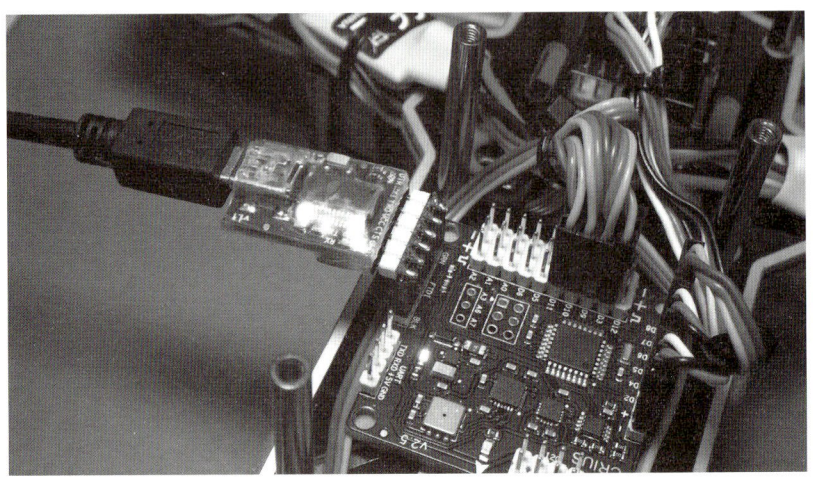

MultiWii의 개발환경을 열면 안에 "MultiWii"라는 폴더가 있다. 이 안에 펌웨어용 소스 종류 일체가 들어 있다. 이 폴더 안에 "MultiWii"라는 이름으로 아두이노 아이콘을 한 파일(MultiWii.ino)이 있으므로 이것을 더블 클릭해 아두이노 IDE를 기동시킨다(화면1).

화면1 아두이노 IDE에서 설정하기

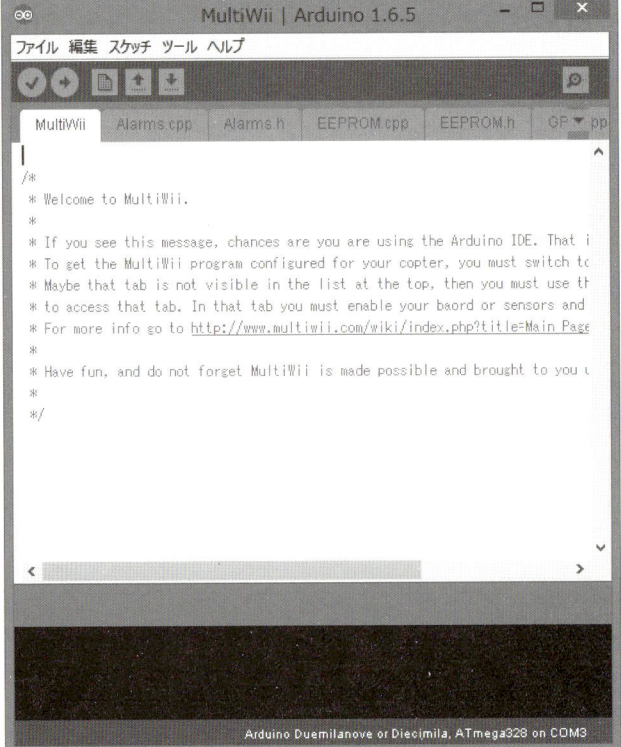

펌웨어를 설정/적용하기 전에 한 가지 해야 할 것이 있다. EEPROM의 클리어이다. MultiWii의 경우 기체의 설정정보 등이 EEPROM이라 불리는 불휘발 메모리에 저장되어 있는데, 사용하는 펌웨어와 이 EEPROM 안의 정보가 다르면 이상한 움직임을 보이는 경우가 있다. 구입한 MultiWii에 어떤 것이 들어 있는지 모르기 때문에 EEPORM의 내용을 클리어해 놓는다.

아두이노 IDE의 [파일]메뉴에서 [스케치 예]→[EEPROM]→[eeprom_clear]를 연다(화면2). 그러면 또 하나의 아두이노 IDE가 기동한다(화면3).

화면2 EEPROM을 클리어하는 스케치를 연다.

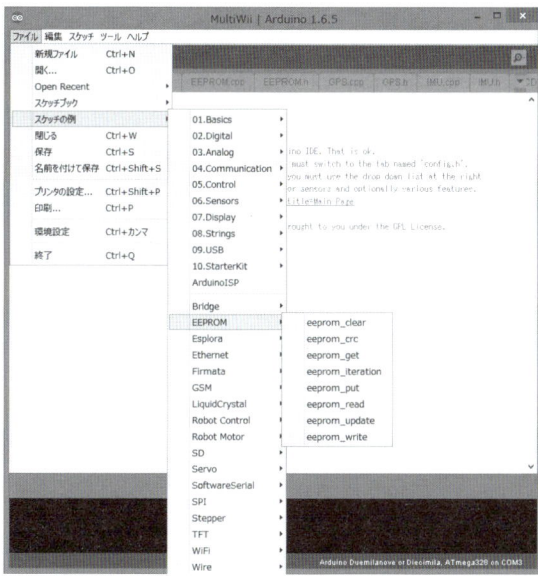

화면3 EEPROM을 클리어한다.

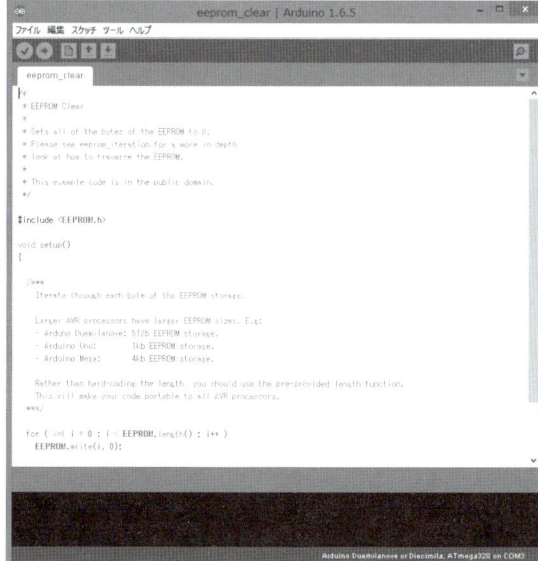

STEP 6-2 기체 조립하기

[툴]에서 사용할 포트나 보드 종류를 선택한다. 포트에는 FTDI USB 시리얼의 포트번호(COM 3나 4, 5, 6 등)를 선택한다. 보드는 "Arduino Duemilanove or Diecimila"를, 프로세서는 "ATmega328"을 선택한다. MultiWii SE 등 ATmega328P 계통을 사용하는 보드는 이 설정을 사용한다(화면4).

 보드를 선택한다.

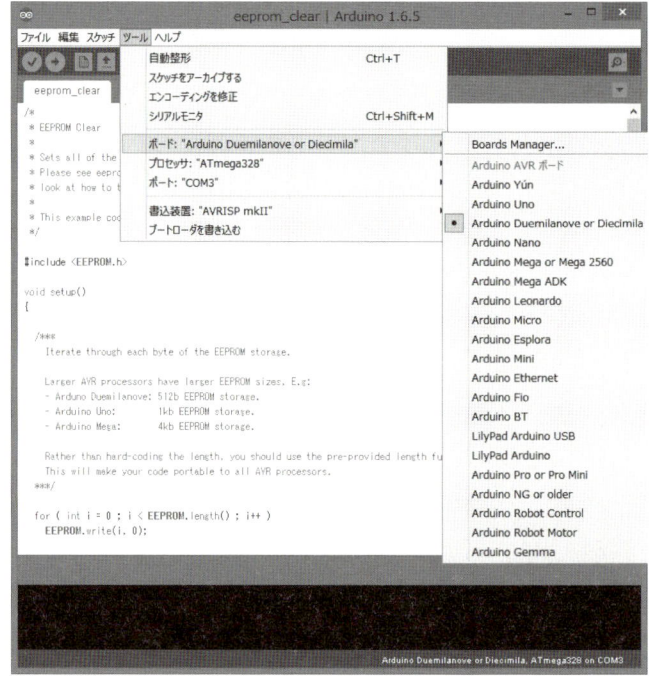

다음으로 좀 전의 eeprom_clear 화면에서 파일 아래에 있는 우방향 화살(→) 아이콘을 클릭한다. 이로서 스케치(소스 파일)이 컴파일되어 MultiWii에 전송됨으로서 실행이 되는 것이다. 이 처리가 끝나면 EEPROM이 클리어된다. EEPROM 클리어가 끝났으면 eeprom_clear 화면을 닫는다.

다음으로 MultiWii용 펌웨어를 컴파일한다. 좀 전의 MultiWii IDE 화면으로 돌아가 config.h라는 파일을 편집하면 되는데, MultiWii를 구성하는 파일이 상당히 많아 탭에서 찾아내지 못하기 때문에 탭 란의 우측 끝에 있는 하향 화살표(▼)를 클릭하면 파일 일람이 나타나므로(화면5) 여기서 config.h를 선택한다.

화면5 config.h를 찾는다.

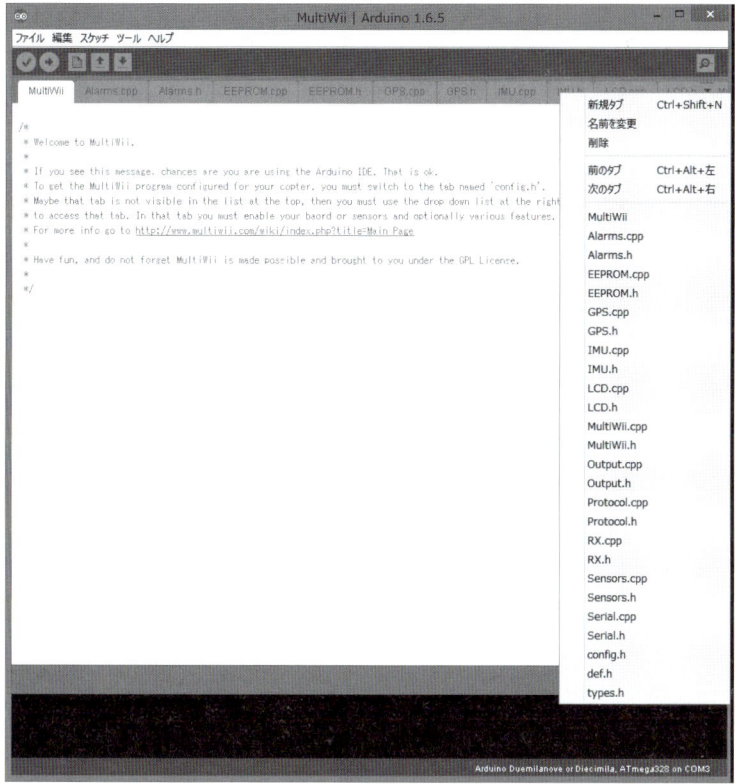

일반적인 기체와 MultiWii의 경우에는 편집해야 할 항목이 그다지 많지 않다.

먼저 기체의 종별을 선택한다. "SECTION 1"에서 "The type of multicopter" 아래에 #define QUADX로 되어 있는 행의 코멘트를 제거한다.

```
//#define QUADP
//#define QUADX
//#define Y4
```

```
//#define QUADP
#define QUADX
//#define Y4
```

STEP 6-2 기체 조립하기

다음으로 "boards and sensor definitions"를 찾아 그 아래에서 다음과 같이 보드를 MultiWii SE 2를 선택하도록 코멘트를 제거한다.

```
//#define CRIUS_LITE        // Crius MultiWii Lite
//#define CRIUS_SE          // Crius MultiWii SE
//#define CRIUS_SE_v2_0     // Crius MultiWii SE 2.0 with MPU6050, HMC5883 and BMP085
//#define OPENLRSv2MULTI    // OpenLRS v2 Multi Rc Receiver board including ITG3205 and ADXL345
```

```
//#define CRIUS_LITE        // Crius MultiWii Lite
//#define CRIUS_SE          // Crius MultiWii SE
#define CRIUS_SE_v2_0       // Crius MultiWii SE 2.0 with MPU6050, HMC5883 and BMP085
//#define OPENLRSv2MULTI    // OpenLRS v2 Multi Rc Receiver board including ITG3205 and ADXL345
```

필자의 경우에는 AUX2를 플라이트 모드 설정으로 사용하고 싶어서 "SECTION 4 - ALTERNATE CPUs & BOARDS"에서 아래와 같이 PIN8을 AUX2로 사용하는 설정도 유효하게 하고 있다.

```
/********************************  Aux 2 Pin  ********************************/
/* possibility to use PIN8 or PIN12 as the AUX2 RC input (only one, not both)
   it deactivates in this case the POWER PIN (pin 12) or the BUZZER PIN (pin 8) */
#define RCAUXPIN8
//#define RCAUXPIN12
```

참고

HobbyKing의 328P(FTDI 내장인 경우)의 경우

106페이지에서 소개하고 있는 HobbyKing의 328P(FTDI내장)인 경우 아래와 같은 정의가 있다.

```
//#define HK_MultiWii_328P
```

 이 설정을 살펴보면 알겠지만, 다양한 MultiWii 계통의 보드 정의가 적혀 있기 때문에 보드에 맞게 코멘트를 제거하면 그 보드용 펌웨어를 만들 수 있다.

 기본적인 설정은 이 2군데(와 AUX)의 코멘트만 제거하는 것이다. 코멘트를 제거했으면 파일을 저장하고, 좀 전의 EEPROM 경우와 마찬가지로 보드로 전송한다. 전송이 완료되고 플라이트 컨트롤러가 작동하기 시작하면 작동상태 확인용 LED가 점멸에서 소등으로 바뀔 것이다. 소등된 시점에서 기체를 크게 기울였을 때 이 LED가 점멸하면 펌웨어는 일단 제대로 적용되어 작동하는 것이다. 펌웨어를 적용했으면 아두이노 IDE를 닫는다.

6 | MultiWiiConf를 통한 설정

 다음 설정으로 넘어가는데 여기서는 MultiWiiConf를 사용한다. MultiWii 환경을 열었을 때 MultiWiiConf라는 폴더가 있었는데, 윈도우즈의 경우에는 application.windows32 또는 application.windows64 폴더 가운데 있는 MultiWiiConf를 기동한다. 32나 64 어느 쪽을 사용할지는 컴퓨터에 설치되어 있는 Java가 32비트 판이냐 64비트 판이냐에 따라 달라진다. 양쪽을 설치한 경우에는 어느 쪽이든 상관없다.

 MultiWiiConf를 기동하면 화면6과 같이 표시되는데, 좌측 중간 정도에 있는 "PORT COM" 아래에서 FTDI의 COM포트를 선택해 클릭한다. 화면7과 같이 몇 가지 항목이 녹색으로 바뀌므로 이 상태에서 화면 중앙 좌측에 있는 [START][STPO]의 [START]를 클릭한다. 그러면 화면8과 같이 다양한 항목이 표시되고 아래 쪽에 그래프 같은 것이 리얼타임으로 표시된다. 잠깐 시험 삼아 기체를 움직여 보기 바란다. 그래프가 변화할 것이다(화면9).

MultiWiiConf 화면

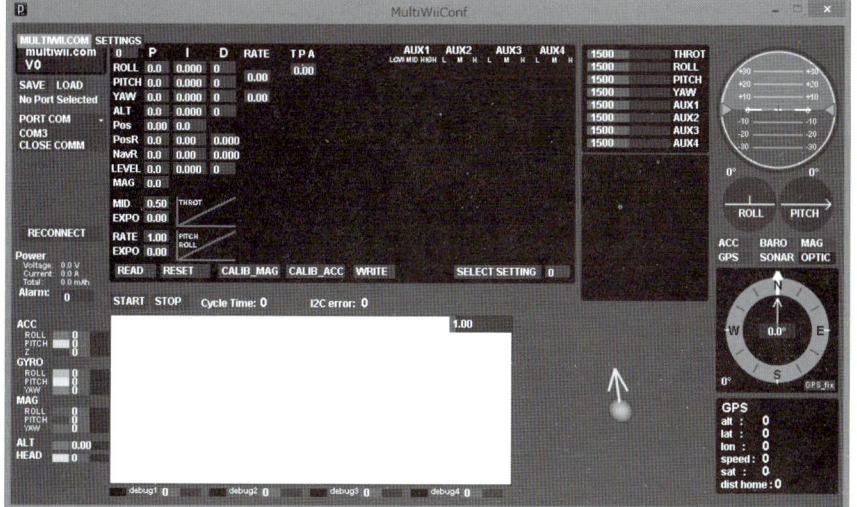

STEP 6-2 기체 조립하기

화면7 이곳의 포트를 확인한다.

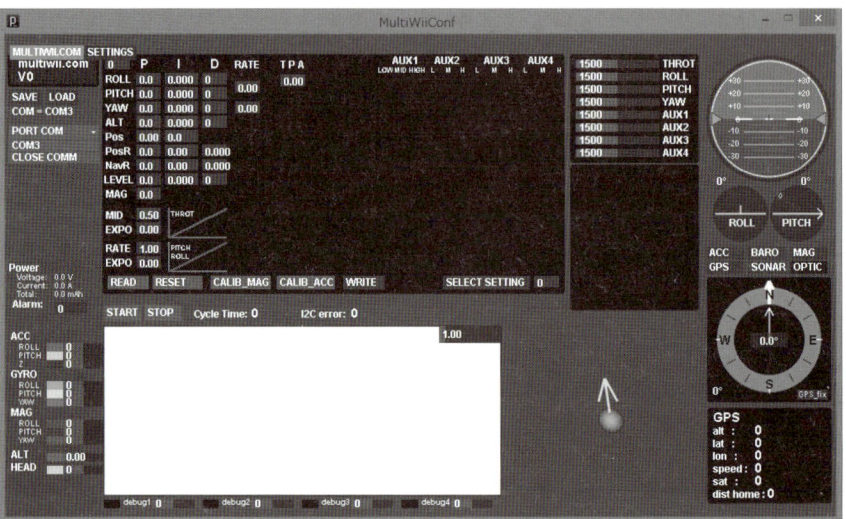

화면8 플라이트 컨트롤러와 접속된 상태

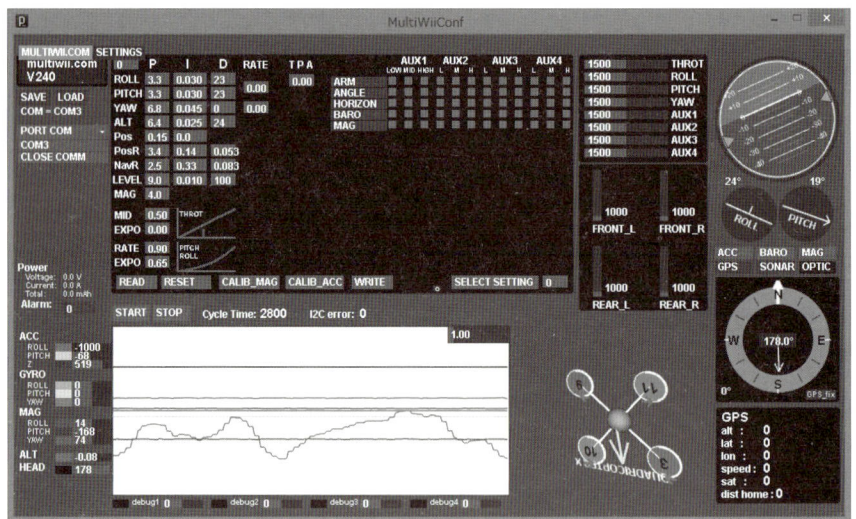

화면9 기체를 움직이면 화면이 바뀐다.

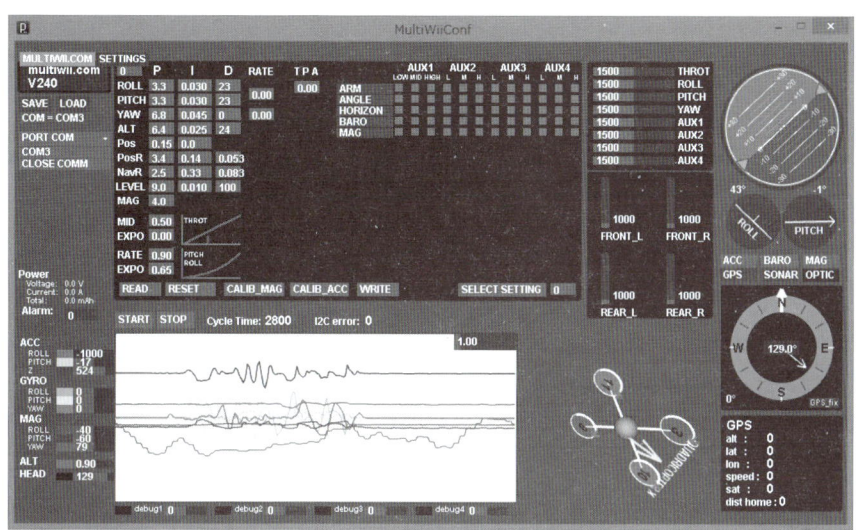

이 상태에서는 잠시 동안 기체 자세가 자기 멋대로 움직일 것이다. 화면 우측 위에 있는, 자세를 표시하는 스코프 부분도 이상한 위치를 하고 있으리라 생각한다. 일단은 이것을 조정하기 위해 센서종류를 교정하도록 한다.

기체를 가능한 평평하고 안정된 장소에 놓고 [CALIB_ACC]를 클릭한다. 잠시 기다리면 그래프가 어느 정도 움직이고, 스코프가 수평위치를 찾아갈 것이다(화면10). 안정화되면 [WRITE]를 클릭해 플라이트 컨트롤러에 적용한다. 만약 이렇게 했는데도 수평위치가 안 잡힐 경우에는 일단 FTDI를 빼고 MultiWii 전원을 끊은 다음, 평평하고 안정된 위치에 놓고 나서 다시 접속해 전원을 넣고 CALIB_ACC를 재차 실행해 본다.

 CALBI_ACC를 실행한다.

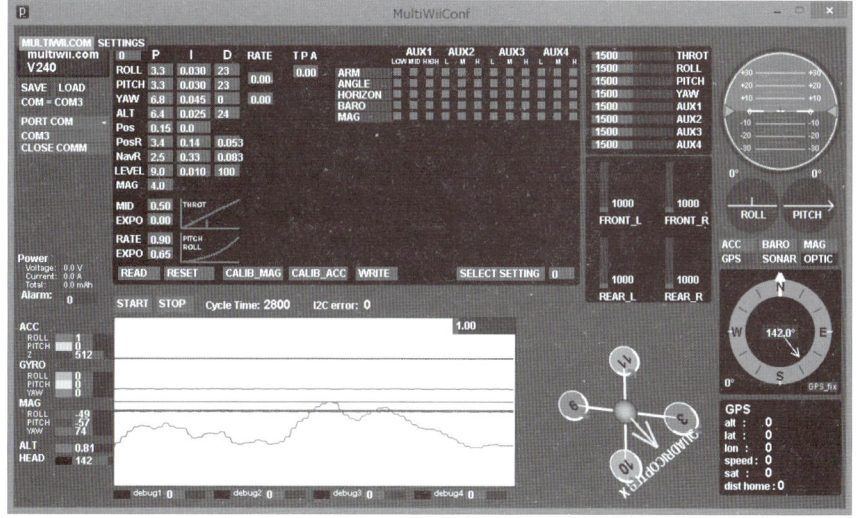

STEP 6-2 기체 조립하기

스코프 아래에 있는 방위자석(方位磁石)도 올바른 방향이 아니라는 것을 알 수 있을 것이다. 이것을 조정하는 것은 약간 번거롭지만 [CALIB-MAG]를 클릭해 컨트롤러 상의 LED가 점멸하는 동안에 기체를 모든 방향으로 빙글빙글 돌린다. 이것은 스마트폰의 자기센서 교정과 똑같은 방법이다. LED의 점멸이 끝났으면 [WRITE]를 클릭한다.

리얼타임으로 표시되는 그래프 가운데 하나만 안정되지 않고 움직이는 것이 있을 것이다. 회색 선으로, 이것은 좌측의 범례를 보면 "ALT"로 표시되어 있지만 Altitude를 말하는 것으로,『고도』라는 의미이다. MultiWii의 경우에는 이 고도가 기압센서를 사용하기 때문에 약간의 외부영향으로도 변화하기 때문에 이 그래프만 안정되지 않는 것이다. 덧붙이자면, MultiWii 보드 자체를 종이 등으로 부채질해 보면 그래프가 변화하는 것을 알 수 있다.

MultiWii 보드에 탑재되어 있는 센서 종류는 좀 전의 스코프 아래에 표시되어 있는 항목에서 [ACC] [BARO][MAG][GPS][SONAR][OPTIC] 가운데 녹색으로 표시된 것이다. ACC는 가속도 센서, BARO가 기압센서, MAG가 자기센서를 말한다. 표준적인 MultiWii SE 2.5에서는 이 세 가지가 유효하게 되어 있을 것이다.

덧붙이자면, 아래 우측으로 기체 상태가 그림으로 표시되어 있는데, 3, 10, 9, 11 숫자로 표시되어 있는 것이 기체 각 모터의 접속번호이다. 손으로 기체를 잡고 움직이면 이 그림이 실제 기체 상태대로 표시될 것이다.

센서 종류의 교정이 끝났으면 조종기의 엔드 포인트를 조정한다. ESC가 기동하고 모터가 회전하려고 하는 것을 막기 위해 일단 MultiWii에서 ESC로 가는 커넥터를 빼놓도록 한다. 송신기 전원을 넣어 스코프 좌측 옆으로 있는 THROT/ROLL/PITCH 등의 바에 주목한다(화면11).

 여기에 주목한다.

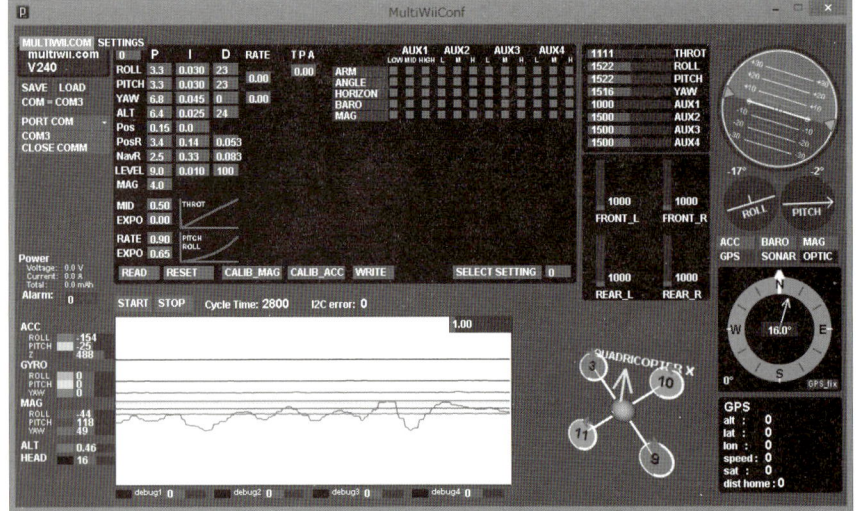

60페이지에서도 설명했지만 기체의 『축』과 조종기의 스틱은 다음과 같이 바꿔서 읽을 수 있다.

1THROT	스로틀	(THR)
ROLL	에일러론	(AIL)
PITCH	엘리베이터	(ELV)
YAW	러더	(RUD)

송신기의 스틱을 움직이면 각 바가 변화하는 것을 확인한다. 값의 변화를 확인하면 최소치가 1,100정도, 최대치가 1,900정도일 것으로 생각하는데(후타바의 경우), 이것을 최소치 1,000, 최대치 2,000이 되도록 조정한다. 조정은 송신기 쪽의 엔드 포인트 설정에서 조정하면 되는데, 조정방법은 조종기의 매뉴얼을 잘 읽고 확인하기 바란다. 기본적으로는 스틱을 최대한 움직인 위치에서 엔드 포인트를 조정한다. 사진12는 후타바 6K 송신기의 엔드 포인트 설정화면이다. 퍼센티지 표시이므로 상기의 숫자와 화면은 관계가 없다. 화면상의 값은 1,000이나 2,000이 딱 떨어지지 않는데, 10~20 정도의 편차는 문제없으므로 너무 세밀하게 설정할 필요는 없다. 다만 1,000~2,000의 『안쪽』이 되도록 조정한다. 예를 들면 최소치 1,010, 최대치 1,990 등으로 하면 된다. MultiWii에서는 최소치를 1,000, 최대치를 2,000, 중앙치를 1,500으로 다룬다.

 송신기에서 엔드 포인트를 조정한다.

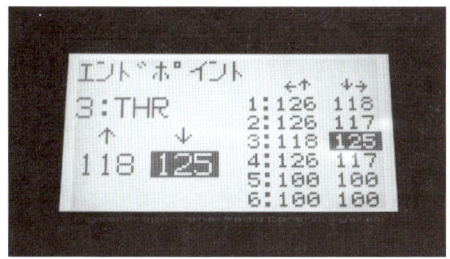

엔드 포인트 설정이 완료되었으면 플라이트/암 모드를 확인한다. 화면상에서 보았을 때 중앙 위쪽 부근에 있는 [ARM][ANGLE][HORIZON] 등이 표시되어 있는 부분이 플라이트 모드이다.

MultiWii에서는 비행을 시작할 때 먼저 "ARM"모드로 한다. 여기에는 스로틀을 가장 낮춘 상태에서 러더를 우측 끝까지 움직인다. 화면12와 같이 ARM 부분이 녹색으로 바뀌고 조종기 상태 아래에 있는 모터 상태(FRONT_L, FRONT_R 등의 부분)가 모두 1150이 되었을 것이다. 이 상태가 암드(Armed) 모드에서 비행준비가 끝난 상태이다. 암드를 해제(디스암:DisARM)하려면 스로틀이 내려가 있는 상태에서 러더를 좌측 끝까지 움직인다. 어쩌면 좀 전의 엔드 포인트 조정 중에 암드 모드가 되었을지 모르는데, 러더의 좌우로 암드와 해제를 시도해 보기 바란다.

STEP 6-2 기체 조립하기

화면12 ARM 모드

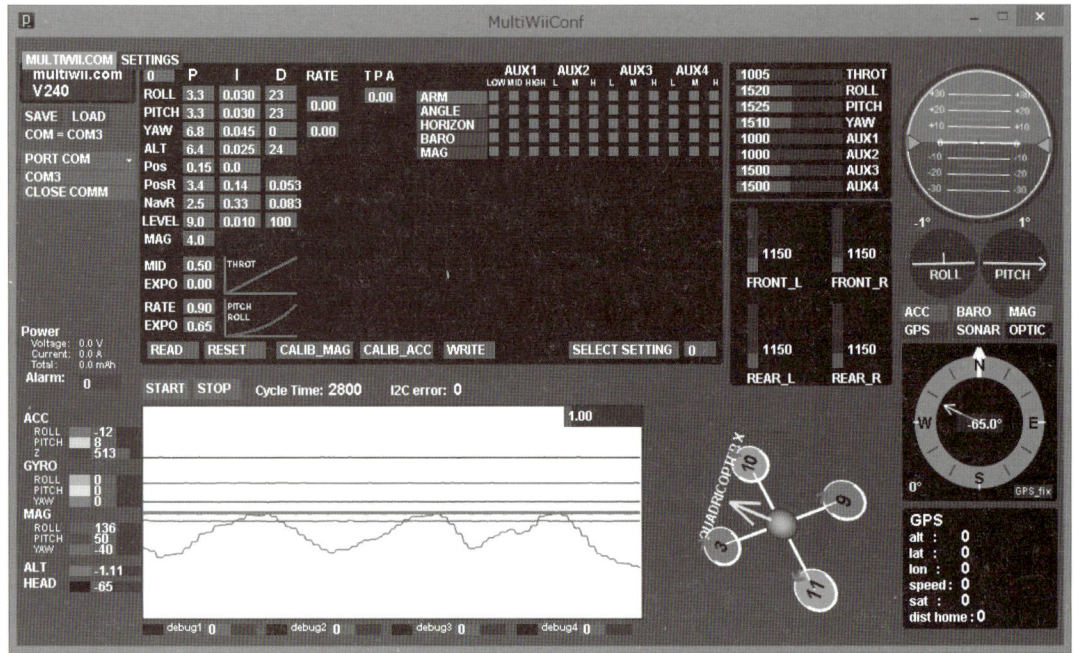

다음으로 리버스를 확인한다. 이 시점에서는 아직 ESC를 연결하지 않도록 한다.

암드 상태에서 스로틀을 위로 밀면 모터 수치가 올라간다(화면13). 이 상태에서 에일러론을 왼쪽으로 움직이면 우측 모터(FRONT_R과 REAR_R)의 숫자가 올라가고, 반대로 움직이면 좌측 모터(FRONT_L과 REAR_L)의 숫자가 올라가는 것을 확인한다.

화면13 이 부분의 값을 체크한다.

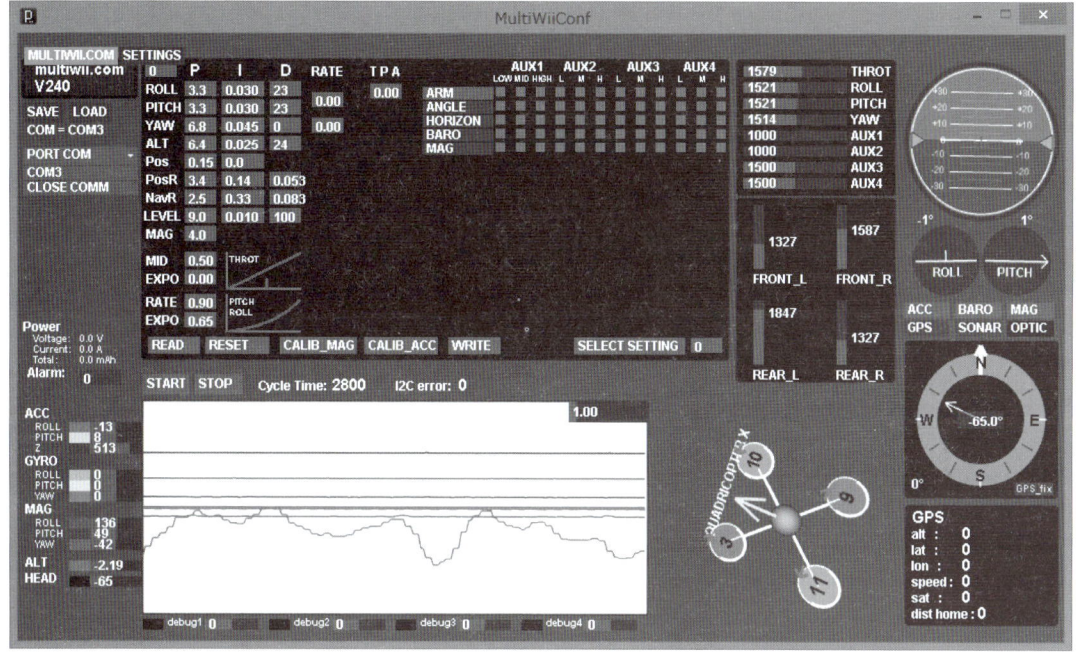

　엘리베이터를 몸쪽으로 당기면 앞쪽 모터(FRONT_L과 FRONT_R)의 숫자가 올라가고, 뒤로 밀면 뒤쪽 모터(REAR_L과 REAR_R)의 숫자가 올라가지 않으면 안 되는데, 후타바의 디폴트에서는 이 동작이 반대이기 때문에 엘리베이터를 리버스로 설정한다.

　마지막으로 플라이트 모드를 설정한다. AUX1, AUX2 어느 쪽이든 상관없는데, 송신기 스위치를 조작했을 때 동작(서보표시 부분에서 AUX1이나 AUX2로 움직이는 쪽)하는 스위치를 결정한다. 필자의 경우에는 AUX1을 플라이트 모드 스위치로 하고 있기 때문에 좀 전의 [ARM] 아래에 있는 [ANGLE]의 우측, AUX1의 LOW MID HIGH 3부분에 체크를 해준다(화면14). 이 체크, 화면의 반응이 약간 더디므로 천천히 체크하도록 한다. 이 설정으로 인해 AUX1 스위치가 어느 상태이든 간에 ANGLE 모드(권말 자료2의 「설정에 관한 사항」참조)로 비행하게 된다. 설정이 끝났으면 [WRITE]를 클릭해 적용한다.

　이 플라이트 모드에서는 기체의 수평을 유지해 비행시키는 조작이 아주 편하기 때문에 처음에는 이 모드로 비행하도록 한다.

　프로펠러는 아직 장착해서는 안 되고, 비행 직전에 장착하도록 한다.

STEP 6-2 기체 조립하기

 여기서 플라이트 모드를 설정한다.

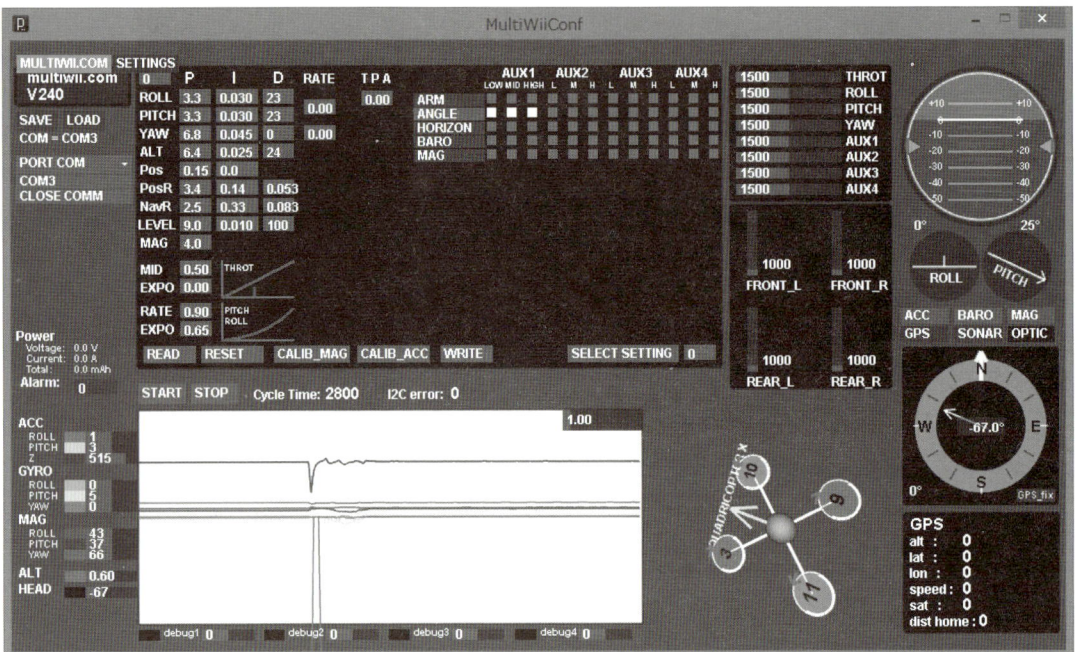

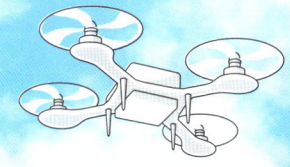

첫 비행

자신이 만든 기체를 처음 날리려고 할 때는 상당한 용기가 필요하다. 멀티콥터 경험이 없으면 두말 할 것도 없다.
그런 점에서는 장난감RC 등으로 입문한 다음 자작으로 나가는 것이 좋을지도 모른다.
여기서는 경험이 없는 독자를 위해 플라이트의 기본에 대해 설명하겠다.

STEP 7-1 스틱 모드를 이해해 두자

1 조종기의 스틱 모드 확인

사용하고 있는 조종기는 모드1인가 모드2인가에 따라 조작방법이 달라지기 때문에 여기서는 『우측 스틱을 오른쪽으로』식의 표현은 사용하지 않고 『엘리베이터를 오른쪽으로』식의 조작명칭을 사용해 설명하겠다. 우선은 자신의 조종기 스틱 모드를 파악해 두도록 한다. 복습차원에서 다시 살펴보겠다(그림1).

 조종기의 스틱 모드

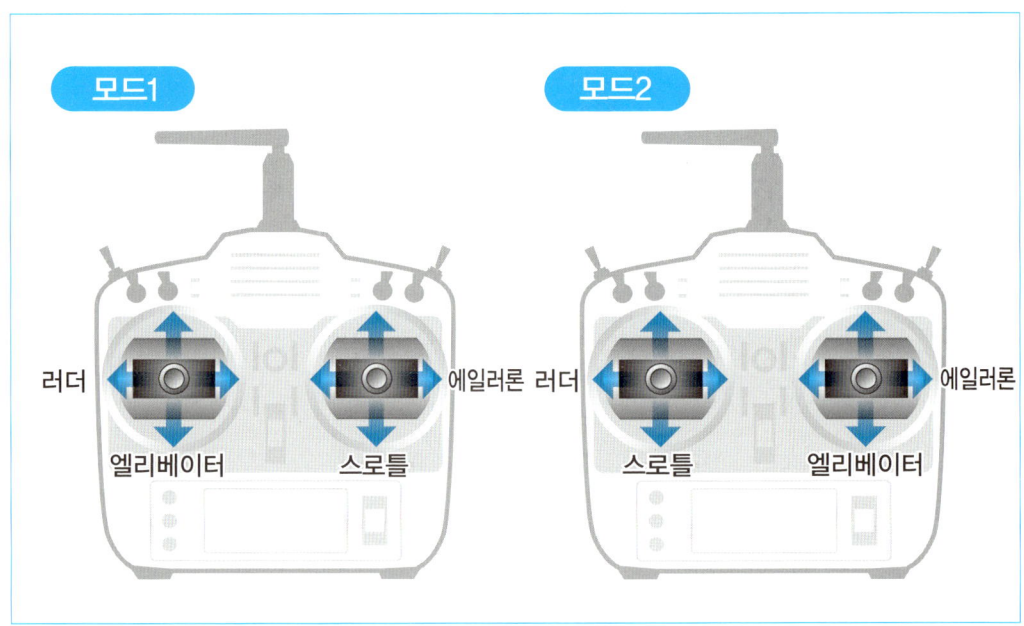

또한 각 축의 명칭은 아래와 같다.

- 스로틀   스로틀
- 러더   요
- 에일러론   롤
- 엘리베이터   피치

2 아밍

　이 책에서 설명하고 있는 플라이트 컨트롤러인 OpenPilot CC3D와 MultiWii는 둘 다 "암(ARM)"이라는 기능을 갖고 있다. 아밍(Arming)이란 번역하면 『무장』을 말하는데, 이것은 멀티콥터가 비행가능하게 만드는 상태를 뜻한다.

　항공회사에 따라서 다르긴 하지만 비행기를 타면 이륙 전에 『승무원은 도어 모더를 암드로 변경해 주세요』라는 방송이 나오는 경우가 있다. 이것도 이착륙 가능한 모드, 암드 모드로 변경한다는 의미이다.

　멀티콥터에 있어서 암드(Armed) 모드는 비행가능한 상태를 말한다. 암드 상태에 있는 기체는 스로틀을 높이면 프로펠러가 회전하는 상태가 되기 때문에 기체를 취급하는데 주의를 필요로 한다. 언제라도 비행이 가능한 상태에 있기 때문에 암드 모드로 바꾸기 전에 기체와 거리를 두는 것이 중요하다. 위에서 내려다보다가 암드로 바꾸면 갑자기 올라올 가능성도 있으므로 주의하도록 한다.

　이 암드 모드를 해제하는 것이 디스암(DisARM)으로서, 번역하면 『무장해제』가 된다. 디스암 상태는 다른 말로 『세이프 모드』로 불리는 경우도 있다.

　먼저 이 암/디스암 방법을 기억해 두자.

a) OpenPilot CC3D/atom의 경우

　OpenPilot의 경우에는 셋업할 때 지정한 방법으로 무장한다. 176페이지에서는 Yaw Right를 지정했기 때문에 러더를 오른쪽 끝까지 움직이는 것이 아밍 조작이다. 스로틀 스틱이 가장 아래인 상태에서 러더를 오른쪽 끝까지 움직이면 컨트롤러 상의 LED가 짧게 점멸을 시작하므로 잠깐 기다리면 느슨하게 점멸하면서 암드 모드가 된다.

　디스암으로 하려면 암드의 반대, 즉 여기서는 러더를 왼쪽으로 최대한 움직이면 컨트롤러 상의 LED가 약간 길게 점등하고 나서 느슨한 점멸로 돌아간다. 이 상태가 디스암 상태이다. 이 경우도 스로틀 스틱은 가장 아래까지 내리고 조작한다.

b) MultiWii의 경우

　MultiWii의 경우에는 셋업할 때는 ARM을 지정하지 않지만, 디폴드에서 스틱을 조작해 암/디스암을 할 수 있다. 스로틀 스틱을 자강 밑으로 하고 러더를 최대한 오른쪽으로 움직이면 컨트롤러 상의 LED가 점등한다. MultiWii의 경우에는 암드 모드에 들어가면 프로펠러가 느리게 회전하기 시작한다. 이 상태에 암드 모드이다.

　디스암을 하려면 스로틀 스틱을 가장 아래로 하고 러더를 최대한 왼쪽으로 움직인다. 프로펠러 회전이 정지하고 컨트롤러 상의 LED가 꺼진다.

STEP 7-1 스틱 모드를 이해해 두자

3 플라이트 컨트롤러

어떤 조작을 하기 전에는 반드시 프리플라이트(비행 전) 체크를 해준다. 기체의 전원을 끈 상태에서 기체 각 부분을 체크해 나사가 느슨한 곳은 없는지, 프로펠러가 제대로 고정되어 있는지를 체크한다. 멀티로터 기체 같은 경우는 거의 없지만, 기체의 진동으로 나사가 느슨해지기 쉽기 때문에 비행 전과 비행 후에는 각 부분에 풀린 곳은 없는지 점검하는 습관을 갖는 것이 중요하다.

비행 중에 프로펠러가 분리되어 날아가 버리는 사고도 종종 있다. 쿼드기의 경우에는 프로펠러 하나가 없어져도 틀림없이 추락한다.

4 먼저 암/디스암을 연습한다

처음에는 띄우지 말고 암과 디스암 연습을 한다. 제일 먼저 송신기의 전원을 넣고 스로틀 스틱을 가장 아래로 내려놓는다. 이 수순은 반드시 지켜야 한다.

한편 연습할 장소는 익숙하지 않을 때는 가능한 넓은 장소를 고르도록 한다. 덧붙이자면, 방에서 할 때는 종이종류 등 쉽게 날아다니는 것은 정리해 놓는 것이 현명하다. 소형 기체라도 상당한 바람이 불어 여러 가지 물건들이 날아다닌다.

전원을 넣을 경우에는

① 송신기를 온으로, 스로틀 스틱을 가장 아래로 내리고
② 다음으로 기체 전원을 넣는다.

반대로 전원을 끊을 때는

① 스로틀 스틱을 가장 아래로 낮춘 상태에서 기체의 전원을 끊고 나서
② 송신기 전원을 끊도록 한다.

기체의 전원을 넣거나 끊을 때는 송신기를 평평한 장소에 「눕혀서」놓도록 한다. 세워 놓으면 쓰러진 탄력으로 스로틀 스틱이 올라오기 때문에 위험하다.

실제로 예전에 필자가 헬리콥터로 이 상태가 되면서 본인 헬리콥터에 부딪친 경험이 있다. 수평으로 놓여 있던 송신기의 스로틀 스틱을 고양이가 찼던 것인데, 이것은 사고라고 밖에 할 수 없지만 항상 조

심은 해야 한다.

　멀티콥터의 경우에는 암/디스암이 있기 때문에 디스암 상태에서는 스로틀 스틱이 움직여도 기본적으로 위험한 것은 없지만, 만에 하나 해제되지 않은 경우를 감안해 전원을 넣고 끊을 때 신중하게 하도록 한다. 더불어 기체의 전원을 넣을 때 송신기를 한 손에 잡고 있는 것도 위험하므로 삼가도록 한다.

　송신기 전원을 넣고 스로틀이 가장 아래까지 내려져 있는 것을 확인했으면 기체를 평평한 장소에 놓고 배터리를 접속해 기체의 전원을 넣는다. 다음으로 기체를 그림2와 같이 본인 앞 쪽에 놓는다.

 기체를 놓는 방법

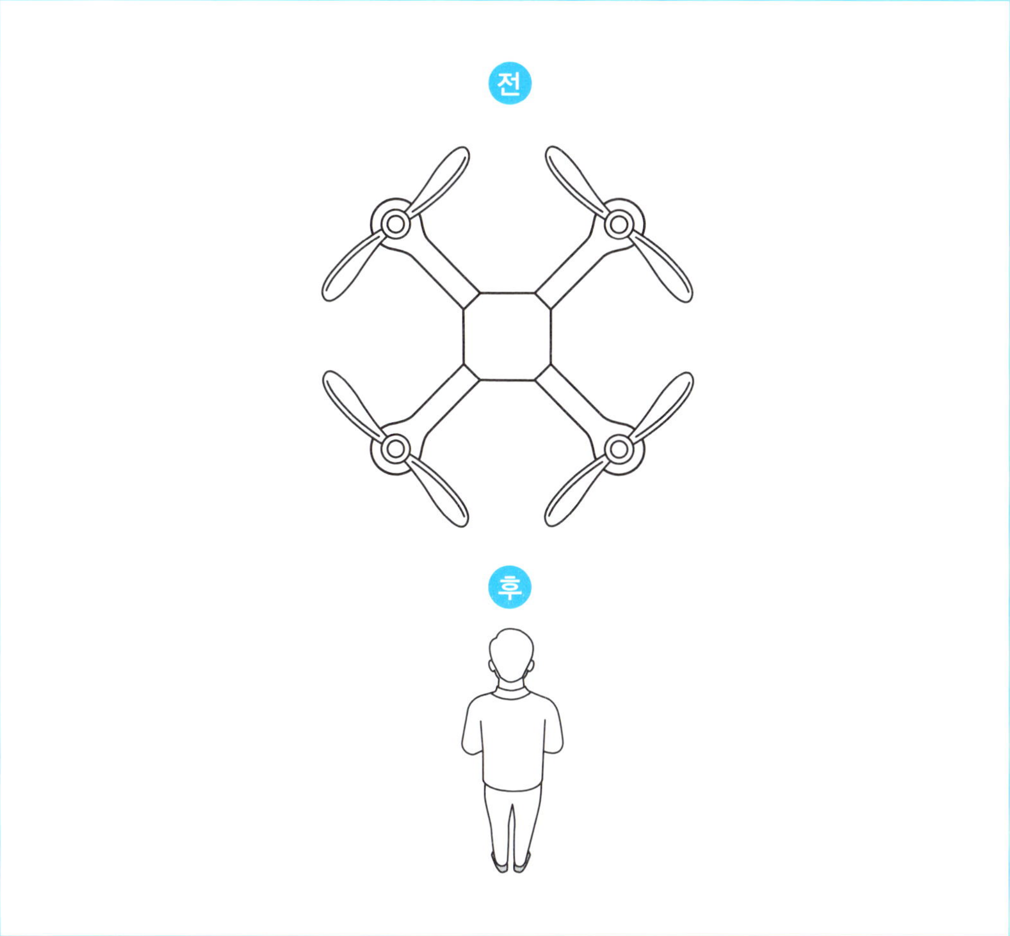

바꿔서 말하면 기체 바로 뒤에 서는 것이다.

　기체와의 거리는 안전한 거리를 확보하는 정도면 된다. 대형 기체라면 5m가 적절하고, 이 책에서 제작하고 있는 소형 기체 같은 경우는 1~2m 정도면 충분하다고 생각하는데, 자신이 판단하도록 한다.

STEP 7-1 스틱 모드를 이해해 두자

　준비가 끝났으면 기체를 암드 모드로 놓는다. MultiWii의 경우에는 프로펠러가 회전하는 것이 기본이지만(아이들링), 사용하고 있는 ESC에 따라서는 회전하지 않는 경우도 있으므로 주의하도록 한다. 이 상태에서는 프로펠러가 언제라도 회전할 수 있는 상태에 있으므로 어떤 조작을 하더라도 신중하게 해야 한다.

　암드 모드가 되었으면 스로틀 스틱을 천천히 올려 준다. 천천히 조금씩 올린다. 프로펠러의 회전이 조금씩 빨라져가는 것을 알 수 있을 것이다. 이때 만약 기체가 움직이기 시작할 것 같으면 스로틀을 낮추도록 한다.

　스로틀을 낮추었으면 이번에는 디스암으로 바꾼다. 디스암 상태에서 스로틀 스틱을 조금씩 올려보면서 프로펠러가 회전하지 않는 것을 확인한다.

　일단 디스암으로 했으면 다시 암드 모드로 바꾸고 다시 스로틀 스틱을 조금씩 올려 프로펠러의 회전을 확인하고 나서 스로틀을 낮춰 디스암으로 바꾼다.

　몇 번이고 연습을 통해 익숙해졌으면 디스암 상태에서 기체의 전원을 끄고 나서 송신기 전원을 끄는 수순도 연습해 보기 바란다.

STEP 7-2 드론 띄우기

1 호버링을 마스터하자

멀티콥터 비행의 기본은 역시 호버링으로, 일단은 띄우고 나서 정지시키는 것부터 시작한다. 하지만 말이 쉬운 쉽지 처음에는 뭐가 뭔지 잘 모르기 때문에 쉽게 호버링을 할 수 있는 것도 아니므로 띄우는 것부터 시작한다.

기체에 전원을 넣고 올바른 위치에 선 다음, 가장 먼저 플라이트 모드를 확인한다. 송신기 스위치로 「안정화」가 작동하는 상태로 두는데, 이 책에서 설명한 셋업방법에서는 MultiWii, OpenPilot 모두 가장 안정화시키는 모드로 되어 있기 때문에 그대로 해도 문제는 없겠지만 만일을 위해 다시 확인하도록 한다. MultiWii에서는 "ANGLE", OpenPilot에서는 "Attitude" 모드를 말한다.

좀 전의 아밍 연습과 마찬가지로 기체를 암드 모드로 했으면 천천히 스로틀 스틱을 올려 나간다. 어느 순간에 「붕~」하고 위로 떠오르면 스로틀을 내려 기체를 강하시킨다. 전후좌우로 약간 움직이는 것은 별 상관없다. 처음에는 살짝 내려앉게 하지 못하고 쿵하고 내려오리라 생각하는데, 그래서 어느 정도 난폭하게 해도 괜찮은 높이까지만 올리도록 한다. 약 10cm 정도가 적당할 것이다.

2 증상 : 기체가 똑바로 위로 상승하지 못하고 극단적으로 한 쪽으로 쏠리는 경우

만약 이때 기체가 똑바로 위로 상승하려고 하지 않고 극단적으로 기울어지는 경우(좌측이나 우측, 앞쪽이다 뒤쪽만 뜨려고 하는 경우)에는 스로틀을 내려 이륙을 중지한다. 이런 경우에는 기체의 캘리브레이션이 맞지 않았을 가능성이 높기 때문에 일단 디스암으로 한 다음 기체의 전원을 끄고 나서 평평한 장소에서 다시 온시킨다.

b) MultiWii의 경우

MultiWii의 경우에는 수평위치에서 아래와 같이 스틱을 조작해 자이로와 가속도 센서를 캘리브레이션한다.

a) 디스암 상태에서 러더를 왼쪽으로 최대한 움직이고, 그 상태에서 엘리베이터를 가장 밑으로 당긴다. LED가 점멸하다 꺼진다(자이로 교정).

b) 디스암 상태에서 스로틀을 가장 위로 올리고, 러더를 최대한 왼쪽으로 움직인 상태에서 엘리베이터를 가장 아래로 당긴다(가속도 센서 교정).

7-2 드론 띄우기

> **OpenPilot의 경우**
>
> OpenPilot의 경우에는 평평한 위치에서 다시 아밍을 해 본다. LED가 짧게 점멸할 때 교정이 이루어진다.

3 | 증상 : 기체가 어느 한 쪽 프로펠러만 두고 뜨려고 한다

만약 기체가 어느 한 쪽 프로펠러만 두고 뜨려고 하는 것 같으면 디스암하고 나서 그 프로펠러 위치의 모터와 프로펠러 회전방향을 확인해 본다. CW이어야 할 모터에 CCW 프로펠러를 장착했을 경우에는 그 프로펠러만 추진력이 역방향으로 작동하기 때문에 지면으로 밀어내리는 상황이 된다.

뜨고 나서 약간만 전후좌우 어느 쪽으로든 이동하는 경우에는 너무 신경 쓰지 말고 일단 하강시킨다. 이때 결코 높이 띄우려고 해서는 안 된다. 조금 띄운 다음에 바로 되돌리는 훈련을 반복하도록 한다. 기체가 이동하게 되면 디스암하고 나서 원래 위치로 되돌리는 연습을 한다.

4 | 증상 : 뜨기는 하는데 전후좌우로 상당히 크게 이동한다

뜨기는 하는데 전후좌우로의 이동이 상당히 많을 때는 뒤에서 설명하는 트림(235페이지)을 조정해 본다.

5 | 증상 : 기체가 이동하려고 한다

어느 정도 익숙해지면 띄우는 시간을 길게 하는 식으로 연습한다. 이때 기체가 이동하려고 하면 송신기로 조작해 약간 수정해 본다. 예를 들면 기체가 우측으로 이동하면 에일러론은 왼쪽으로, 좌측으로 이동하면 에일러론을 오른쪽으로 조작한다. 앞으로 이동하려고 하면 엘리베이터를 아래(몸쪽)으로, 뒤로 이동하려고 하면 위로 조작한다.

모드2 조종기는 편리하다고 하는 것은 이 부분의 조작이 눈과 일치하기 때문이다. 모드2의 스틱 조작에서는 우측 스틱을 조작하는 것이 기체이동과 일치한다(그림1).

 모드2에서의 우측 스틱 조작

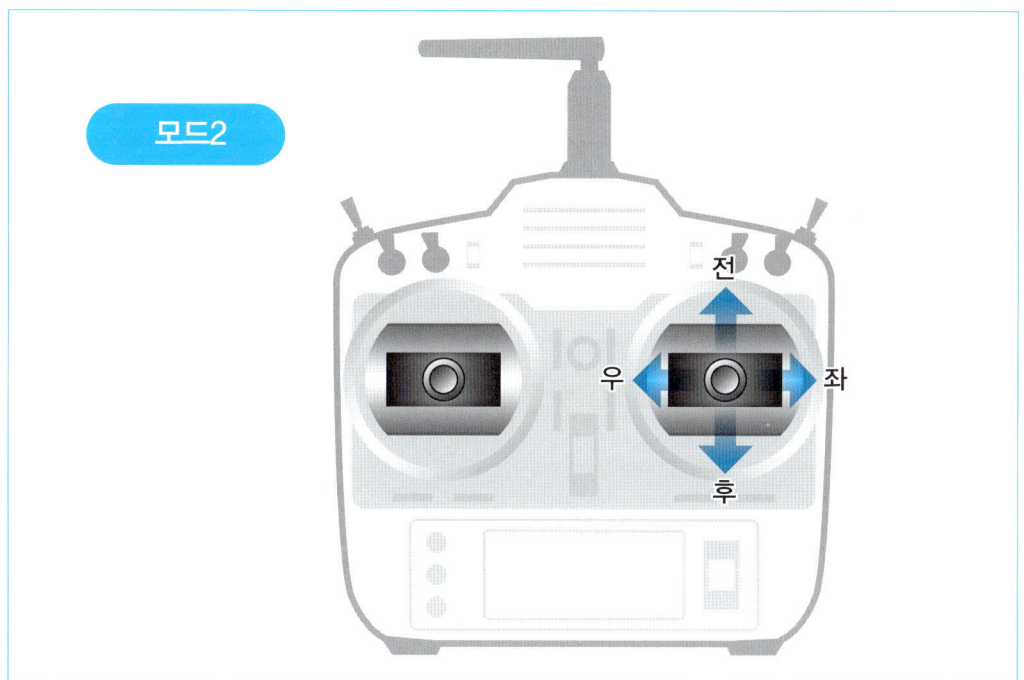

6 | 스틱을 조작할 때의 주의점

 스틱을 조작할 때는 크게 조작하지 않도록 한다

크게 조작하려고 하면 우측으로 이동하려고 하던 기체가 좌측으로 이동을 시작하기 때문에 당황해서 우측으로 되돌리고 하는 식의 반복으로 인해, 점점 좌우로 흔들리면서 제어가 안 된다. 이것을 오버 컨트롤이라고 한다. 스틱 조작이 부족할 경우에는 이동이 멈출 때까지 거리를 필요로 하는데, 오히려 그쪽이 안전하게 제어할 수 있다. 다만 이동거리가 길어지기 때문에 좁은 장소에서 연습하기에는 무리가 있다.

이 책에서 제작한 기체와 플라이트 컨트롤러는 그다지 조작하지 않아도 기체가 안정화되므로 비행하기가 상당히 쉬울 것이다. 위치를 조정하는 정도는 가볍게 스틱을 조작하는 것만으로 충분할 것이라 생각한다.

STEP 7-2 드론 띄우기

주의 높이 올라갈 것 같은 경우에는 천천히 스로틀을 내린다

　높이 올라갈 것 같을 때는 천천히 스로틀을 당겨, 일단 기체를 내린다. 이 스로틀 조작이 초보자에게는 첫 번째 어려움이라고 생각된다. 뜨지 않는다고 해서 단 한 번에 스로틀을 조작하면 갑자기 솟아올라 천정에 부딪힌다. 당황해서 스로틀을 낮춰도 솟아오른 높은 위치에서 떨어지기 때문에 기체가 파손되는 경우가 있다. 그러므로 스로틀을 올릴 경우에는 천천히 올리고, 뜨기 시작하면 스로틀을 조금 낮춘다. 상당히 미세하므로 너무 과하게 조작하면 안된다. 그렇다고 또 너무 천천히 띄우게 되면 기체가 뜨기 전에 옆으로 미끄러져 이동하는 경우도 있으므로, 이 조작은 사실 어려운 부분이다. 필자의 경우에는 잽싸게 스로틀을 올려 30cm 정도까지 떴으면 스로틀을 되돌리는 식으로 조작하고 있다. 하지만 이런 감각을 파악하는 것은 상당히 어려우므로, 익숙해질 때까지는 문제없는 범위에서 천천히 조작하기 바란다.

주의 높이 올라갈 것 같은 경우에는 천천히 스로틀을 내린다

　위치를 조정해 가볍게 띄울 수 있을 만큼 되었으면 비행시간을 길제 하는 연습을 한다. 이때 스로틀 조작에 주의해야 한다. 초보자가 자주하는 실수 가운데 하나는 스로틀을 올리면 높이가 높아지고 스로틀을 내리면 높이가 낮아진다고 생각하는 경향이다. 이것을 잘못 생각하는 것이다. 스로틀로 조정하는 것은 위로 올라가는 힘이기 때문에 기체가 상승하고 있는 상태에서 스로틀을 그대로 놔두면 점점 위로만 올라갈 뿐이다. 스로틀을 내려 프로펠러의 양력이 떨어지면 이번에는 중력으로 인해 내려오게 되기 때문에 기체는 밑으로 향한다.

　상승하는 힘과 강하하려는 힘이 서로 균형을 이루어 멈춰 있는 상태가 「호버링」이다(그림2). 스로틀이 호버링 위치에 있을 때는 기체가 일정한 고도에 머무른다. 여기서 스로틀은 다음과 같이 조작한다.

　스로틀을 올려 기체가 상승으로 바뀌면서 좋아하는 높이에 도달하면 스로틀을 되돌린다. 기체가 하강하려고 할 경우에는 스로틀을 조금 올린다. 만약 기체가 또 상승하려고 하면 스로틀을 내리고, 너무 내려갔을 경우에는 스로틀을 올리는 식의 조작을 반복적으로 하면서 일정 고도를 유지하도록 연습한다.

 호버링할 때의 스로틀 조작

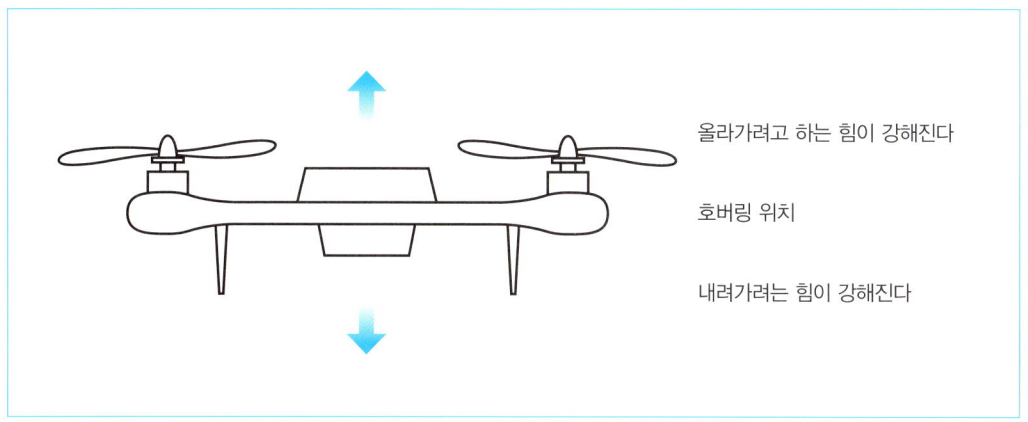

올라가려고 하는 힘이 강해진다

호버링 위치

내려가려는 힘이 강해진다

주의 낮은 위치에서는 자율정지가 불가능하다

인터넷에서 비디오 등을 보면 실내에서 떡하니 기체가 공중에 떠서는 아무런 조작을 하지 않아도 그 위치에서 움직이지 않는 것을 본 적이 있는지 모르겠는데, 이것은 초음파 센서나 옵티컬 플로우 센서 등을 탑재함으로서 실내에서도 위치 유지 기능을 갖추고 있기 때문이다. 이 책에서 제작한 기체 같은 경우에는 이런 센서를 탑재하고 있지 않아서 낮은 위치에서는 정지하지 못한다.

도중에 무서워지거나 하면 바로 기체를 내리도록 한다. 처음에는 비행시간을 오래하지 못하더라도 익숙해질수록 점점 오래 띄울 수 있게 된다.

주의 기체 뒷부분을 내 쪽으로 향하게 하려면 러더를 조작한다

기체가 떠있는 동안에 뒷부분이 조종자 쪽을 향하도록 움직이게 하려면 러더를 조작하면 된다. 기체가 왼쪽으로 향하게(꼬리는 오른쪽) 돌리고 싶을 때는 러더를 우측으로, 반대인 경우에는 러더를 좌측으로 조작한다.

주의 떠 있는 상태가 이상해졌으면 바로 기체를 착륙시킨다

호버링을 하고 있을 때 스로틀 스틱의 위치는 시간이 지나면서 조금씩 위로 올라갈 것이다. 이것은 배터리 소비로 인해 배터리가 줄어가면 추진력이 떨어지기 때문인데, 그러는 중에 ESC의 컷오프 기능이 작동해 툭하고 떨어지므로 떠 있는 상태가 이상해지면 신속하게 기체를 착륙시키도록 한다.

STEP 7-2 드론 띄우기

7 | 증상 : 움직임이 이상할 경우 ~ 조종기 조작과 기체가 반대로 움직이네!?

지금까지의 조정을 모두 완수했다면 문제없이 조작할 것으로 생각되지만, 혹시라도 설정 등을 잘못했을 경우에는 아래와 같은 움직임을 보이는 경우가 있다.

1. 기체가 오른쪽으로 이동하려고 해서 스틱을 좌측으로 움직였는데 기체는 더 오른 쪽으로 이동했다.
2. 기체가 앞으로 이동하려고 해서 스틱을 뒤로 움직였는데 더 앞으로 이동했다.
3. 기종이 우측으로 접촉했기 때문에 스틱을 좌측으로 움직였는데 기체가 우측으로 회전했다.
4. 꼬리 쪽이 우측으로 흔들려서 스틱을 좌측으로 움직였더니 꼬리가 우측으로 회전했다.

이런 상태가 되었을 경우, 4번째 경우는 빼고는 조종기의 리버스 모드가 잘못된 것이다. 상황을 냉정하게 판단해 보면 알 수 있는데, 좌측으로 조작하려고 하면 우측으로, 뒤로 조작하려고 하면 앞으로 이동하기 때문에 스틱 조작과 기체의 움직임이 『반대』임을 알 수 있다. 이런 경우에는 조종기의 리버스를 온시키거나 혹은 플라이트 컨트롤러의 설정을 반대로 하면 잡힐 것이다.

4번째 경우는 일부러 잘못된 상황을 넣어 본 것이다. 기체의 「꼬리」를 보고 있으므로 잘못된 것이다. 러더 스틱을 좌측으로 움직이면 「기수」가 좌측을 향하기 때문에 꼬리는 당연히 우측으로 이동한다. 이런 경우에는 꼬리를 보는 것이 아니라 기수를 보도록 한다.

아무리 해도 이상한 경우, 제대로 떠 있으려고 하지 않는 경우, 이런 경우들은 특히 MultiWii를 사용할 때 많은 편으로, 오래된 EEPROM에 데이터가 남아 있어서 기체 움직임이 이상한 경우가 있다. EEPROM 소거와 펌웨어 재적용을 통해 다시 해보기 바란다.

또한 ESC의 조정이 이상한 경우(모터 회전이 한 곳만 이상한 경우)에도 특이한 움직임을 보이므로 ESC를 다시 캘리브레이션하도록 한다.

STEP 7-3 자유롭게 움직여 보자!

1. 호버링 이후의 연습

호버링이 가능해졌으면 그 다음은 간단한 편이다(과언이 아니려면 호버링 등의 연습이 충분해야 한다).

이 책에서 만든 기체 같은 경우에는 안정화 기능이 상당히 강력하게 작동하고 있기 때문에 편한 측면이 많긴 하지만, 계속해서 같은 장소, 같은 높이를 유지하는 연습을 한다.

호버링이 가능해졌으면 이번에는 일부러 임의의 방향으로 이동시켜 본다. 지금까지는 같은 위치에 머무르도록 조작했지만 이번에는 이동하는 조작으로 옮겨가 본다. 예를 들면 오른쪽으로 이동하려면 에일러론 스틱을 가볍게 우측으로 움직인다. 그러면 기체가 오른쪽으로 쓰윽하고 이동하므로 멈추고 싶은 장소에서 가볍게 좌측으로 움직인다. 이런 조작을 반복해 가면서 임의의 장소로 이동시켜 본다. 이동하게 되면 높이가 조금 낮아지는데, 그럴 때는 스로틀을 약간 위로 올리고 멈추려고 하는 위치에서 되돌리는 식으로 조작한다.

이 연습을 반복함으로서 『날아다니는』 동작을 익히게 된다. 한편 익숙하지 않을 동안은 스틱을 조금씩 조작하는 것이 좋다. 크게 움직이면 크게 되돌려야 하기 때문에, 그 결과 오버 컨트롤이 되기 쉬워서 제어가 안 될 수 있기 때문이다.

2. 기체를 더 좋은 상태로 만들자 ~ 트림을 조정한다

드론을 띄우다 보면 어느 사이에 그 기체만의 습성 같은 것을 알아차리게 된다. 예를 들면 어느 기체는 방치해 놓으면 오른쪽으로 이동하기 시작한다든가, 앞으로 이동하려고 하는 것이다. 이것은 기체의 「트림(Trim)」이 틀어져 있는 상태로서, 수평방향 인식이 제대로 안 된 상태이다.

드론처럼 많은 센서를 탑재한 플라이트 컨트롤러를 사용하고 있는 경우, 기체는231 플라이트 컨트롤러가 「생각하는」 수평을 잡으면서 자세를 유지하려고 한다. 그런데 기체에 장착된 플라이트 컨트롤러가 약간이라도 기울어 있을 때는 플라이트 컨트롤러가 인식하는 수평이 실제 수평이 아닌 경우가 있다. 이것을 조정하는 것이 트림이다.

OpenPilot을 사용하는 경우에는 송신기 쪽 트림이 작동한다. 이런 경우에는 예를 들면, 기체가 항상 뒤로 움직이려고 한다면 엘리베이터의 트림을 위로 2, 3회 밀어 본다.

MultiWii의 경우에는 일단 기체를 착륙시키고 나서 디스암 모드로 돌린 다음, 스로틀 스틱을 가장 위로 움직인 상태에서 예를 들면, 엘리베이터 스틱을 가장 높인다. 그러면 컨트롤러 상의 LED가 점멸해 그 방향으로 1단 트림되었다는 것을 알 수 있다. 양이 부족한 경우에는 한 번 더 엘리베이터를 올린다.

트림을 조정하면 가능한 한 기체가 그 위치에 머무르려고 하는 움직임을 보이지만, 바람 등의 영향으로 어느 정도는 이동하기 때문에 실내 등에서 같은 위치에 머무르게 하려면 사람이 조작할 필요가 있다. 실내

STEP 7-3 자유롭게 움직여 보자!

에서는 바람이 없지 않느냐고 생각할지 모르지만 기체 자체가 일으키는 바람도 상당히 강하기 때문에, 그로 인해 기류가 발생해 실내 비행이라도 영향을 받게 된다.

3 떨어지거나 부딪쳤을 경우

떨어지거나 부딪쳤을 경우에는 기체를 다시 체크하도록 한다. 손상된 부분은 없는지, 나사가 풀어진 부위는 없는지 등을 확인한다. 또한 프로펠러가 손상되지 않았는지도 확인한다. 손상된 프로펠러로 비행하면 위험하다.

더불어 프로펠러 장착상태도 체크한다. 특히 프로펠러 부분을 부딪쳤을 경우에는 프로펠러를 고정하고 있는 나사가 풀리는 방향으로 힘이 가해졌을 경우도 있기 때문에 프로펠러 나사가 쉽게 빠질 수 있다.

자료

1 다양하게 비행을 해보고 싶을 때는 스텝업!
2 곤란해졌을 때는?

8

STEP 8-1 다양하게 비행을 해보고 싶을 때는 스텝업!

여기서는 추가적인 정보로서, 더 드론답게 만들기 위한 추가기능에 대해 설명하겠다.

1 카메라를 탑재하고 싶을 때

드론에서 인기가 있는 용도로는 항공촬영이 있다. 자작한 드론으로도 항공촬영에 도전할 수 있다.

국내에서 FVP는 합법적으로 하기가 어렵기 때문에 카메라를 탑재하려면 WiFi 접속이 가능한 카메라나 단순히 동영상 등을 촬영할 수 있는 소형 디지털 카메라를 탑재하는 것이 간단하다. 배터리를 내장해 사용할 수 있는 간단한 카메라 중에는 차량용 드라이브 레코더도 사용할 수 있다.

이 책에서 제작한 기체 같은 경우 제5장의 HK200 기체 정도라면 GoPro를 탑재하고 나는 정도의 능력이 있으므로, GoPro를 탑재한 항공촬영이 가능하다. 이때 기체의 구성으로는, 이 책에서 제작한 기체에 3S 1,300mAh의 리튬폴리머 배터리, GoPro HERO2(본체만)로 실험해 보았다.

최근에는 동영상 촬영이 가능한 소형 카메라도 많이 판매되고 있기 때문에 탑재해 보아도 재미있을 것이다.

2 플라이트 컨트롤러를 교환해 보고 싶을 때

이것저것 다 해보고 싶어지면 플라이트 컨트롤러가 지금 것으로는 부족할 때가 자주 있다. 필자도 언제부터인가 다양한 플라이트 컨트롤러를 사용하고 있다.

하지만 고기능 플라이트 컨트롤러에 완성도 높은 것은 상당히 비싸기 때문에 쉽게 구입하지 못하고 있는 상태이다.

제5장에서는 MultiWii SE를 예로 들어 기체를 제작했는데, SE에서 스텝업할 경우에는 MultiWii All In One Pro(AIOP)(사진1)가 있다. 비교적 구입이 쉽고 가격적으로도 적당한 범위에 있다는 점이 안성맞춤이다(적당하다고는 하지만 약간 고가라면 고가일 수 있다).

한편 처음부터 AIOP로 제작할 경우에는 6장과 기제 제작 장을 같이 읽어주기 바란다.

사진1 MultiWii All In One Pro

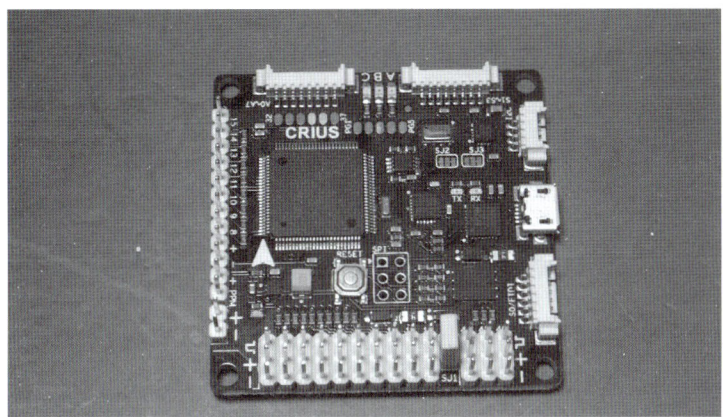

    AIOP는 MultiWii에서 사용하는 이외에도 "Mega Pirate NG"라 불리는 플라이트 컨트롤러를 사용할 수 있는데, 이 책에서는 MultiWii를 사용했을 경우의 예를 설명한다. 사용하기 전에 아두이노의 개발환경, Java의 인스톨 등을, 제2장을 참고로 실시해 놓도록 한다.

    MultiWii SE를 교환할 경우에 주의가 필요한 것은 ESC의 접속방법이 다르다는 점이다. SE에서 ESC와 접속했을 때와는 순서가 다르므로 주의해야 한다. AIOP에서는 그림1과 같이 접속한다. 여기서는 쿼드 X를 예로 설명하겠다.

 쿼드 X의 예

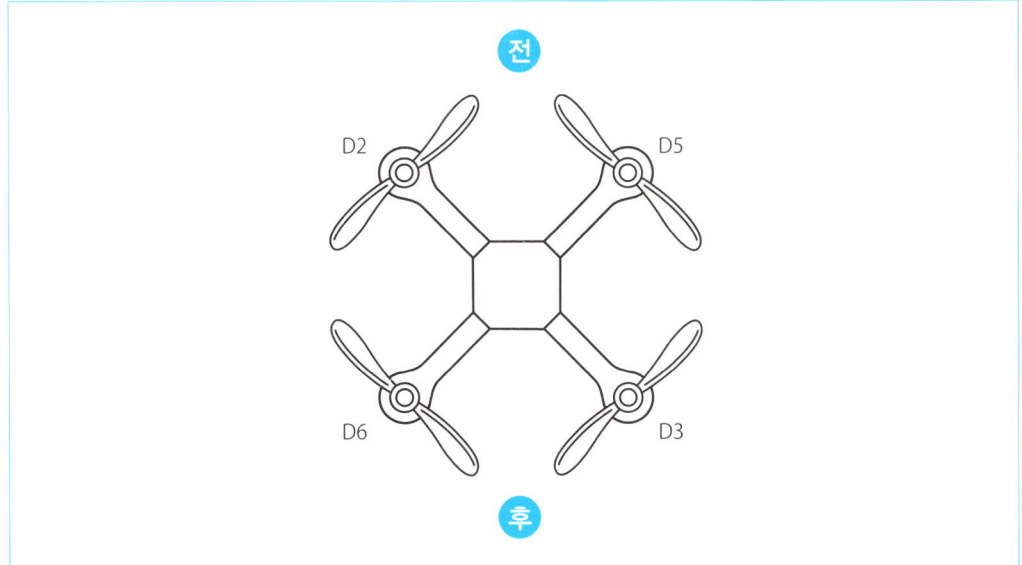

STEP 8-1 다양하게 비행을 해보고 싶을 때는 스텝업!

프로펠러의 회전방향은 똑같기 때문에 SE에서 AIPO로 바꿀 경우, AIOP에 접속하는 부분만 주의하도록 한다. 사진2가 ESC의 접속부분이다. 기판 끝에 가까운 쪽이 −, 중앙이 +, 기판 안쪽에 가까운 쪽이 신호이다. 덧붙이자면, AIOP에서는 최대 8로터까지 제어할 수 있다.

 AIOP의 ESC 접속부분

수신기와 AIOP는 아래 그림2와 같이 접속한다. 후타바 수신기를 예를 들어 설명하겠다. 수신기 접속 부분은 사진3과 같다.

 수신기와 AIOP 접속

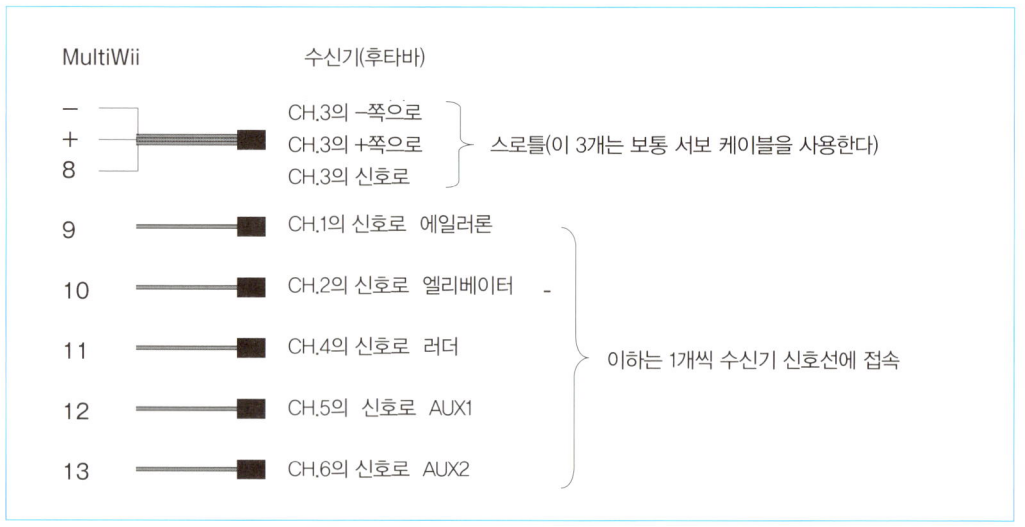

사진3 AIOP의 수신기 접속부분

펌웨어 적용은 SE의 경우와 마찬가지로, 아두이노 IDE에서 한다. 다만 보드가 다르기 때문에 수정하는 위치가 다르다는 점을 주의해야 한다. 수정하는 파일은 SE의 경우와 마찬가지로 config.h이다.

기체로는 쿼드 X를 사용하기 때문에 SECTION 1에서 QUADX의 코멘트를 제거한다.

```
//#define QUADP
#define QUADX
//#define Y4
```

다음으로 "board and sensor definitons"에서는 아래와 같이 CRIIUS AIO PRO를 선택한다.

```
//#define FLYDUINO_MPU    // MPU6050 Break Out onboard 3.3V reg
#define CRIUS_AIO_PRO
//#define DESQUARED6DOFV2GO  // DEsquared V2 with ITG3200 only
```

기본적으로 원 소스의 이상 2군데만 변경하면 AIOP가 움직인다. 스케치를 컴파일해서 보드로 전송하는데, 보드 종류로 "Arduino Mega or Mega2560"([툴]→[보드])를 선택하고, 프로세서로 "ATmega2560"([툴]→[프로세서])를 선택하고 나서 컴파일하고 전송한다.

펌웨어 적용이 끝났으면 조종기의 엔드 포인트 조정이나 플라이트 모드 설정 등을 하는데, SE의 경우와 똑같기 때문에 제5장을 참조하기 바란다. 만약 기체의 움직임이 이상한 경우에는 EEPROM의 클리어와 자이로, 가속도 센서를 다시 교정하도록 한다.

STEP 8-1 다양하게 비행을 해보고 싶을 때는 스텝업!

3 | GPS를 추가하고 싶을 때

드론이라고 했을 때 가장 먼저 떠오르는 것은 역시 자동비행 같은 기능일 것이다. 자동비행에서 필요한 기능이라면 현재 위치를 계측하는 것인데, 이것을 위해 사용하는 것은 역시 GPS이다.

GPS를 사용하려면 플라이트 컨트롤러가 GPS를 지원해야 한다. 입문용으로 최적인 MultiWii SE도 GPS를 접속할 수는 있지만 설정 등이 상당히 까다롭기 때문에, 여기서 해설하는 AIOP를 사용해 GPS를 접속하는 예를 설명하겠다.

AIOP의 경우에는 시리얼 포트가 여러 개여서 펌웨어 적용이나 설정에 사용하는 USB 포트(내부적으로는 시리얼로 접속되어 있다)가 UART0이지만, 그 이외에도 UART1~UART3까지 시리얼 포트를 3개 탑재하고 있다. 이 책에서는 이것을 이용해 시리얼 접속식 GPS 모듈을 접속하기로 하겠다. 시리얼 포트는 사진4와 같다. 전용인 소형 커넥터를 사용하고 있기 때문에 부속된 케이블을 사용한다. 시리얼 포트의 배치는 AIOP 기판 뒷면에 표시되어 있다(사진5).

 사진4 AIOP의 시리얼 포트 부분

 사진5 AIOP의 시리얼 포트 배치

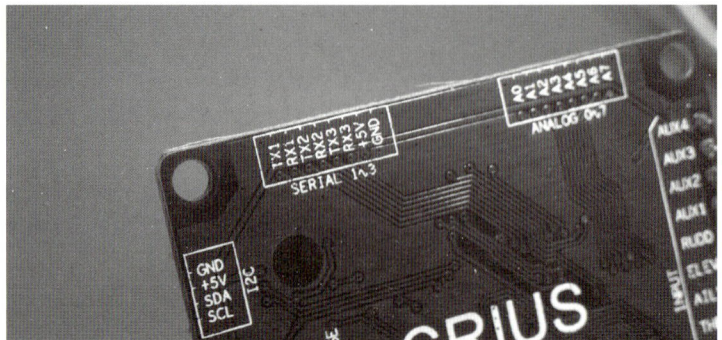

필자는 GPS 모듈로 사진6에서 보듯이 CRIUS 브랜드의 GPS 모듈을 사용하고 있다. 이 모듈에서는 U-Blocks NEO-6M이라 불리는 GPS 수신부를 사용하기 때문에, 같은 U-Blocks의 NEO-6M을 사용하는 GPS 모듈이라면 똑같이 사용할 수 있을 것으로 생각한다. 다만 GPS 모듈의 전원이 +5V이고, 송수신 신호도 5V를 사용할 수 있는 것을 사용하기 바란다. 좀 전의 AIOP 커넥터에서 접속하면 전원에 5V가 공급되기 때문에 3V 사양인 것은 사용하지 못하므로 주의하도록 한다.

 CRIUS GPS 모듈

AIOP와 GPS 모듈은 각각에 부속된 케이블을 가공해 접속한다. 필자는 앞서의 사진5와 같이 커넥터에서 필요한 부분 이외의 핀은 빼고 접속하고 있다. 여기서는 UART2(시리얼 포트2)를 사용해 접속하는 예를 설명하겠다. 송수신 관계는 아래 그림3과 같으므로, 이것들을 접속한다.

 송수신 관계

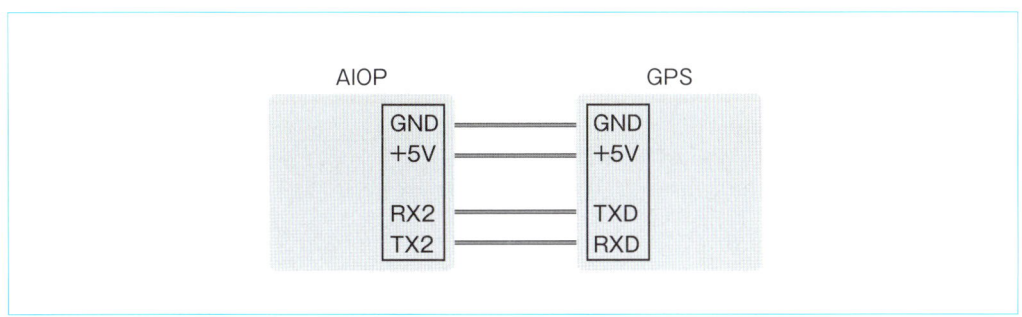

접속이 끝나면 펌웨어를 바꿔서 적용한다. AIOP를 사용할 경우, 이하의 부분을 바꿔 쓰기만 하면 되기 때문에 설정은 상당히 간단하다(GPS 이하의 섹션에 있다). 각각 기본은 코멘트 아웃되어 있으므로 이것을 없앤다.

STEP 8-1 다양하게 비행을 해보고 싶을 때는 스텝업!

```
#define GPS_SERIAL 2      // should be 2 for flyduino v2. It's the serial port number on arduino MEGA
```

시리얼2에 접속하므로 GPS_SERIAL 2로 설정한다.
다음으로 GPS-BAUD를 아래와 같이 설정한다.

```
#define GPS_BAUD  57600    // GPS_BAUD will override SERIALx_COM_SPEED for the selected port
```

다음으로 GPS의 프로토콜로 U-Bocks을 선택한다. 아래와 같이 코멘트를 없앤다.

```
//#define NMEA
#define UBLOX
//#define MTK_BINARY16
```

또 하나, 자북편차(*1)를 설정한다. 자북편차(磁北偏差)는 지역에 따라 다르기 때문에 국토지리원 홈페이지나 http://www.magnetic-declination.com/ 등에서 자신의 지역 자북편차를 조사하도록 한다. 예를 들면 서울은 서편(西偏)으로 8도 17분이다. 이것을 스케치 설정치로 변환하면 아래와 같이 계산된다.

도 + 분/60 = 8 + 17/60 = 8.28

서쪽으로 치우쳐(西偏) 있을 경우에는 - 부호를 붙이기 때문에 -8.28이 설정치가 된다. 스케치의 아래 부분을 찾아 예처럼 기술한다.

```
/* Get your magnetic declination from here : http://magnetic-declination.com/
Convert the degree+minutes into decimal degree by ==> degree+minutes*(1/60)
Note the sign on declination it could be negative or positive (WEST or EAST)
Also note, that maqgnetic declination changes with time, so recheck your value
every 3-6 months */
//#define MAG_DECLINATION  4.02f   //(**)
#define MAG_DECLINATION  -7.33f   //(**)
```

이것으로 GPS 관련 설정이 끝났으므로 스케치를 다시 컴파일한 다음 펌웨어를 전송한다.

*1) 지구의 북쪽과 자석이 나타내는 북쪽 사에 편차가 있는데, 이것을 자북편차라고 한다. 지구상의 북극과 자북극(磁北極)은 위치가 다르다. 자북극은 가끔 움직이기 때문에 정기적으로 체크해서 수정해 줘야 한다.

이상과 같이 설정을 하면 GPS 모듈은 펌웨어로부터 자동적으로 설정이 이루어져 동작을 시작한다. GPS 모듈과의 사이에서 통신이 잘 작동하면 AIOP 상의 LED가 점멸한다. 사진7의 중앙 LED 가운데 B가 GPS 상태를 나타낸다. 실내에서 기체의 전원을 넣으면 GPS 전파를 수신하지 못하는 경우가 일반적인데, 전파를 수신하지 못하는 상태에서는 LED B가 황색으로 고속점멸하고 있을 것이다(GPS 데이터의 타이밍으로 점멸한다).

 AIOP 상의 LED

위성을 포착하고 위치정보를 확정(fix)하고 있을 경우에, 또한 위성 수가 5개보다 적을 경우에는 LED가 소등한다. 포착한 위성이 5개인 경우는 1회 점등하고 소등하는 패턴을 반복하고, 6개라면 2회 점등하고 소등하는 식으로, 포착하는 위성 수에 따라 점등 패턴을 반복하므로 기체를 야외로 갖고 나가 시험해 보도록 한다. GPS 모듈을 처음 사용할 경우에는 위성을 포착할 때까지 10~20분 정도 걸리는 경우도 있으므로 참을성이 약간 필요하다.

GPS의 전파수신이 양호한 상태에서 MultiWiiConf를 기동해 기체와 접속하면 화면1과 같이 우측 하단에 GPS정보가 표시된다. 컴퍼스의 우측 하단에 있는 [GPS_fix]가 녹색인 상태가 위치를 찾는 상태로서, 그 아래의 GPS 부분에 각 정보가 표시되어 있다. 이 정보를 보면 알 수 있지만, 숫자가 많이 변화한다. GPS만 위치정보를 취득하는 경우는 이와 같이 부정확한 부분이 있으므로, 이것을 인식한 가운데 GPS 기능을 사용하도록 한다.

STEP 8-1 다양하게 비행을 해보고 싶을 때는 스텝업!

 GPS 수신 중인 MultiWiiConf

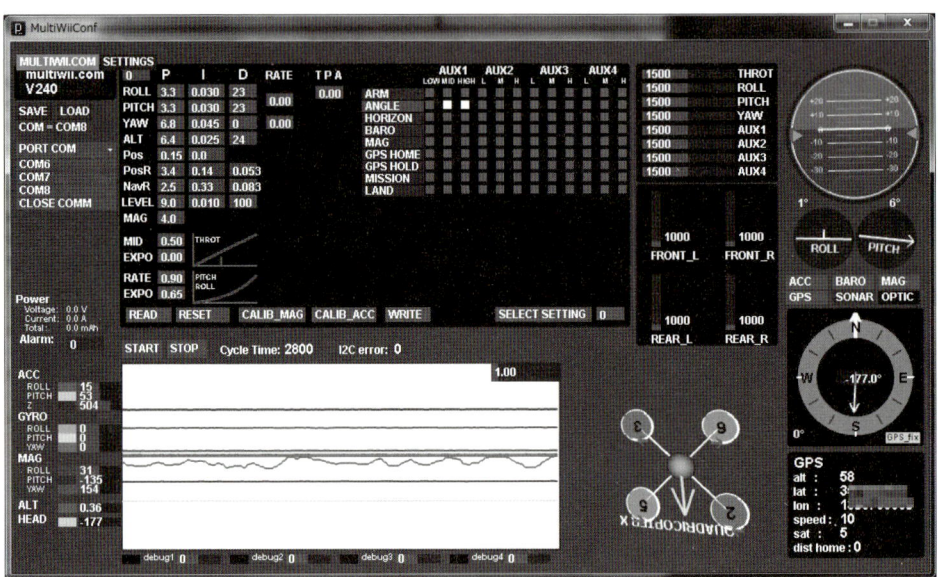

　더불어 화면 중앙의 ARM이나 ANGLE 표시 부분에 GPS HOME나 GPS HOLD가 표시되어 있는 것도 주목하기 바란다. AUX1이나 2의 스위치(플라이트 모드)로 이런 기능들을 사용할 수 있게 된다. MultiWii 에서의 디폴트 움직임에서는 HOME, 다시 말하면 원래 위치는 암드(ARM)한 부분에 개설되기 때문에 GPS로 충분한 위성 수를 포착하고 나서 암(무장)시킨다. GPS HOLD는 GPS에 의해 얻어진 위치에 기체의 위치를 고정(HOLD)시키는 기능, GPS HOME은 자동귀환기능을 말한다(*2).

　이론 기능들을 사용할 경우에는 절대로 실내에서 실행하지 않도록 주의하기 바란다. 엉뚱한 방향으로 날아가기 때문이다. 또한 야외에서 실행할 경우라도 신중하게 하기 바란다. 안전한 거리를 확보한 가운데 시험하도록 한다. 이 책에서는 이 이상 자세히 설명하지는 않지만 자동비행에 대해서는 자신이 무엇을 하려고 하는지 충분히 이해한 상태에서, 안전한 장소에서 시험하도록 하자.

　앞서의 화면을 보다가 깨달은 것이 있는데, 기압 센서의 편차가 MultiWii SE보다 확실히 적다는 것이다. MultiWii SE의 기압 센서보다도 AIOP 쪽 정밀도가 높이 나오는 것 같다.

*2) 이런 기능들을 올바로 사용하려면 자기 센서(전자 컴퍼스)도 올바로 교정해 둘 필요가 있다.

STEP 8-2 곤란해졌을 때는?

1 설정에 관한 사항

Question

MultiWii에서 플라이트 모드를 설정하려면?

→**Answer**

제2장의 칼럼 「플라이트 모드에 대해」에서 설명했듯이 여기서는 MultiWii의 경우를 설명하겠다.

MultiWii의 경우, MultiWiiConf의 모드설정 부분에 Low, Mid, High 3군데가 있는데, 예를 들면 다음과 같이 설정했다고 하겠다(그림1).

그림1 MultiWiiConf의 모드 설정(Low, Mid, High)

```
                    AUX1
              LOW  MID  HIGH
      ANGLE   ☐    ☑    ☐
    HORIZON   ☐    ☐    ☑
```

플라이트 모드 스위치가 Low 위치에 있는 경우에는 어느 쪽 모드도 선택이 안 되어 있기 때문에 레이트 컨트롤 모드로 작동한다. 스위치를 Mid 위치로 하면 ANGLE 모드, HIGH 위치로 하면 HORIZON 모드로 작동한다.

이 모드는 복수의 기능을 조합하는 것도 가능해서 그림2와 같이 설정했다고 하자.

그림2 모드는 복수의 기능을 조합할 수 있다.

```
                    AUX1
              LOW  MID  HIGH
      ANGLE   ☐    ☑    ☐
    HORIZON   ☐    ☐    ☑
       BARO   ☐    ☑    ☑
```

STEP 8-2 곤란해졌을 때는?

이 경우의 동작을 알 수 있겠는가? 스위치가 Low 위치에 있는 상태에서는 ANGLE 모드로 작한다. Mid 위치로 하면 HORIZON 모드로 작동한다. High 위치로 하면 ANGLE 모드뿐만 아니라 BARO 모드로 작동하기 때문에 기체의 자세를 유지하면서 기압 센서에 의한 고도유지기능을 온으로 한다.

드론에서는 각종 모드가 많이 있기 때문에 조종기 채널수가 많이 필요하다.

최근 조종기에서는 "멀티콥터 모드"로 불리는 기능을 갖고 있는 것도 있고, 송신기의 스위치 조작 조합에 따라 AUX1, 2의 값을 어떻게 출력할지 설정함으로서 다양한 플라이트 모드에 대응할 수 있는 기종도 있다.

덧붙이자면, 스위치 조작에 의한 플라이트 모드 설정을 세밀하게 하는 경우에는 암/이륙 전에 반드시 모드 스위치 위치를 확인하도록 한다. 자신도 모르게 각종 기능이 온 상태로 있으면 생각지도 않은 움직임을 나타내는 경우가 있다.

예를 들면 실내에서 BARO에 의한 고도유지기능을 사용하고자 할 때 생각지도 않은 상황이 벌어진다. 기압 센서에 의한 고도유지기능은 실내와 같이 낮은 장소에서는 올바로 작동하지 않기 때문에 천정에 부딪치기도 한다(*1).

*1) 특히 플라이트 컨트롤러의 기판이 「노출」상태인 경우는 주위의 기류 영향도 쉽게 받기 때문에 안정이 잘 안 된다.

Question

기체 제어 모드란?

→ **Answer**

OpenPilot의 경우에는 안정화 설정으로 Rate와 Altitude(*1) 2종류가 있다. Rate는 레이트 컨트롤이라고 불리는 방식으로, 키를 조작해 기체를 기울이면 송신기의 스틱을 중앙으로 돌려도 기울어진 기체가 그대로 유지된 상태로 이동을 계속하는 모드이다. 통상적인 비행기나 헬리콥터는 이렇게 움직인다. 그 때문에 키를 조작해 기체를 기울인 다음에 이동을 멈추기 위해서는 역방향 키를 조작해 기체를 멈추고(check helm) 나서 수평하게 되돌리는 조작이 필요하다. 이 모드를 초보자가 사용하기는 약간 어렵지만, 아크로바트 비행 등에 많이 사용하는 모드이다.

또 하나의 Attitude 모드는 자세를 유지하는 모드로서, 키를 조작해 기체를 기울인 다음, 송신기의 스틱을 중앙으로 되돌리면 기체 자세도 수평하게 되돌아간다. 이 때문에 기체를 이동시킬 때 스틱을 조작하고 나서 손을 떼면 기체는 손을 뗀 위치에서 머무르려고 한다. 다만 가속이 붙어 있어서 어느 정도 옆으로 이동하려고 하기 때문에 가볍게 키를 건드려 목적하는 위치에 정지시키는 조작이 필요하다.

MultiWii의 경우에는 플라이트 모드를 아무 것도 설정하지 않은 상태라면 앞서 설명한 레이트 컨트롤 모드로 작동한다. ANGLE 컨트롤 모드를 설정한 경우에는 OpenPilot의 Attitude와 마찬가지로 기울어진 기체를 자동으로 보정하는 모드가 된다. HORIZON 모드는 레이트 컨트롤과 ANGLE을 혼합한 모드로서, 기체를 안정화시키면서 아크로바트 비행을 가능하게 하는 모드이다.

초보자의 경우에는 안정화가 『강한』모드를 사용하는 편이 비행하기가 아주 쉽기 때문에 연습할 때는 안정화가 강력하게 작용하는 모드를 사용한다. OpenPilot이라면 Attitude, MultiWii라면 ANGLE 모드로 연습하도록 한다. 익숙해진 다음에는 레이트 컨트롤 모드로 연습해 본다.

*1) Attitude와 Altitude는 스펠링이 비슷하기 때문에 틀리지 않도록 주의하기 바란다. Attitude는 자세, Altitude는 고도를 의미한다. Attitude 컨트롤은 기체의 자세제어이지만 Altitude는 고도제어를 말한다.

2 | 기체에 관한 사항

Question

추천할만한 플라이트 컨트롤러는?

→**Answer**

멀티콥터를 처음 만들 경우에는 OpenPilot CC3D나 CC3D atom을 추천한다. 기능은 뛰어나지 않지만 셋업이 쉬워 안정적인 기체를 만들 수 있다.

만약에 아두이노 경험이 있다면 MultiWii계통으로 시작하는 것도 좋다. MultiWii는 설정하기가 약간 까다롭기 때문에 아두이노 경험이 없는 사람에게는 약간 어려울지 모른다.

향후 고기능 드론으로 넘어갈 계획까지 있다면 MultiWii AIOP(AIO)부터 시작하는 것도 좋다고 생각한다.

Question

프로펠러가 전혀 돌지 않는다.

→**Answer**

암드 모드(아밍)로 바꾸는 것을 까먹은 것은 아닌가? 기체가 암(무장)되지 않을 때는 조종기의 엔드 포인트가 제대로 조정되었는지 확인한다. 또한 기체가 극단적으로 기운 상태에서는 암이 안 되기 때문에 주의해야 한다.

STEP 8-2 곤란해졌을 때는?

Question

프로펠러 하나가 돌지 않게 되었다.

➜Answer

뭔가에 접촉하지는 않았나? 모터나 ESC, 배선이 파손되지 않았는데 회전하지 않을 때는 ESC의 보호 기능이 작동했을 가능성이 있다. 과도한 전류가 흐르면 ESC는 안전을 위해 출력을 정지시킨다. 일단 디스암으로 바꾸고 다시 아밍해 보든지, 기체 전원을 일단 끊고 나서 조금 기다렸다가 다시 넣어 보기 바란다.

Question

프로펠러가 바로 부러진다.

➜Answer

연습 중에 부딪치거나 하면 바로 부러지므로 주의하도록 한다. 비행 중에 부러지면 제어가 안 되기 때문에 비행 전에는 부러질 가능성은 없는지 잘 관찰하고 점검하기 바란다. 날개 뿌리 쪽이 하얗게 되어 있거나 프로펠러가 많이 휘어 있으면 부러질 확률이 높다.

그럴 때 튼튼한 카본제 프로펠러로 교환하는 것이 좋은가하면 그렇지도 않은 것이, 잘 안 부러지는 프로펠러 같은 경우는 「부딪친 상대편」의 피해가 커질 수 있다. 쉽게 부러지는 프로펠러 쪽이 부딪쳤을 경우의 피해가 적다는 장점도 있으므로 무턱대고 튼튼한 프로펠러로 교환하는 것은 생각해 볼 일이다. 익숙하지 않은 동안은 「약한」프로펠러를 소모품이라 생각하고 사용하는 것도 방법이다.

Question

나도 모르는 사이에 나사가 없어졌을 때는?

➜Answer

연멀티콥터는 꽤나 진동이 많기 때문에 나사 종류가 서서히 풀리는 경우가 많다. 그 때문에 비행 전의 프리플라이트를 반드시 체크해 나사들이 느슨하지는 않은지도 확인해야 한다.

3 | 이륙에 관한 사항

Question

아무리 해도 기체가 전혀 뜨지 않는다.

→Answer

스로틀을 최대한 위로 올려도 기체가 전혀 뜨지 않을 경우에는 기체 조정이 나쁘든가 파츠 선택이 잘못되었을 가능성이 있다.

ESC의 캘리브레이션이 제대로 되었고, 조종기의 엔드 포인트 조정 등이 제대로 완료되었는데고 불구하고 기체가 뜨지 않을 경우는 기체에 대한 모터와 프로펠러의 선택이 잘못된 것이다.

이 책의 예를 따라 부품을 선택했을 경우에는 뜨는 것이 맞지만, 스스로 부품을 선택했을 경우에 이런 상태가 되었다면 모터에 비해 프로펠러가 너무 작지 않은지를 의심해 봐야 한다. 예를 들면, 1,00kV 모터에 4인치 프로펠러를 사용하면 일단 뜨지 않는다. 5인치 이상의 프로펠러가 필요하기 때문이다.

Question

뜨기만 하려고 하면 기체가 뒤집어진다.

→Answer

드문 경우지만, 프로펠러의 회전방향과 장착을 2군데에 걸쳐 잘못하지는 않았는가? 예를 들면 쿼드의 경우에 우측 반의 프로펠러가 반대로 장착된 경우 등이다. 위험하므로 프로펠러의 회전방향과 위아래를 다시 확인해 보기 바란다.

MultiWii의 경우에는 EEPROM 내용이 이상하면 이런 움직임을 보이는 경우도 있으므로, 프로펠러에 문제가 없는 경우에는 EEPROM을 클리어하고 나서 다시 기체를 설정해 보기 바란다.

STEP 8-2 곤란해졌을 때는?

> **Question**
> 이륙할 때는 기체가 오른쪽으로 이동하려 하고, 호버링 중에는 왼쪽으로 이동하려고 한다. 어떻게 조정하면 바로 잡히나?

→**Answer**

이것은 회전익기의 특성이라고도 할 만한 현상으로, 지상 부근에서는 프로펠러가 밑으로 일으키는 공기(down wash라고도 한다)에 의해 기체가 영향을 받는다. 드론의 경우에는 센서를 통해 다운 워시 영향에 따른 움직임을 최소화하려고 제어하지만, 그래도 지상 부근에서는 영향이 강하게 나타나는 경우가 있다.

기체를 조정할 경우에는 다운 워시 영향을 받지 않는 위치에서 하는 것이 기본이므로, 이 질문의 경우에는 트림을 우측으로 조정해야 한다.

그럼 지상부근에서의 움직임은 어떻게 하면 좋으냐면, 다운 워시 영향을 받지 않는 위치까지는 기체 위치를 수동으로 제어해 호버링시킨다.

> **Question**
> 조정하려고 연습하고 있었는데 컨트롤이 안 먹혔다.

→**Answer**

컨트롤이 안 되는 원인으로는 송신기 트러블이나 전지 방전 등의 이유도 있는데, 그럴 때는 통상 기체가 떨어지게 된다.

스틱을 조작하고 있는데 생각하는 방향으로 날지 않거나 멈추지 않는 때는 조작이 「거친」경우도 있어서, 이런 오버 컨트롤 상태에서는 기체가 통제가 안 돼 어떤 명령도 먹지 않을 수도 있다. 그럴 때는 무리하게 다시 조작하지 말고 스로틀을 낮추어 떨어뜨리는 것이 안전하다. 기체 손해가 걱정되어 무리하게 조작하는 것이 위험하다.

또한 기체의 「꼬리」가 본인 쪽을 향하지 않고 있을 때는 기체를 보는 시각과 조작이 일치하지 않기 때문에 컨트롤이 안 되는 것처럼 보이는 경우도 있다. 이론상으로는 알고 있더라도 막상 현장에서는 혼란스러울 수 있다. 이런 경우에는 당황하지 말고 꼬리 쪽이 자신을 향하도록 러더를 조작한다.

4 │ 이륙 후의 조작에 관한 사항

Question

이륙하고 나서 기체를 제어하려고 했지만 제어가 제대로 안 된다.

→**A**nswer

『키』가 먹는 방향이 반대로 되어 있지는 않은가? 이 책 순서대로 조종기의 리버스 설정을 올바로 했다면 반대가 될 일은 없겠지만, 어딘가에서 잘못 설정해 조작이 역방향이 되었을 가능성이 있다. 예를 들면 설정이 반대로 되었을 경우에는, 기체가 오른쪽으로 이동했기 때문에 왼쪽으로 조작했는데 더 오른쪽으로 이동하기 때문에 순간적으로 무슨 일이 일어났는지 모를 수 있다. 최악의 경우 기체가 뒤집어져 추락한다. 각 기체의 설정방법을 한 번 더 확인해 키 방향이 제대로 설정되었는지 확인하기 바란다.

드물게 발생하는 경우로는, 기체의 전후를 틀리게 놓는 경우이다. 기체의 「뒤」에 서서 이륙시켰다고 생각했는데, 사실은 기체의 「앞」이 자신 쪽을 향해 놓인 상태에서 이륙하면 키의 전후좌우가 완전히 반대가 되기 때문에 생각했던 대로 날지 않는다.

Question

기체가 기울어서 이륙하려고 한다.

→**A**nswer

자이로와 가속도 센서를 다시 캘리브레이션하고 나서 띄워 보기 바란다. 기체가 인식하고 있는 수평 위치가 틀어져 있을 가능성이 있다.

OpenPilot CC3D의 경우에는 디스암하고 나서 기체를 평평한 장소에 놓고 다시 암한다. 이 시점에서 캘리브레이션이 이루어진다.

MultiWii의 경우에는 기체 전원을 넣은 위치를 수평으로 인식하기 때문에 기울어진 상태에서 전원을 넣으면 수평위치가 이상해진다. 그럴 때는 디스암하고 나서 러더를 왼쪽 끝까지 움직이고 피치를 가장 아래로 내린다(자이로 교정). 스틱을 되돌리고 이번에는 스로틀을 가장 위로 올린 상태에서 러더를 왼쪽 끝까지 움직이고 나서 피치를 가장 아래로 내린다(가속도 센서 교정). 이것으로 캘리브레이션이 완료된다.

STEP 8-2 곤란해졌을 때는?

 그림1 우측으로 약간 기운 상태

지금 기체는 우측으로 기울었기 때문에 자이로 등의 센서로 이것이 검출되었다고 하자. 여기서 제어해야 할 것은 기체를 좌측으로 기울이는 것이므로 우측 프로펠러의 회전수를 올리면 된다. 목표는 기체를 원래대로 수평하게 만드는 것이므로 우측으로 기운 상태에서 수평한 위치로 되돌릴 때까지 우측 프로펠러의 회전수를 높여 가면 되는 것이다(그림2).

 그림2 우측 프로펠러의 회전수를 높인다.

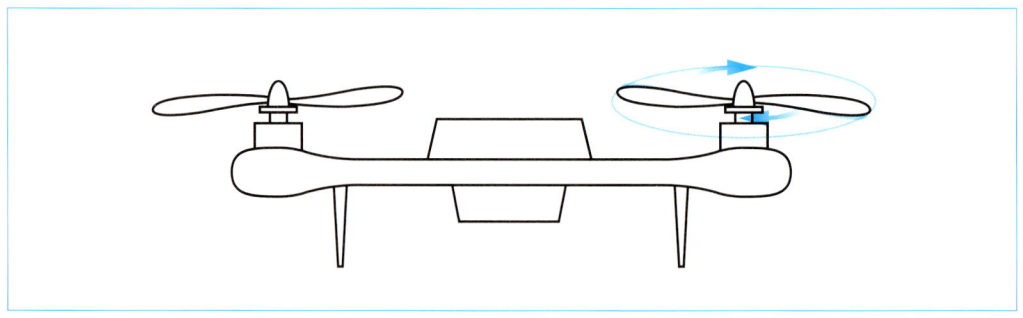

그림처럼 우측에서 좌측으로 돌아오는 힘을 걸어 주는 것이다. 이 힘은 목표로 한 위치 즉, 기체가 수평해지는 위치에 오면 주었던 힘을 멈춰야 원래 위치로 돌아올 것이다.

그런데 잘 알고 있는 것처럼 물건을 움직이면 관성이 작용하기 때문에 목표로 한 위치에서 힘을 뺀다고 해도 관성 때문에 오버하게 된다(그림3).

 왼쪽으로 약간 기운 상태

오버된 상태라면 이번에는 기체가 좌측으로 기운 것이기 때문에 우측으로 되돌리지 않으면 수평하게 되지 않으므로 좌측에서 우측으로 힘을 가하듯이 움직이게 한다.

이것을 반복하면 점차적으로 좌우 편차가 줄어들면서 목표위치에서 멈추게 되지만, 이 제어방법은 수평해질 때까지 시간이 걸린다는 결점이 있다.

그래서 목표한 위치에 오기 전에 힘을 점차로 약하게 해 목표위치에서 딱하고 멈추도록 하는 것이 PID 제어의 기본이다. 이것은 우리들도 보통 경험적으로 조작하는 행위로서, 예를 들면 자동차로 정지선에 정확히 멈추기 위해서는 브레이크의 답력(踏力)을 적절하게 조정해 목표한 위치에서 정확하게 서려고 한다. 너무 지나가 후진가거나, 후진하다가 너무 지나쳐 다시 앞으로 나가는 것을 되풀이하면 목표한 위치에 서기까지 시간이 걸린다는 것과 비교하면 밟는 힘을 조정하는 편이 짧은 시간에 정확하게 멈출 수 있다는 것을 경험 상 알고 있다. 이것을 프로그램으로 제어하는 것이 플라이트 컨트롤러이다.

PID의 패러미터 결정방법은 약간 어려우므로 처음 멀티콥터를 조작하는 경우에는 디폴트 값을 사용하도록 한다. 다만 P값 정도는 기체에 따라 조정하는 편이 좋을 때도 있다. 물론 실제로 띄워보지 않으면 값을 결정하지 못하므로 띄우지 않으면 시작도 할 수 없기는 하다.

필자가 시험한 바로는 이 책에서 소개하고 있는 기체와 부품으로 조립했을 경우, PID 각 값을 조정하지 않아도 호버링 등의 비교적 얌전한 움직임에서는 문제가 없을 것으로 생각한다.

P값의 조정방법은 호버링을 했을 때 기체가 같은 장소에 멈춰 있으려고 하지 않고 자리잡지 못하면서 움직이려고 하는 경향이 있을 경우(『자리가 나쁘다』고 표현한다)에는 P값을 늘려준다. 그런데 P값을 너무 늘리면 기체가 진동하는 것 같은 움직임을 보일 때가 있다(그림4).

STEP 8-2 곤란해졌을 때는?

 쿼드가 좌우로 흔들린다.

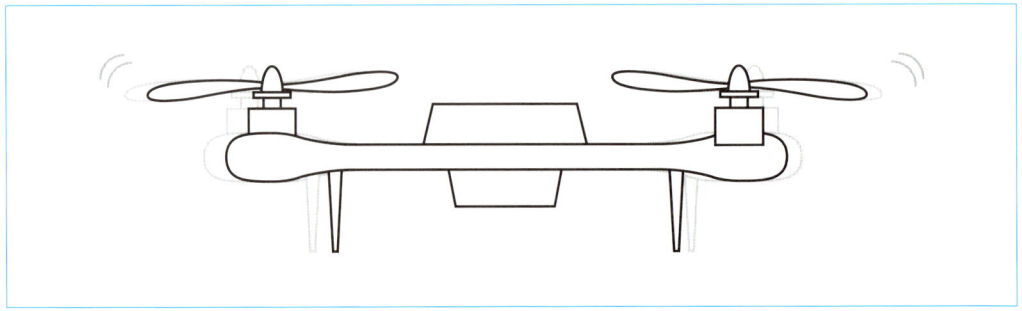

 이런 움직임을 보이는 상태는 기체 제어가 「너무 잘 먹히는」 상태이기 때문에 진동이 안정될 때까지 P값을 낮춘다. 이때 조정하는 것은 롤 축과 피치 축의 P값이다. 일반적인 쿼드 기체에서는 전후좌우 사이즈가 거의 똑같기 때문에 롤과 피치 축을 조정한다. 바꿔서 말하면 진동하기 시작하는 직전까지 P값을 올리면 가장 안정적으로 되는 것이다.

 주의가 약간 필요한 것은 배터리가 줄어드는 상태이다. 배터리 잔량이 충분히 있을 경우에는 진동하지만 배터리가 줄어들면 진동이 없어지는 경우도 있으므로, 이런 경우에는 배터리가 충분히 있는 상태에서 조정하도록 한다.

 MultiWii에서 P값을 바꿀 경우, GUI로 바꿀 수 있다는 이야기도 있지만 아무래도 잘 안 되는 것 같아서 필자는 아래와 같은 방법으로 바꾸고 있다.

 먼저 MultiWiiConf 화면에서 좌측 상단에 있는 [SAVE] 버튼을 클릭한다(화면1). 그러면 파일이 보존된 다이얼로그가 나타나므로 적당한 이름을 주고 확장자에 .mwi를 지정해 보존한다.

 [SAVE] 버튼을 클릭한다.

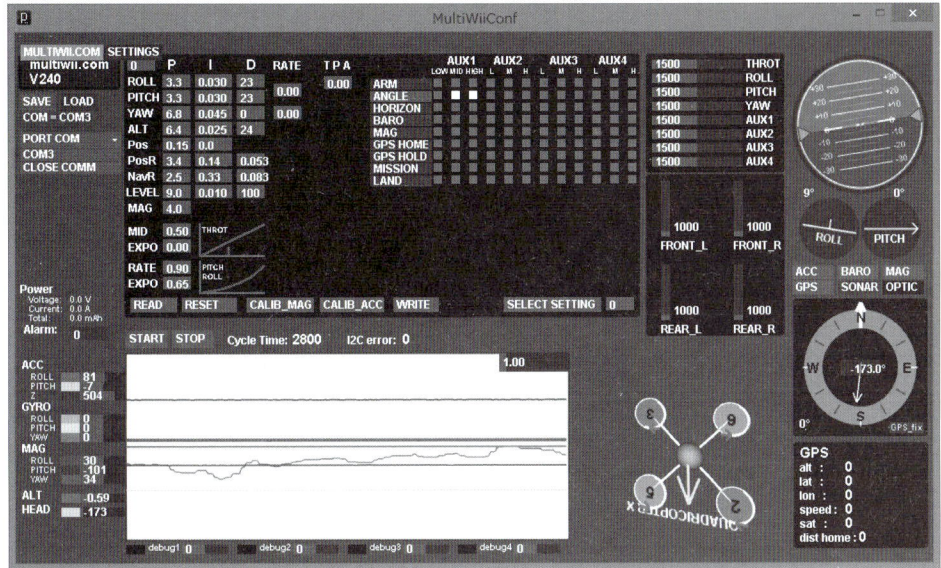

보존한 다음에는 메모장 등의 텍스트 편집기리 보존한 파일을 열어 아래와 같은 항목을 찾는다.

⟨entry key="pid.0.p"⟩3.3⟨/entry⟩
⟨entry key="pid.1.p"⟩3.3⟨/entry⟩

pid.0.p가 Roll의 P값, pid.1.p가 Pitch의 P값이다. 메모장에서 이 값들을 편집한 다음 저장한다. 다음으로 MultiWiiConf에서 [LOAD] 버튼을 클릭해 편집 후의 값을 읽어 들인 다음 [WRITE]를 클릭해 기체에 적용한다.

STEP 8-2 곤란해졌을 때는?

> **Question**
> 실내에서 연습하고 있는데 바로 천정에 부딪친다.

➜ **Answer**

이것도 또 다른 조종기술 문제이다. 스로틀 스틱은 기체의 높이를 조정하는 것이 아니라 상승이나 하강 속도를 조정하는 것이기 때문에 상승을 시작하면 천정에 부딪치기 전에 스로틀을 낮춘다. 처음에는 높이를 적당히 조정하기가 어려울지 모르지만 호버링 높이를 조정하는 것은 기본 중의 기본이므로 많이 연습하도록 한다.

> **Question**
> 반복적으로 연습을 하고 있는데, 뜨고는 바로 내려와 버린다.

➜ **Answer**

조정이 익숙하지 않을 때는 띄우려는 연습을 반복하게 된다. 오랜 동안 연습하다 보면 배터리가 소모되어 호버링에 필요한 전력을 확보할 수 없게 된다. 이 때문에 기체가 뜨려고 해도 힘이 없는 상태이므로, 이럴 때는 배터리를 충전하고 나서 다시 연습하도록 한다.

> **Question**
> 추락한 다음에는 어떻게 해야 하나?

➜ **Answer**

무엇인가에 접촉하거나 해서 추락했을 경우에는 당황하지 말고 일단 스로틀을 낮춘 다음 디스암 상태로 바꾸고 나서 기체에 다가가도록 한다. 암 상태인 기체는 위험할 수 있으므로 손으로 만지기 전에 반드시 디스암으로 바꾸도록 한다.

안전한 상태가 되고 나서 기체 전원을 끄고 파손된 부위가 있는지 어떤지 체크하도록 한다.

> **Question**
> 착륙시키려고 스로틀을 내려도 지면 부근에서 떠버린다.

→**A**nswer

이것도 다운 워시의 영향 때문으로, 기체가 지면과 가까운 부근까지 내려오면 기체가 밑으로 보내는 공기 위에 타는 형태가 되어 뜨게 되는 것이다.

기체가 지면과 가까운 위치까지 왔으면 가볍게 스로틀을 빼듯이 하면(내리면) 제대로 착륙시킬 수 있다.

조립방법 • 선택요령 • 조종기법까지!
날아라, 드론 조립편

초판 발행 | 2016년 6월 30일
초판 2쇄 발행 | 2018년 2월 01일

저　자 | TAKAHASHI TAKAO
감　수 | 류영기, 박장환
번　역 | 최영원
펴낸이 | 김길현
진　행 | 김한일
공급관리 | 오민석, 김경아, 연주민, 김유리
웹 매니지먼트 | 안재명
오프라인마케팅 | 우병춘, 강승구
펴낸곳 | (주)골든벨
등　록 | 제1987-000018호
주　소 | 서울시 용산구 원효로 245(원효로 1가 53-1)
전　화 | 02-713-4135 팩스 | 02-718-5510
정　가 | 15,000원
ISBN | ISBN 979-11-5806-117-3
　　　　ISBN 979-11-5806-092-3(세트)
홈페이지 | www.gbbook.co.kr

DRONE WO TSUKUROU! TOBASOU!　by Takao Takahashi

Copyright ⓒ 2015 by Takao Takahashi
All rights reserved.
First published in Japan in 2015 by Shuwa System Co., Ltd.
This Korean edition is published by arrangement with Shuwa System Co., Ltd., Tokyo
in care of Tuttle-Mori Agency, Inc., Tokyo through Botong Agency, Seoul
Korean translation copyrights ⓒ 2016 Golden-Bell Publishing Co.

이 책의 한국어판 저작권은 Botong Agency를 통한 저작권자와의 독점 계약으로 (주)골든벨에 있습니다.
신 저작권법에 의해 한국 내에서 보호를 받는 저작물이므로 무단전재와 무단복제를 금합니다.